国家出版基金项目
NATIONAL PUBLICATION FOUNDATION

国家生物安全出版工程

国家出版基金项目
NATIONAL PUBLICATION FOUNDATION

国家生物安全出版工程

—— 总主编 李生斌 沈百荣 ——

国家出版基金项目
NATIONAL PUBLICATION FOUNDATION

国家生物安全出版工程

——总主编 李生斌 沈百荣——

生物入侵与生态安全

主　编 王江峰

副主编 许永玉 严江伟 陈 峰

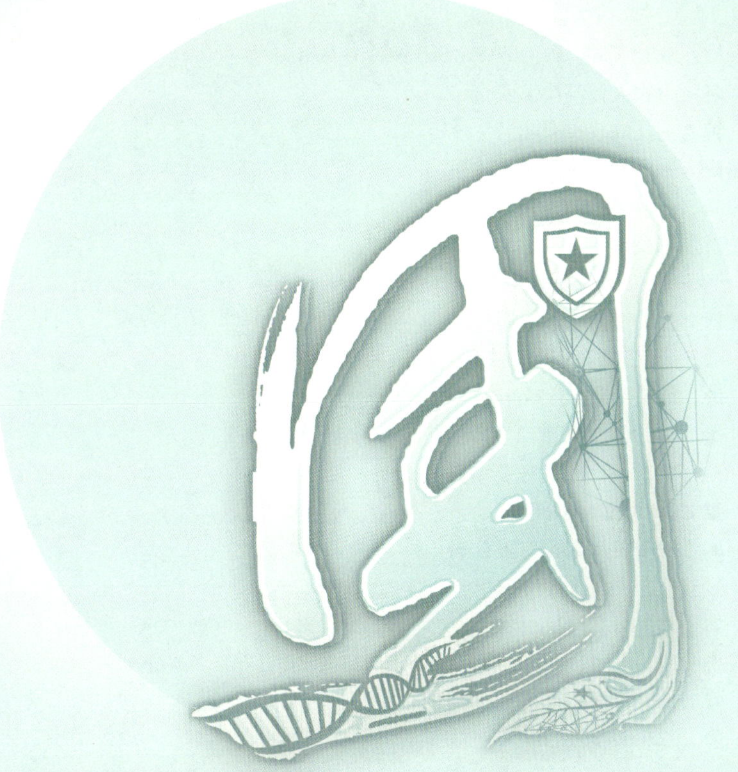

西安交通大学出版社
XI'AN JIAOTONG UNIVERSITY PRESS

图书在版编目(CIP)数据

生物入侵与生态安全 / 王江峰主编. — 西安 : 西安交通大学出版社, 2023. 12

国家生物安全出版工程

ISBN 978-7-5693-3606-1

Ⅰ. ①生… Ⅱ. ①王… Ⅲ. ①生物—侵入种—影响—生态安全—研究 Ⅳ. ①Q16②X959

中国国家版本馆 CIP 数据核字(2023)第 242084 号

SHENGWU RUQIN YU SHENGTAI ANQUAN

书　　名　生物入侵与生态安全
主　　编　王江峰
责任编辑　张永利　张家源
责任印制　张春荣　刘　攀
责任校对　郭泉泉

出版发行　西安交通大学出版社
（西安市兴庆南路 1 号　邮政编码 710048）
网　　址　http://www.xjtupress.com
电　　话　(029)82668357　82667874(市场营销中心)
(029)82668315(总编办)
传　　真　(029)82668280
印　　刷　西安五星印刷有限公司

开　　本　787mm×1092mm　1/16　**印张**　18.5　**字数**　387 千字
版次印次　2023 年 12 月第 1 版　2023 年 12 月第 1 次印刷
书　　号　ISBN 978-7-5693-3606-1
定　　价　228.00 元

如发现印装质量问题,请与本社市场营销中心联系。
订购热线:(029)82665248　(029)82667874
投稿热线:(029)82668803

国家出版基金项目
NATIONAL PUBLICATION FOUNDATION

国家生物安全出版工程

编撰委员会

顾　问

樊代明　王　辰　李昌钰　杨焕明
贺　林　刘　耀　丛　斌

主任委员

李生斌　杨焕明

副主任委员

沈百荣　胡　兰　杨万海　陈　腾　石　昕　葛百川
李卓凝　焦振华　袁正宏　张　磊　谢书阳

丛书总主编

李生斌　沈百荣

丛书总审

杨焕明　于　军　贺　林　丛　斌
张建中　闵建雄　刘　超

编委会委员

（以姓氏笔画为序）

王　健	王　爽	王文峰	王江峰	王泳钦
王海容	王嗣岑	王嘉寅	毛　瑛	邓建强
艾德生	石　昕	成　诚	成建定	吕社民
朱永生	刘　力	刘　超	刘兴武	刘夏丽
刘新社	许永玉	孙宏波	严江伟	杜　宏
杜立萍	杜宝吉	李　辰	李　重	李　桢
李　涛	李　晶	李小明	李帅成	李生斌
李成涛	李赛男	李慧斌	杨军乐	吴春生
邹志强	沈百荣	张　成	张　林	张　建
张　喆	张　磊	张良成	张建中	张洪波
张效礼	张湘丽兰	张德文	陆明莹	陈　龙
陈　峰	陈　晨	陈　腾	帕维尔·诺伊茨尔	
周　秦	郑　晨	郑海波	赵　东	赵文娟
赵海涛	胡丙杰	胡松年	钟德星	姜立新
贺浪冲	秦茂盛	袁　丽	夏育民	高树辉
郭佑民	黄　江	黄代新	常　辽	常洪龙
崔东红	阎春霞	曾晓锋	赖江华	廖林川
樊　娜	魏曙光			

参编单位

（以音序排列）

安徽大学
安徽科技学院
百码科技（深圳）有限公司
北京大学
北京航空航天大学
北京警察学院
北京市公安局
滨州医学院
长安先导集团
重庆市公安局
重庆医科大学
大连理工大学
复旦大学
广东省毒品实验技术中心
广州市第八人民医院
广州市公安局
广州医科大学
贵州医科大学
国家生物安全证据基地
国家卫生健康委法医学重点实验室
海南大学
海南医学院
海南政法职业学院
杭州锘崴信息科技有限公司
河北大学
河北医科大学
华大基因
华壹健康技术有限公司
华壹健康医学检验实验室有限公司
华中科技大学
济宁医学院
暨南大学
嘉兴南湖学院
江苏大学
精密微纳制造技术全国重点实验室
空天微纳系统教育部重点实验室
昆明医科大学
南京医科大学
南通大学
宁波市公安局
清华大学
山东第一医科大学
山东农业大学
山西医科大学
陕西省司法鉴定学会
陕西省医学会
陕西省医学会生物安全分会
上海交通大学

上海市公安局
深圳大学
深圳华大基因科技有限公司
深圳市公安局
司法鉴定科学研究院
四川大学
四川大学华西医院
四川省公安厅
苏州大学
西安城市发展(集团)有限公司
西安交通大学
西安交通大学学报(医学版)第九届编辑委员会
西安人才集团
西安市第三医院
西安市公安局
西安碳桢科技有限公司
西北工业大学
香港城市大学
新乡医学院
烟台大学
烟台市公安局
烟台市公共卫生临床中心
烟台业达医院
扬州大学
云南大学
云南省公安厅
浙江大学
浙江警察学院
中国电子技术标准化研究院
中国法医学会
中国疾病预防控制中心
中国科学院
中国科学院大学
中国人民公安大学
中国人民解放军军事科学院
中国人民解放军军事医学科学院
中国人民解放军空军军医大学
中国刑事警察学院
中国研究型医院学会
中国医科大学
中国医学科学院
中国政法大学
中华人民共和国公安部
中华人民共和国最高人民法院
中华人民共和国最高人民检察院
中南大学
中山大学
珠海市人民医院

国家出版基金项目
NATIONAL PUBLICATION FOUNDATION

《生物入侵与生态安全》

编委会

国家生物安全出版工程

丛书总策划

刘夏丽

丛书总编辑

刘夏丽　李　晶　赵文娟

丛书编辑

刘夏丽　李　晶　赵文娟

秦金霞　张沛烨　郭泉泉

肖　眉　张永利　张家源

序　一

FOREWORD

国家生物安全出版工程

生物安全关注并解决全球、国家和地方规模的相关难题。这种跨学科的生物安全政策和科学方法，建立在人类、动物、植物和环境健康之间相互联系之上，以有效预防和减轻生物安全风险影响；同时提供一个综合视角和科学框架，来解决许多超越健康、农业和环境传统界限的生物安全风险。

面对全球生物安全风险的不断演变，我国政府高度重视生物安全体系建设，将生物安全纳入国家安全战略，积极推进多学科交叉整合和相关法律法规的制定与完善。生物安全内容涵盖了人类学、动物学、微生物学、植物学、基因组学、信息学、法医学、刑事科学、环境科学、人工智能、微纳传感、生物计算以及社会学、经济学等学科领域，主要用于调查和解决与生物安全风险相关活动、生物技术、药物滥用，以及生物威胁等问题，在确保全球公共卫生和安全方面发挥着至关重要的作用。因此，由国家出版基金资助，国家卫生健康委员会法医学重点实验室和国家生物安全证据基地牵头，联合西安交通大学、四川大学、中国科学院等 90 余所知名大学、科研机构的 200 余位专家共同编写了“国家生物安全出版工程”丛书。丛书共分10卷，包括《生物安全证据技术》《生物安全信息学》《生物安全多元数据与智能预警》《动物、植物与生物安全》《人类遗传资源保护与应用》《生物入侵与生态安全》《生物安全相关死亡的处理与应对》《生物安全威胁防控实践与进展》《实验室生物安全及规范管理》《法医微生物与生物安全》。

丛书统筹考虑国家生物安全涉及的各个要素间的关系，以生物安全证据为核心，探索生物安全智能分析、控制与预警应用，涉及相关技术、工具、算法等领域，包括生物溯源、生物分子分型、生物安全证据技术、生物威胁、死亡机制、遗传资源等方面。本项目首次较为系统地对生物安全证据方法、技术、标准以及教育科研等方面的研究进行了梳理，跟踪国内外生物安全证据与鉴定技术、科研、实验、标准的最新动向，为国家生物安全证据相关管理政策、技术标准的制定和立法评估等提供了技术支撑，也将成为在生物安全证据、司法鉴定、法医微生物等领域的新指南；有助于解决生物安全领域的争议或者纠纷事件，提供生物证据和预警依据，提升国家生物安全的防控能力，筑牢国家生物安全的防火墙。同时，书中关于建立微生物基因组分型的方法和技术，也将为确保全球公共卫生和生物安全方面发挥至关重要的作用。

丛书的编撰和出版，对于加快国家生物安全技术创新、保障生物科技健康发展、提升国家生物防御能力、防范生物安全事件、掌握未来生物技术、竞争制高点和有效维护国家安全具有重大意义。丛书审视当前国家生物安全的新特点，汇集整理了当今相关领域重要的研究数据，为后续研究提供了权威、可靠、较为全面的数据，为国家生物安全战略布局和进一步研究提供了重要参考。

在丛书编撰过程中，编写人员充分发挥了自己的专业优势，紧密结合国内外生物安全的最新动态，借鉴国际生物安全治理的经验，探讨了我国生物安全面临的风险与挑战，提出了切实可行的政策建议和管理措施。丛书不仅反映了我国生物安全领域的最新研究成果，也凝聚了所有编写人员的心血和智慧。

“国家生物安全出版工程”丛书的出版，不仅对提高全社会的生物安全意识、加强生物安全风险管理、促进生物技术健康发展具有重要意义，而且对推动我国生物安全领域的学术交流和人才培养、提升国家生物安全科技创新能力也将发挥积极作用。

我们期待这套丛书的出版能够为政府部门、科研机构、教育机构、法律司法机关以及广大读者提供一部了解生物安全、关注生物安全、参与生物安全的权威读本，为推动我国生物安全事业的发展、构建人类命运共同体贡献一份力量。

是为序。

2023 年 12 月 30 日

樊代明，中国工程院院士，美国医学科学院外籍院士，法国医学科学院外籍院士。

序 二

FOREWORD

国家生物安全出版工程

生物安全是当今世界面临的重大挑战之一。它是健康－农业－环境的系统协同和演变的基础。应对生物安全的挑战，涉及人类、动物、植物、微生物、生态、科学、社会、立法、治理和专门人才等多个层面。为了应对这一挑战，我们亟须深入研究和了解生物安全及其相互作用因素之间的关联性、独立性、复杂性，并推动科学、技术和社会的协同发展，共同治理未来全球范围面临的生物安全风险。

“国家生物安全出版工程”丛书是一套包含10卷书的权威著作，涉及《中华人民共和国生物安全法》核心以及相关学术界的最新理论研究，旨在为读者提供全面的生物安全知识和研究成果。丛书涵盖了生物安全领域的多个层次，从遗传和细胞层面到社会和生态层面，从科学技术交叉融合到社会发展需要，凝聚了众多专家、学者的智慧贡献，致力于创新研究、跨学科和跨国合作及知识的交流和传播。

在新突发感染性疾病以及未知疾病等生物安全背景下，分子遗传和细胞层面的研究对于我们理解病原体的特性、传播途径和防控策略至关重要。“国家生物安全出版工程”丛书中的《生物安全证据技术研究》《生物安全信息学》和《生物安全多元数据与智能预警》分卷为读者提供了数据、信息和智能等最新技术在生物安全应对中的应用，帮助我们更好地预测、识别和应对生物安全威胁。在社会层面，生物安全问题不仅仅是对科学技术的挑战，更关系到社会发展，《动物、植物与生物安全》《人类遗传资源保护与应用》《生物入侵与生态安全》分卷探讨了生物安全与社会经济发展、生态平衡和人类福祉的关系，为我们建立可持续发展的生物安全框架提供理论指导和实践经验。《实验室生物安全及规范管理》《生物安全相关死亡的处理与应对》《生物安全威胁防控实践与进展》《法医微生物与生物安全》分卷则从具体的应用实践角度讨论生物安全在不同领域和社会生活中的具体问题及其应对措施。

科学技术交叉融合是推动生物安全领域创新的重要动力。“国家生物安全出版工程”丛书的编撰涉及生物学、信息学、医学、法学等多个学科的交叉，旨在促进不同领域之间的合作与交流，推动科学技术在生物安全领域的应用与发展。生物安全问题既是挑战，也是机遇。解决生物安全问题需要培养专业人才，提升国家的科技创新能力，推动新质生产力形成生物安全国家战略科技力量。

“国家生物安全出版工程”丛书为生物安全相关领域的人才培养提供了重要的参考和教材蓝本，可帮助读者了解生物安全领域的前沿知识和技能，培养创新思维和综合能力，为国家的生物安全事业贡献人才和智慧。在国家层面，生物安全已经成为国家战略的重要组成部分。保障国家安全和人民生命健康是国家的首要任务，而生物安全作为其中的重要方面，需要得到高度重视和有效管理。“国家生物安全出版工程”丛书将为政策制定者和决策者提供科学依据和政策建议，推动国家生物安全能力的提升和规范化建设。

生物安全学科作为新时代的重要学科方向，发展迅猛、日新月异。本套丛书是国内这一领域的一次开创性努力。由于我们在这一新领域的知识和视野有限，编写方面的疏漏和不当之处在所难免，恳请广大读者提出宝贵意见和建议，以期将来再版时修正。期待“国家生物安全出版工程”丛书的问世能促进生物安全知识的传播与交流，激发科技创新和社会发展的活力，推动国家生物安全事业迈上新的台阶。希望读者能够从中受到启发和获益，为构建安全、可持续的生物安全环境而共同努力！

李生斌 沈百荣

2023 年 12 月

李生斌，国家卫生健康委法医学重点实验室主任，国家生物安全证据基地主任，欧洲科学与艺术学院院士。

沈百荣，四川大学华西医院疾病系统遗传研究院院长。

序 言

FOREWORD

生物入侵与生态安全

在我们赖以生存的地球上，生物多样性是生命的基础，生态安全则是人类生存与发展的前提。然而，随着全球化进程和交通运输技术的发展，不同国家和地区之间的生物入侵现象日益严重，各国间的生态平衡受到了前所未有的威胁，给生态安全带来了巨大挑战。我们迫切需要一本关于生物入侵与生态安全问题的全面指南，来帮助我们深入了解、应对和解决这一全球性难题。正是在这个背景下，《生物入侵与生态安全》这本书应运而生，为读者提供了一个深入了解生物入侵问题的视角和思考。

这本书不仅系统地介绍了生物入侵的概念、影响、机制、管理和对策，还通过分析不同类型的入侵动植物以及微生物在不同环境条件下的案例，剖析了生物入侵的复杂性和危害性。该书的核心观点在于强调生物入侵对生态安全的影响，以及如何通过科学的方法应对这一挑战。只有深入了解生物入侵的机制和影响，才能有效地预防和应对这一全球性的问题。

作为一本全面探讨生物入侵与生态安全问题的学术著作，《生物入侵与生态安全》具有很高的学术指导价值和实用价值。

从学术指导价值来看，这本书的编写团队汇集了生物入侵领域和法医学领域的教学科研人员，他们拥有多样的学术背景、创新的研究视角、卓越的科研成果和丰富的实践经验，使得该书成为一部全面、权威的学术著作。从实用价值来看，该书不仅在理论上对生物入侵问题进行了深入分析，还提供了一系列具体的应对措施和方法，这些方法可以帮助我们更好地管理和保护生态系统，确保生物多样性和生态安全。无论是学者、研究人员还是政策制定者，都能从中获得有益的启示和借鉴。

基于此，本人乐于为之作序，并将此书推荐给所有关注生态安全和生物入侵问题的读者。愿我们能够从中汲取智慧，共同努力保护我们脆弱的生态环境，确保生命多样性，为人类的可持续发展贡献力量。让我们共同开启这段探索之旅，引领我们走向更美好的未来！

2023 年 11 月

孙江华，中国科学院动物研究所农业虫害鼠害综合治理研究国家重点实验室研究员。

前 言
PREFACE

树立和践行"绿水青山就是金山银山，坚持人与自然和谐共生"的生态文明理念是习近平生态文明思想的重要组成部分。作为新时代经济建设、政治建设、文化建设、社会建设、生态文明建设"五位一体"总体布局的重要组成部分，生态文明建设已深刻融入我国经济社会发展的各个领域。

随着经济全球化及国家间贸易自由化的深刻影响，外来生物入侵带来的生态安全问题日益突出，已经成为我国生态文明建设不可回避的重要问题。更为重要的是，入侵生物产生的生态安全问题不仅影响生态系统的健康和完整性，而且也日益成为关系到人类健康和生存的重大课题。近年来，在世界范围内多种疾病突发，迫使人们更加关注外来入侵生物与人类健康的关联性。许多严重威胁人类健康的重大疾病起源于动物，入侵生物如果一旦成为人类病原的传播媒介并且入侵成功，很可能会造成大范围的疾病流行，严重影响人类健康和生存状况。鉴于此，本书在成立编写团队和组稿时，既吸纳了生物入侵领域的科研人员，也融合了法医学领域的教育和科研专家，不同的编写团队结合自身的专业方向进行编写，加强了学科间的交叉融合，共同探讨生物入侵和生态安全问题。

本书共分为10章，内容涵盖了生态安全的概述、人类活动与生态安全、入侵生物学概论、外来种的入侵过程、入侵种的生物学特征、生态系统的可入侵性、全球环境变化与生物入侵、生物入侵的预防与控制、生物入侵的管理，以及重要入侵物种与入侵案例。本书的定位是一本关于外来入侵生物和生态安全的专业研究著作，也可作为开设生物安全相关课程院校的教科书使用。

本书的出版得到了国家出版基金项目《国家生物安全出版工程》的资助，在编写过程中得到了西安交通大学出版社的大力支持，本书的各位编写人员为书稿资料的整理以及书稿的撰写付出了大量的时间和精力，审稿专家也给出了建设性的意见和建议，在此特向他们表示诚挚的谢意。

本书涉及内容广泛，既有传统基础内容，又涵盖了最新研究进展，由于编者水平有限以及编写时间仓促，在资料的收集、取舍、归纳和文字表达方面难免存在疏漏，甚至错误之处，恳请同行及读者批评指正。

编者

2023年11月

目录

CONTENTS

第 1 章
生态安全

生态安全(ecological safety)是指生态系统的完整和健康状况,是人类在生存、发展方面不受生态破坏与环境污染等影响的保障程度。生态系统是当今社会最重视的研究领域之一,全球面临的资源和环境问题都与生态系统的结构、功能、稳定性和多样性密切相关。健康的生态系统是稳定且可持续的,在一定时间范围内能够维持自身的组织结构和自治能力。而生物入侵正以前所未有的速度改变着区域乃至全球的自然群落及其生态特征,威胁着生态系统的安全与经济建设的持续发展。

1.1 生态系统

1.1.1 生态系统的定义

生态系统(ecosystem)这一词语于 1936 年被首次使用。生态系统是指在一定空间内生物成分和非生物成分通过物质循环和能量流动互相作用、互相依存而构成的一个生态学功能单位[1]。在前人的描述中,生态系统的概念可分为以下几种定义:①生态系统是指在自然界一定的空间内生物与非生物环境构成的统一整体;②生态系统是在一定区域内生物与非生物环境之间进行连续能量和物质交换所形成的一个生态学功能单位;③生态系统是指在一个特定的空间内相互作用的所有生物和非生物环境的统称;④生态系统是有机体与其共存的环境所构成的不可分割的整体。以上的这些定义从各个角度出发,都有一定的道理。虽然对生态系统的概念可以做出各种各样的解释和理解,但一般认为生态系统这一基本概念主要有以下 3 个特点。

1.1.1.1 生态系统是一个整体

生态系统是由生物部分和它们所处的非生物环境所形成的一个统一整体。生态系统在内容方面包括生产者、消费者和分解者,以及它们周围所处的非生物环境,这也是目前生态学研究中较为重要的一个基本单位(图1.1)。生态系统作为一个整体,内部各种要素之间相互联系,具有功能和结构上的依赖性。

图1.1 淡水生态系统

1. 生物部分

生物之所以区别于环境,在于它是具有动能的生命体,包括生产者、消费者和分解者。生产者通常是指绿色植物,包括高等植物、地衣和藻类等;还包括能进行化能合成的细菌,比如硝化细菌、蓝细菌和硫细菌等。绿色植物的叶绿体能够利用光照通过光合作用(photosynthesis)将 CO_2 和 H_2O 转化为有机物,并释放出 O_2。该过程是一系列复杂代谢反应的综合,同时也是生态系统物质来源的基础以及地球碳循环的重要媒介。光合作用涉及两个反应过程,即“光反应”和“暗反应”[2-3]。光反应是在类囊体薄膜上进行的,包括原初反应、电子传递和光合磷酸化,通过叶绿素及其他光和色素分子吸收、传递光能,并将光能转化为化学能的形式[5]。暗反应的反应场所则是在叶绿体基质中,利用光反应产生的物质(ATP、NADPH)将 CO_2 还原成糖(图1.2)。

光合细菌属于原核生物,在地球上出现最早并在自然界中普遍存在。能够在厌氧光照或者是好氧黑暗条件下利用自然界中的物质进行光合作用,比如有机物、硫化物等[4]。由食草动物、食肉动物、杂食动物、腐食生物组成的消费者能够与生产者一起构成生态系统的食物链或食物网。细菌、真菌和放线菌等具有分解能力的生物构成分解者,包括某些原生动物和腐食性动物,能够把动、植物残体中复杂的有机物分解成简单的无机物,释放到环境中,供生产者再次利用。

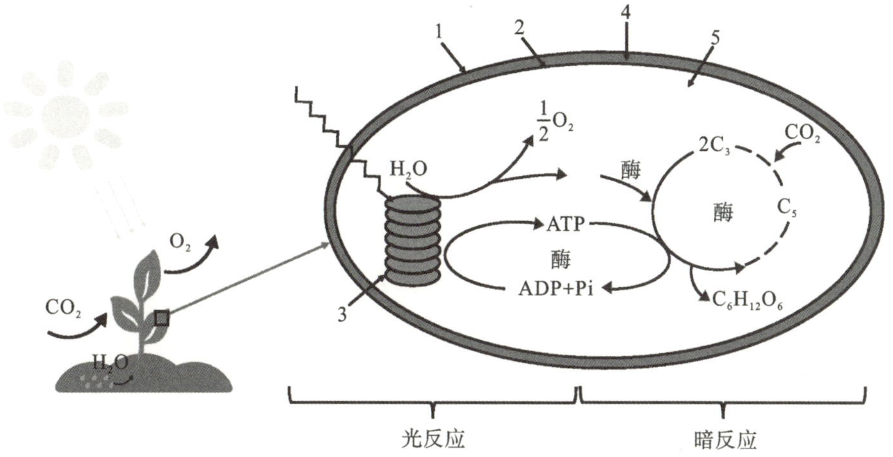

1—外膜;2—内膜;3—类囊体;4—膜间空腔;5—基质。

图 1.2　植物光合作用过程[5]

2. 非生物部分

非生物部分是指生态系统中生物生存、活动所必需的无机环境,同时也是生态系统中生物赖以生存的能量和物质来源,包括光照、空气、土壤、温度、岩石等,同时还有无机盐、有机质等物质。

(1)光照:生态系统中能量的最初来源主要由生产者通过光合作用直接利用。植物光照条件下能够通过根系分泌糖类、蛋白质和碳水化合物等物质进入土壤,维持根系周围有益微生物的生长,防止有害微生物的靠近。

(2)空气:空气的存在是生命的象征,包括生物生存所必需的 O_2 和 CO_2,对于生态系统的生存和生产具有重要的意义。

(3)土壤:土壤因具有丰富的营养物质而成为植物生长的媒介,也可为微生物生长和繁殖提供必需的营养物质,同时土壤具有保温效果,因此是微生物较为良好的生存场所,被称为"微生物的天然培养基"。另外,土壤还具有一定的调节功能,比如能够保持和维持水分渗透的数量以及质量,储存碳、氮、磷、钾等植物常用元素,并与植物之间进行着碳、氮、磷、钾等物质的循环[6]。植物能够通过自身的光合作用将大气中的 CO_2 转换为有机质,而有机质中的碳可通过根系分泌物以及凋落物的方式重新进入土壤,在土壤微生物的作用下转化为土壤内的有机质进行储存[7]。其中,我们耳熟能详的诗句"落红不是无情物,化作春泥更护花"就生动形象地描述了上述的现象。目前,我国农用地土壤的环境状况总体稳定,影响农用地土壤环境质量的主要污染物是重金属,其中最为严重的是铬。当土壤被污染后,会使得国家的耕地面积短缺,对农业发展和人类身体健康都造成极大威胁[8]。当然,国家也在积极应对土壤污染问题,比如在2018年第十三届全国人大常务委员会第五次会议上全票通过了《中华人民共和国土壤污染防治法》。其内容的设定基本围绕保护、改善生态环境，防治土壤污染，保障公共健康，推动土壤资源永续利用，推进生态文明建设，促进经济社会可持续发展。同时积极发展高效、低残留的农药，提高公众对于土壤保护的意识。

（4）温度：气候的变化正在以多种形式改变着我们赖以生存的环境，植物在生长过程中的代谢活动必须在一定的温度范围内才能够正常进行，比如常绿针叶乔木的最适生长温度在 10～25 ℃，热带 C4 植物的最适生长温度为 35～45 ℃。通常而言，当温度升高后，其生长发育都会出现加快；而当温度降低时，植物的生长发育则较为缓慢。另外，温度对于植物的影响会通过光合作用进一步影响植物的物质生产[9]。

在生态系统中，生产者通过光合作用或化能合成作用将太阳能固定为有机物而被生物所利用，因此生产者是生态系统的基石。消费者通过自身的生命活动和新陈代谢将有机物转化为无机物排出体外后又可被生产者继续利用。因此，消费者的存在则加快了生态系统中的物质循环。分解者则能够将动物的遗骸、粪便以及生产者的凋落物分解成为无机物。当自然界中缺少分解者后，会造成生态系统中的动物残骸和粪便长期堆积，破坏生态系统的稳定性。因此，生产者、消费者和分解者缺一不可。生态系统中没有单独存在的生命体，每一种生物都会与其他的生物和无机环境联系在一起，但是它们在相互联系的同时也具有相似性和迥异性（图 1.3 和表 1.1）。

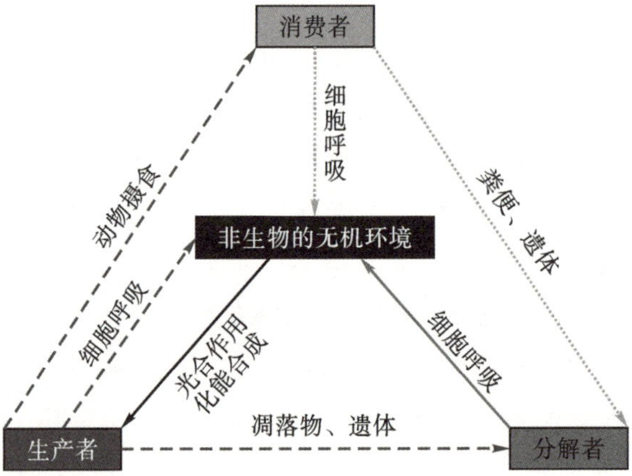

图 1.3　生态系统中各组分之间的关系

表 1.1　生物和非生物各成分对比

组分	组成内容	作用	生物同化类型
无机环境	光照、空气、土壤、温度、岩石、无机盐、有机质等	能够为生物提供物质和能量基础	—
生产者	主要是绿色植物以及化能自养型微生物	能够为消费者提供食物和栖息的场所	自养型

续表

组分	组成内容	作用	生物同化类型
消费者	主要包括绝大多数的动物,同时还有依靠腐生、寄生生活的各种生物	能够加快生态系统的物质循环,同时还有利于植物花粉和种子的传播	异养型
分解者	依靠腐生生活的微生物和腐食性的动物,比如蚯蚓	通过分解作用将排泄物和生物的遗体分解为无机物,为生产者提供新的营养物质	异养型

1.1.1.2　生态系统与特定的空间相互联系,具有较强的区域性特点

生命系统的结构层次从小到大为细胞—组织—器官—系统—个体—种群—群落—生态系统—生物圈。其中,细胞是构成生命体最小也是最基本的单位。组织是由形态相似、结构和功能相同的细胞和细胞间质构成的。器官则是不同组织通过一定次序连在一起的。系统是相互作用、依赖的组分通过规律性结合的整体。个体则是由不同的器官和系统通过协调配合完成的较为复杂的生命体。种群是在一定的自然区域内同一种生物的所有个体。群落是指在一定的自然区域内所有的种群集合。生态系统是指一定空间内生物群落与无机环境相互形成的统一整体。生物圈则是地球上最大的生态系统。生态系统是由生物和无机环境所构成的统一整体,是在一定空间内相互影响、相互制约,并在一定时期内处于相对稳定的动态平衡状态。生态系统的空间大小各异,比如一块农田可能是一个生态系统,一个小池塘也可能是一个生态系统。在南美的亚马孙河流域,有时候一棵大树都可能成为一个生态系统,因为大部分动物的生活都离不开这棵树的庇护。

1.1.1.3　生态系统具有多样性

生态系统多样性(ecosystem diversity)是指一个地区生态多样化的程度。我国具有较为丰富的生态系统类型。例如,陆地生态系统的类型包括森林、草原、荒漠、草甸和高山、冻原等,由于不同的气候、土壤等条件,又进一步分为各种亚类型。比如森林有阔叶林、针叶林等,草甸又可以划分为沼泽化草甸、盐生草草甸等。除此之外,我国的海洋和淡水生态系统类型也很齐全。生态系统的多样性虽存在于一个生态系统中,但也不局限于一个生态系统,也可能存在于多个生态系统之间。

1.1.2　生态系统的结构和分类

1.1.2.1　生态系统的结构

1. 组分结构

组分结构是指生态系统中由不同生物类型或品种以及它们之间不同数量组合关系所构成的系统结构。组分结构主要讨论生物群落的种类组成以及各个组分之间的量比关系,生物种群是构成生态系统的基本单元,不同物种以及它们之间不同的量比关系构

成了生态系统的基本特征。比如草原和森林系统,由于它们包含不同的种群类型和比例,就形成了功能和特征各不相同的生态系统。

2. 时间结构

生态系统的时间结构包括 3 个时间度量。一是昼夜和季节的短时间变化。该种时间结构下生态系统中的各个组分的变化较小,主要是一些季节性植物和迁徙性动物的改变。二是中等时间的度量。该时间结构主要以群落演替为主要内容。在自然界中,群落演替是较为普遍存在的现象,并且具有一定的规律,包括初生演替和次生演替。初生演替(primary succession)主要发生在从来没有出现过生物,或者曾经有生物的存在但已经彻底消失的原生裸地,比如火山岩、沙丘等。次生演替(secondary succession)是指先前群落经过人为和自然因素影响消失后发生的演替,可认为该种演替方式是初生演替系列发展途中而出现的。三是长时间度量。以生态系统进化为主要内容。生态系统在生物与环境的相互作用下产生能流和信息流,并促成物种的分化和生物与环境的协调。其在时间向度上的复杂性和有序性的增长过程,称为生态系统的进化。

3. 空间结构

生态系统中每一种生物都占据着一定的空间位置,形成明显的垂直结构和水平结构。

(1)垂直结构:生态系统的垂直结构是指生物在垂直空间上的变化,主要是由于生物群落所处的生态条件不同,比如光照、湿度和温度等,最后导致不同生态特性的植物排列在空间的不同位置,形成不同的层次(图 1.4)。另外,生态系统的地上部分由于所处环境的不同,也会形成垂直结构[10]。例如,在自然界的森林生态系统中,生物与环境之间的相互作用导致垂直结构的形成。乔木层:由乔木树冠所构成,位于森林的最上层。灌木层:位于乔木层下面,是指植物群落里扩展着灌木枝叶的一层。草本植物层:群落中草本植物所占的层。地被层:主要是指覆盖在地表的植物残体,是最接近地面的植物覆盖层。根层:指根系周围的土壤层。

图 1.4 生态系统的垂直结构

(2)水平结构:生态系统的水平结构是一定的生态区域内生物种群在水平空间的分布和联系。由于地形的起伏、光照、土壤和气候的不同,导致种群或群落在水平上的分布并非是均匀的,而是具有差异性的。例如,地处北京市西郊的百家疃村,其地貌类型为一山前洪积扇,从山地到洪积扇中上部再到扇缘地带,随着土壤、水分等因素的梯度变化,农业生态系统的水平结构表现出规律性变化。

4. 营养结构

生态系统中的营养结构主要是依靠营养关系构成以生产者、消费者和分解者为中心的循环,生态系统中的能量流动、物质循环、信息传递都必须在营养结构的基础上进行。常见的营养结构包括以下两种。

(1)食物链:生态系统中的生物部分在生长过程中会存在捕食与被捕食的关系,也就出现了食物链这一概念。食物链的存在是生态系统营养结构的基本单位。在我国的谚语中也有一部分内容非常生动形象地说明了食物链的概念,比如“螳螂捕蝉,黄雀在后”,“鹬蚌相争,渔翁得利”,“大鱼吃小鱼,小鱼吃虾米,虾米吃草皮”等。在生态系统中,食物链的上、下级之间是相互联系的,每一种生物都位于不同的位置,也就构成了食物链中的营养级。生产者(绿色植物)是食物链的起点,被称为第一营养级;食草性的动物则以第一营养级为食物,称为第二营养级;以第二营养级(食草性生物)为食的食肉性动物构成第三营养级;以食肉生物为食的构成第四营养级;分解者则属于第五营养级。海洋的食物链营养级数目较为丰富,能够达到6~7级,陆地食物链一般在4~5级。

(2)食物网:当生物的营养级别较高时,数量和种类就会变少,以它们为食的生物就不会存在。生态系统中的营养关系并非像食物链一样简单,而是具有错综复杂的联系,比如一种植物能够成为多种草食性动物的食物,而一种肉食性的动物又可以吃很多种低一个营养级的动物,使得多条食物链相互交错形成食物网(图1.5)。食物网的形成能够加强生态系统中营养物质的流通,同时能够更好地维持生态系统的稳定性[11]。如果食物网中的某一环节或者某一条食物链出现问题时,其他的食物链会自动进行调节和补偿。食物网是物质交换、能量流动的基础,在农业方面的应用也越来越广泛。比如建立多层和多级循环的生态系统,提高农业生态系统的生产力。其次,食物网所存在的营养结构在防治病虫杂草和动物危害方面也有一定的效果。

1.1.2.2 生态系统的分类

生态系统包括自然生态系统和人工生态系统。自然生态系统又包括草原生态系统、海洋生态系统、森林生态系统、湿地生态系统、荒漠生态系统、高山生态系统、冻原生态系统等。人工生态系统则有城市生态系统和农田生态系统等。

1. 草原生态系统

我国是草地资源大国,拥有的草地总面积接近400万 km^2,大约占总国土面积的

41.7%。草原生态系统的功能会受到土壤动物群落的影响,同时人类活动以及全球变化都会影响该类生态系统的功能[12]。

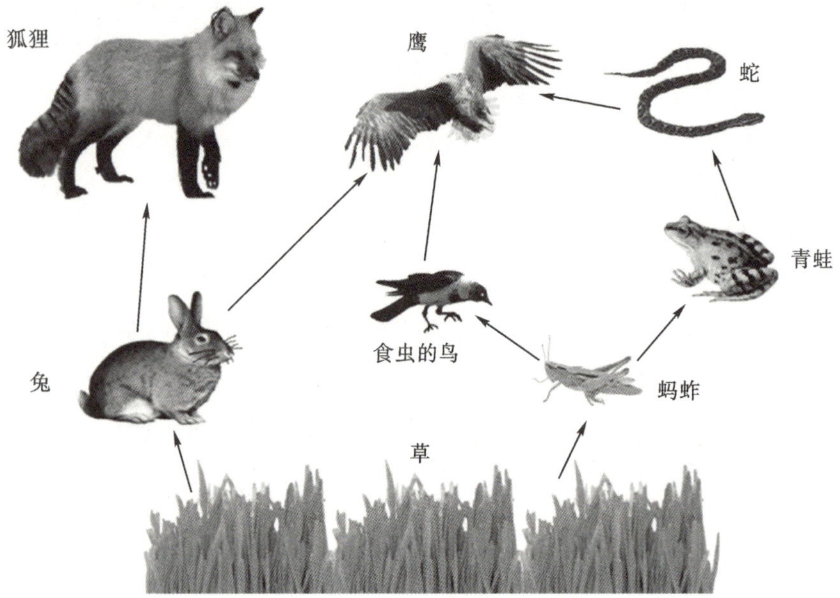

图 1.5 陆地生态系统食物网

2. **海洋生态系统**

海洋生态系统的划分相较于陆地生态系统要复杂得多,陆地生态系统由于地形等原因的限制,划分主要是以生物群落为基础的。而海洋生态系统中生物之间的流动性和关联性较大,缺乏较为明显的划分界限。海洋生态系统的多样性对于海洋的管理和开发至关重要。有相关研究发现,较为原始的捕捞数据已经不能确定"平均营养水平"等生物多样性的指标,但他们的工作也为寻找更有效的评估手段提供了基础[13]。

3. **森林生态系统**

森林生态系统分为天然林生态系统和人工林生态系统,具有调节气候、涵养水源和固持土壤等作用。由于生物经济的发展,人类对森林服务以及产品的需求不断增加,使得森林的可持续发展面对极大的挑战。有研究发现,2015 年后欧洲的森林砍伐面积突然增加,对生物多样性、土壤侵蚀以及水分调节产生了重要影响[14]。

4. **湿地生态系统**

湿地被称为"地球之肾",具有净化水质的作用,同时湿地的生物多样性占据着非常重要的位置。我们的日常生活中也有很多的提示牌在说明着湿地的重要性,比如"与湿地握手,和生态相拥","保护湿地、关注生命、呵护健康"等。人类活动对气候环境的改变会进一步影响湿地的稳定性,同时又依赖湿地生态系统所提供的生态服务[15]。

5. 荒漠生态系统

荒漠生态系统由于缺乏水分，导致植被类型比较稀少，并且植物往往比较坚韧、结实，有防水的角质层，通常还会有刺，以便能够阻止草食动物的取食。该地区的植被种类主要包括灌木、半灌木和小乔木。

6. 高山生态系统

我国的高山生态系统分布在青藏高原和亚洲中部的高山，主要由耐寒或者抗寒植物组成。植物的生长期较短，植株低矮，并且植物丰富度、生产力都较低。很多森林生态系统的面积、生物多样性以及生产力都在下降，然而，在一些高山地区，树木生长和森林扩张正在以显著的速度增加。如青藏高原的植物自 1900 年初就开始出现稳步增加的趋势，在 1930 年和 1960 年快速增加，自 1960 年以来达到前所未有的水平[16]。

7. 冻原生态系统

冻原生态系统又被称为苔原生态系统，主要是由极地平原和高山苔原的生物群落以及它们所处的无机环境构成。苔原生态系统主要分为北极苔原生态系统、高山苔原生态系统和南极苔原生态系统 3 种类型。对苔原生态系统目前最大的威胁因素就是全球变暖，因为当全球气温升高时，会导致永久冻土出现融化。另外，因为全球大约 1/3 的土壤结合碳分布在苔原和针叶林地区，当冻土融化后，就会以 CO_2 和 CH_4 的形式释放出来，它们作为两种大气中的温室气体，会对全球气候造成进一步影响[17]。

8. 城市生态系统

在城市生态系统中，人类起着重要的支配作用。该生态系统具有高度异质性和动态的空间结构，与其他类型的生态系统相比，需要大量的养分、食物等补贴，所需要的大部分物质和能量都需要从其他生态系统（森林生态系统、草原生态系统、海洋生态系统等）人为输入。城市化对人类生活和环境健康有很大影响。对城市生态系统的研究提出的可持续城市设计和城市边缘地区发展方法的建议有助于减少对周围环境的负面影响并促进人类福祉[18]。

9. 农田生态系统

农田生态系统会受到自然规律的约束，同时还会被人类活动所影响。该生态系统将生物与环境进行有序的联系，能够把环境中的信息、物质、能源通过传递的形式形成能量流进而转变为人类生产、生活所需要的产品。然而，土壤污染会严重威胁农田生态系统的稳定性、多样性和生产力等指标，准确了解国家的农田污染情况对于国家食品安全保障和人类健康具有重要的意义。有研究表明，我国的农田土壤综合污染率达到了 22.10%，重度污染水平为 1.23%。

1.1.3 生态系统的功能

生态系统的功能主要表现在能量流动、物质循环和信息传递上，主要通过生物群落来完成。

1.1.3.1 能量流动

生态系统中的能量流动(energy flow)严格遵循着热力学第一定律。能量可以由一种形式转化为另一种形式,在转化过程中,能量不会消灭,也不会凭空出现。地球上不同地区的生态系统具有不同的初级生产力,并在食物网中被利用和分割,地球上总的初级生产力是一定的,因此,生态系统中的能量流动和分配也是有限度的。生态系统中的能量流动沿着食物链进行并且是单向的,生产者通过光合作用将太阳能固定的能量很大一部分被各营养水平的生物所利用,一部分维持自身的生长和繁殖,另外一部分通过呼吸作用和排泄以热能的形式散发,这类散发的能量不会再回到生态系统中参与传递和流动。生产者固定的能量在生态系统中各级营养水平生物之间的传递效率较低,能量每传递一次,就会出现大量的损失。因此,初级生产力并不能够维持较多数量和级别的消费者。生态系统中吸收的太阳能一般最多能够维持4~5层营养级。由于能量在流通时出现损失,导致食物链中的能量呈现上窄下宽的现象,称为能量金字塔。生态系统从能量方面来看是一个开放的系统,会有源源不断的能量输入,同时伴随着能量的散失,使得该系统维持在一个相对稳定的状态。

1.1.3.2 物质循环

物质循环(nutrient cycle)生产者不断固定太阳能转化为生态系统中的能量,并不断被循环利用。在生态系统中,物质的存在形态在不断发生着改变,比如碳、氮、磷等,有时以生物的形式存在,有时则以非生物的形式存在。又如,空气中的碳原子在很早之前可能属于植物或者动物。生态系统中不同物质的循环过程是不一样的,如生态系统中水、碳、氮、磷等的物质循环。

1. 水循环

水是一切生命的来源,是所有生物体不可或缺的组成成分,地球上大约有71%的面积被水覆盖。水循环是地球上不同地方的水通过吸收太阳能转变为另外一种能量形式并转移到其他的地方的现象。海洋、地表的水经过太阳的照射后,会蒸发为水蒸气,被风吹到陆地上,当水蒸气遇冷后,又会凝结并形成降水,雨水通过降雨直接回到海洋中,或者通过地表径流、地下径流和地下渗流的方式重新回到海洋中[19]。另外,植物在太阳光的作用下也会通过蒸腾作用散发水分(图1.6)。

2. 碳循环

碳循环是生物地球化学循环中的一种。碳元素主要在生物圈、土壤圈、岩石圈、水圈和大气中进行交换[20-22]。生物圈中的碳循环主要是绿色植物从大气中吸收CO_2开始的,之后通过光合作用,在水的参与下,转化为葡萄糖进行储存并释放O_2(图1.7)。光合作用的产物一部分用于植物呼吸，将 O_2 释放到大气中，另一部分用于植物自身生长。植物组织可以存活数月（根、叶）甚至是几百年（木材），当植物枯死后，其凋落物经过食物链又成为消费者和分解者的一部分。几个世纪以来，人类活动通过改变土地利用方式以及在生态系统内的开采（煤、石油、天然气等）导致生态系统中的碳循环出现紊乱。2020 年，大气中的 CO_2 比工业化前的水平增加了近 52%，迫使太阳对大气和地表加热程度逐渐上升。同时，溶解的 CO_2 会增加海平面的酸度，从根本上改变了海洋化学性质，进而影响海洋生态系统的稳定性[19]。

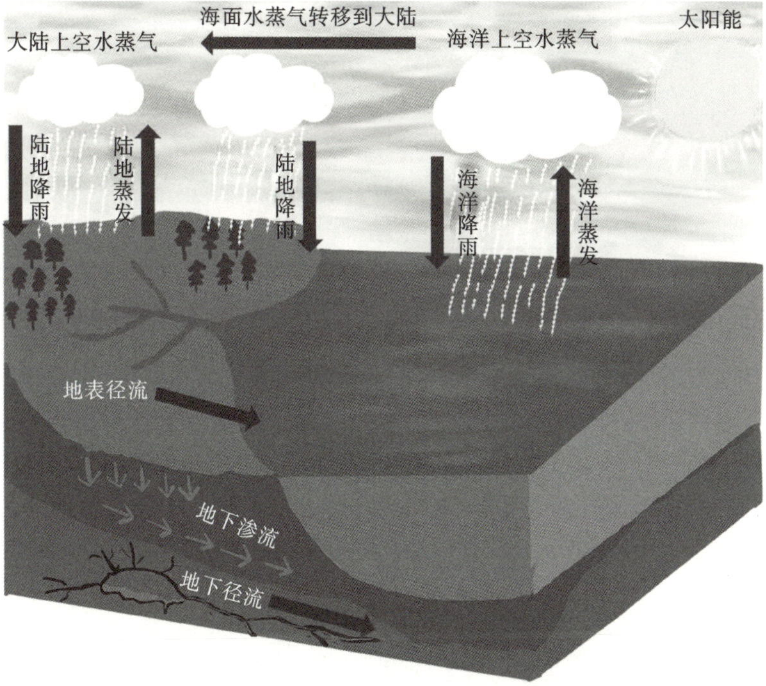

图 1.6 生态系统的水循环

3. 氮循环

氮循环是指氮在自然界中的循环转化过程，是生物圈内基本的物质循环之一（图 1.8）。全球氮循环主要通过自然（微生物固氮、豆科植物根瘤菌固氮、闪电固氮以及动、植物降解排放）和人为（垃圾填埋、农业施肥及工业合成）途径固氮[19]。在我国，人为活性氮排放由 1980 年的 18.3×10^9 kg 增加至 2010 年的 53.9×10^9 kg，增幅 2 倍。其中，78% 的人为排放活性氮又以（干、湿）氮沉降方式重新回到地球表面。氮作为植物生长的必需营养元素之一，对植物生长与作物产量的提高往往起到积极有效的促进作用；但是作为污染源，又会导致水体富营养化、土壤酸化等，严重危害生态环境。

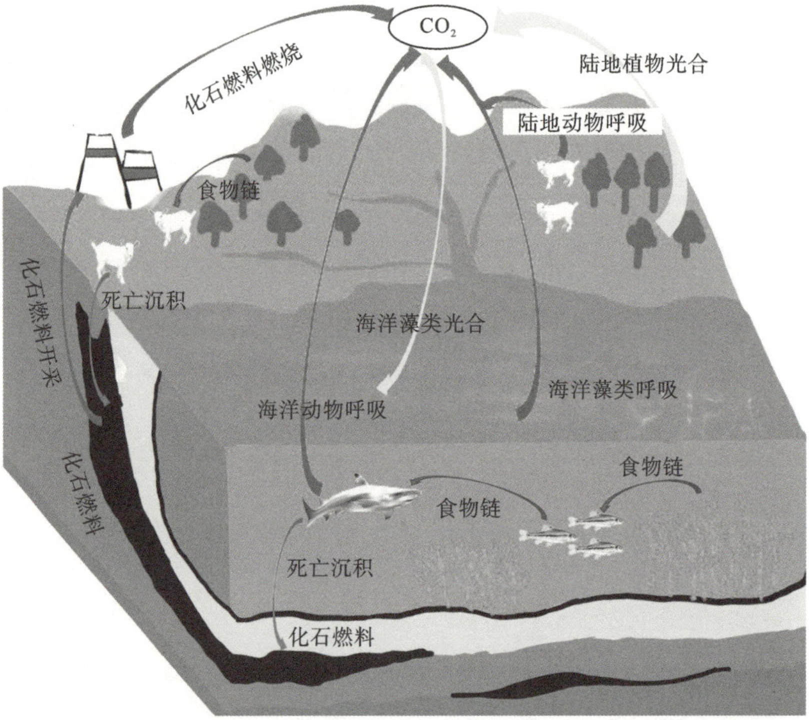

图 1.7　生态系统的碳循环

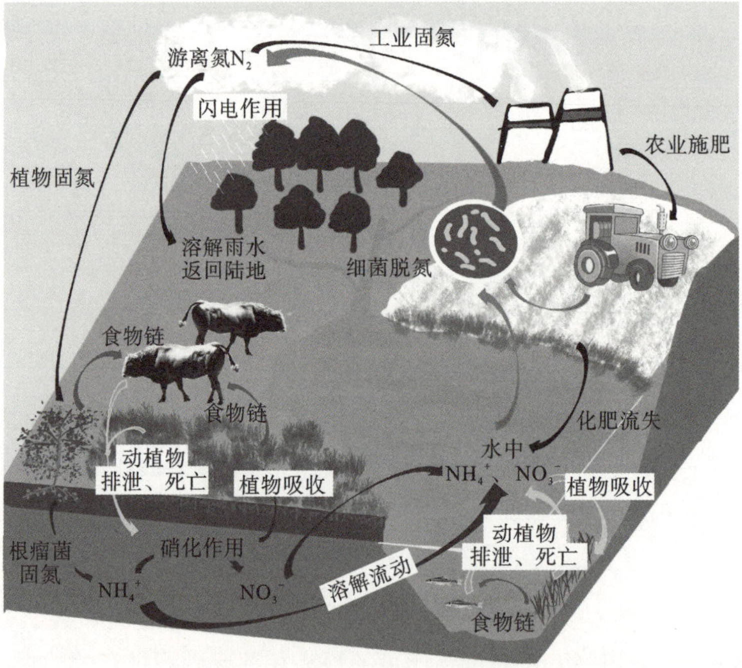

图 1.8　生态系统的氮循环

4. 磷循环

磷循环是指磷元素在生态系统和环境中运动、转化和往复的过程[19]（图 1.9）。在土壤中，磷元素有多种化学形态，会受到环境、生物和人类活动等诸多因素的影响，但主要分为有机磷和无机磷两种形态。其中，大部分土壤是无机态磷，且几乎以正磷酸盐的形式存在[23]。磷元素作为不可再生资源，参与了许多细胞的基本活动，包括细胞分裂、糖酵解、光合和呼吸作用、营养物质的运输、遗传物质的表达和其他代谢途径的调节。

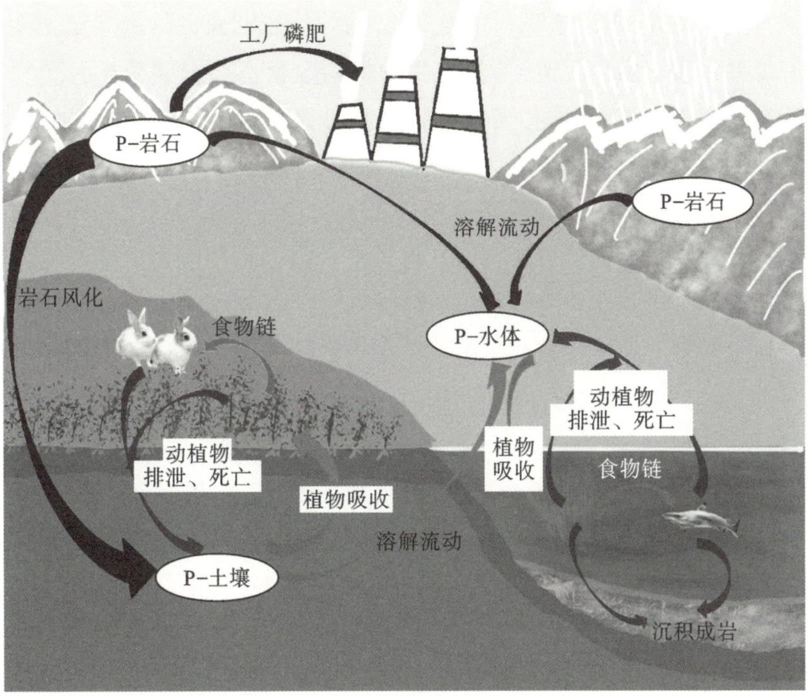

图 1.9　生态系统的磷循环

1.1.3.3　信息传递

在生态系统中，信息是物质和能量在时空结构上分布的不均匀性。物质是实际的概念，能量是一种属性概念，而信息则属于关系层次的概念。生态系统中的温度、光、声音、湿度等元素都能够成为传递的信息，被称为物理信息。比如夏夜中雌、雄萤火虫的相互识别，雄虫就是初级的信号源。自然界中，植物开花需要光信号的刺激，当日照时间达到一定长度后，植物才能开花。另外，含羞草在较为强烈的声音刺激下会出现叶柄下垂以及小叶合拢的现象。生物在活动过程中也会产生一些化学物质作为化学信息进行传递，比如植物的生物碱和有机酸等产物，蚂蚁通过自己的分泌物留下化学信息，以便后者的跟随。另外，动物的某些特殊行为也是信息的一种象征，比如孔雀开屏就是雄鸟的一种求偶信息；当草原上面的雄性地鹌发现“敌情”后，会快速起飞并扇动两翼，给正在孵卵的雌鸟传递危险的信息;蜜蜂跳舞也是典型的行为信息。

1.1.4 生态系统的稳定性

生态系统并非一成不变,而是处于不断发展过程之中,比如森林减少、生物多样性降低等。生态系统具有保持或恢复自身结构和功能处于相对稳定状态的能力,也就是生态系统的稳定性,依靠的则是生态系统的自我调节能力。比如当草原的害虫增多时,食虫鸟类由于食物丰富度提升,其数量也会随之增加,导致害虫的数量减少,这是生态系统中常见的调节方式。另外,当河流受到较轻微的污染时,能够通过物理沉降、微生物分解以及化学分解等方式改善污染程度,使河流中的生物数量不会受到明显的影响。但是,生态系统的调节程度并不是无限的,当所遭受损害的程度超过其调节限度时,就很难恢复到原本的状态。因为生态系统具有自我调节能力,所以使其能够维持在相对稳定的状态。自我调节能力的大小决定着生态系统的抵抗力稳定性和恢复力稳定性。抵抗力稳定性是指生态系统能够抵抗外界干扰并使得自身的结构和功能保持稳定状态的能力,其与生态系统的发育阶段密切相关,其生物多样性越多、营养结构越复杂,抵抗外界干扰的能力就会越强。恢复力稳定性是指生态系统在受到外界因素破坏后恢复到原状的能力,一般来说,生态系统中生物种类和数量越多、营养结构越复杂,其恢复力的稳定性就越低。比如,农田由于其生物单一,当遭受破坏后,会比较容易恢复,而当热带雨林遭到破坏后,由于其生物数量和种类较多,恢复到原状则需要较长一段时间。

1.2 生态安全及其研究内容

近几十年来,随着经济发展和城市化进程的加快,生态环境总体呈现恶化趋势。自然资源的间接损失和退化以及由此产生的环境污染可能对人类健康产生不利影响,生态安全已成为世界各国密切关注的热点问题之一。

1.2.1 生态安全的内涵及发展

由于生态安全内涵的广泛性和复杂性,对生态安全概念理解的差异往往形成不同的评估方法和指标体系。因此,在探讨生态安全时,有必要先较为详细地讨论生态安全的发展历程及其具体内涵。

1.2.1.1 生态安全研究的发展历史

生态安全概念最早是以“环境安全”形式出现的。冷战结束以后,现代工业文明给人类带来巨大财富,同时环境污染也开始日趋严重,对人类社会以及生态系统的生存和发展构成“安全”层次上的威胁和破坏,对此,“安全”概念开始重新界定,其中将环境含义引入“安全”的讨论日益增多,“环境安全”的概念便在此背景下应运而生。最早将环境问题引入安全概念的学者是美国的 L. R. 布朗(L. R. Brown),他于 1977 年提出对国家安全的重新界定,并在其 1981 出版的著作《建设一个持续发展的社会》(*Building A Sustainable Society*)中指出:"目前对安全的威胁,来自国与国间关系的较少,而来自人与自然间关系的可能较多;其中土壤侵蚀、地球基本生物系统的退化以及石油储量的枯竭,正在威胁着每个国家的安全。"[24]世界环境与发展委员会于 1987 年在《我们共同的未来》(又称为《布伦特兰报告》)中明确指出:"安全的定义不仅包含对国家主权的政治和军事威胁,也要涵盖环境恶化和发展条件遭到的破坏。"1988 年,联合国环境规划署针对造成严重危害的环境污染事故提出了"地区级紧急事故的意识和准备",并在此计划中首次正式阐述了"环境安全"概念。外国学者提出的安全概念已从把环境压力作为主权国家安全的一个重要威胁发展为把环境变化看成全球安全的共同问题[25-26]。上述国外对安全再定义的研究更多关注的是"全球的"或是"全面的"安全概念。

在"环境安全"概念正式提出后,国内学者对其内涵也进行了相关的扩展与深入。其中,狭义的"环境安全"实质主要研究人为活动引发的环境污染、生态破坏以及全球环境问题造成对人类社会生存与发展在"安全"层次上的威胁和危害;广义的"环境安全"则偏重于生态、资源、灾害等广义的环境领域,通过引入安全的概述和角度,研究某一领域内与安全相关的问题,其中生态安全、资源安全、自然灾害等领域是其研究的主要内容。

关于生态安全的认识,最初是指生态系统相对于"生态威胁"的一种功能状态。国际应用系统分析研究所提出广义的"生态安全"概念后,生态安全的内涵被国内外学者不断地充实与完善。余谋昌认为,"生态安全"又称环境安全,与它对应的概念是"生态危机""环境风险"。生态安全问题以环境污染和生态破坏威胁人类生存的方式表现出来,成为全人类面临的共同问题。金相灿等人则认为生态安全的本质应包括生态风险与生态系统健康两个方面,其中生态风险表征了环境压力造成危害的概率和后果,相对来说更多地考虑了突发事件的危害;生态系统健康则应满足人类社会合理要求的能力和生态系统本身自我维持与更新的能力。

随着研究的深化和认知水平的提升,学界对生态安全概念与内涵的阐述趋于完善。进入 21 世纪后,人类开始更加注重人与自然和谐共处与可持续发展。2000 年 11 月,我国国务院发布了《全国生态环境保护纲要》,首次明确提出了"维护国家生态环境安全"的目标。随后,生态安全迅速成为学术研究和公众讨论的热点,我国生态安全研究也进入理论形成和实践发展阶段,此时期生态安全研究论文数量逐年快速增长。2012 年 11 月,党的十八大报告将生态文明建设纳入中国特色社会主义事业总体布局,提升至国家战略地位,标志着生态安全已成为可持续发展战略领域的热点。2014 年 4 月,习近平总书记主持召开中央国家安全委员会第一次会议,明确将生态安全纳入国家安全体系,生态安全也由此正式成为国家安全的重要组成部分。2021 年 4 月 15 日,《中华人民共和国生物安全法》的施行，进一步以法律的形式明确生态安全作为我国国家主权和国家安全组成部分的重要性。

经过十余年的发展，“生态安全”已经从传统生态学的生态系统安全问题演化为一个涉及环境安全、健康安全、经济安全、社会安全和国家安全等的公共安全问题，且更加强调对人类生存和可持续发展的安全服务以及对人类活动的有效控制与社会需求的合理满足。生态安全的核心内涵是人与自然、人与环境的和谐共生。其中，人是主体，自然是客体，主体对自然的需求是一种正向或负向干扰行为，两种方向干扰的协同作用是推进生态安全与可持续发展的重要支撑。

1.2.1.2　生态安全的概念与内涵

1. 概念

作为近十几年才出现的新概念，许多学者从不同角度提出了生态安全的定义，如从生态系统的服务功能、生态系统本身的结构和生态健康等角度提出的狭义的概念。具有代表性的包括：K. S. 罗杰斯(K. S. Rogers)于 1997 年提出的“自然生态环境能满足人类和群落的持续生存与发展需求，而不损害自然生态环境的潜力”[27]。左伟等人于2003 年提出的“所谓生态安全，是指一个国家生存和发展所需的生态环境处于不受或少受破坏与威胁的状态”[28]。王朝科提出的“生态安全是指生态系统保持过程连续、结构稳定和功能完整的一种超稳定状态”[29]。简单来说，狭义的生态安全可以概括为“自然和半自然生态系统的安全，即生态系统完整性和健康的整体水平反映”。生态安全包括生物安全和生态系统安全。一些学者认为，生态安全最重要的部分是生物安全，生物入侵、生物技术问题导致的基因漂移等因素都会影响生物安全[30]。而生态系统安全主要关注生态系统的结构和功能是否受到破坏或不同程度的破坏。若将生态安全与保障程度相联系，生态安全可以理解为人类在生产、生活和健康等方面不受生态破坏与环境污染等影响的保障程度，包括饮用水与食物安全、空气质量与绿色环境等基本要素[31]。

广义的生态安全则以国际应用系统分析研究所于 1989 年提出的定义为代表：生态安全是指在人的生活、健康、安乐、基本权利、生活保障来源、必要资源、社会秩序和人类适应环境变化的能力等方面不受威胁的状态，包括自然生态安全、经济生态安全和社会生态安全，组成一个复合人工生态安全系统。一是环境、生态保护上的含义，即防止由于生态环境的退化对经济发展的环境基础构成威胁，主要指环境质量状况低劣和自然资源的减少退化削弱了经济可持续发展的环境支撑能力。二是外交、军事上的范畴，即防止由于环境破坏和自然资源短缺引起经济的衰退，影响人们的生活质量，特别是“生态难民(environmental migrant)”的大量产生，从而导致国家的动荡。

2. 内涵

生态安全概念区别于传统安全概念，具有许多鲜明的与传统安全概念不同的特征，内涵十分丰富,主要包括两个方面:一是生态系统自身是否安全,即其自身结构和功能是否保持完整和正常;二是生态系统对于人类是否安全,即生态系统提供给人类生存所需的资源和服务是否持续、稳定。两个方面相互交叉,不可分割。生态系统保持本身的健康与活力是其为人类提供持续、稳定资源与服务的前提,而人类所需的资源和服务本身也体现了生态系统结构和功能状态。其具体包含的内容大致有以下几个方面。

(1)生态安全是人类生存环境或人类生态条件的一种状态,一种必备的生态条件和生态状态。也就是说,生态安全是人与环境关系过程中生态系统满足人类生存与发展的必备条件。

(2)生态安全是一个相对的概念[32]。没有绝对的安全,只有相对安全。生态安全由众多因素构成,其对人类生存和发展的满足程度各不相同。若用生态安全系数来表征生态安全满足程度,则各地生态安全的保证程度可以不同。因此,生态安全可以通过反映生态因子及其综合体系质量的评价指标定量地评价某一区域或国家的安全状况。

(3)生态安全是一个动态概念。一个要素、区域和国家的生态安全不是一成不变的,它既可以随环境变化而变化,同时也会受到人类活动的影响,并进一步反馈给人类生活、生存和发展条件,导致安全程度的变化,甚至由安全变为不安全。

(4)生态安全强调以人为本。安全与否的标准是以人类所要求的生态因子的质量来衡量的。影响生态安全的因素很多,但只要其中一个或几个因子不能满足人类正常生存与发展的需求,生态安全就是不及格的。也就是说,生态安全具有生态因子一票否决的性质。

(5)生态安全具有一定的空间地域性质。生态安全的威胁往往具有区域性、局部性,真正会导致全球、全人类生态灾难的危险是十分罕见的。这个地区不安全,并不意味着另一个地区也不安全。但是,某一区域生态安全状况会影响相邻区域的生态安全,即生态安全效应具有外溢性。

(6)生态安全可以调控。对于不安全的状态、区域,人类可以通过整治,采取措施,加强生态建设和环境保护以减轻、解除环境灾难,变不安全因素为安全因素。这里应该遵循复合生态系统的调控规律,以便于更科学地为区域规划与区域发展综合决策提供依据。

(7)维护生态安全需要成本。也就是说,生态安全的威胁往往来自人类的活动,人类活动引起对自身环境的破坏,导致自身生态系统对自身的威胁。解除这种威胁,人类需要付出代价,需要投入,这应计入人类开发和发展的成本。

3. 本质

生态安全的本质包括生态风险(ecological risk)和生态脆弱性(ecological vulnerability)[33]。

(1)生态风险是指生态系统受到生态系统外的一切对生态系统构成威胁的要素作用的可能性,指在一定区域内具有不确定性的事故或灾害对生态系统及其组分可能产生的作用,这些作用的结果可能导致生态系统结构和功能的损伤,从而危及生态系统的安全和健康。生态风险表征了环境压力造成危害的概率和后果。相对来说,它更多地考虑了突发事件的危害,对危害管理的主动性和积极性较弱。

(2)生态脆弱性是生态安全的核心,是生态系统在特定时空尺度相对于外界干扰所具有的敏感反应和自我恢复能力,是生态系统的固有属性。通过脆弱性分析和评价,可以知道生态安全的威胁因子有哪些,是怎样起作用的,以及人类可以采取怎样的应对和适应战略。回答了这些问题,就能够积极有效地保障生态安全。因此,生态安全的科学本质是通过脆弱性分析与评价,利用各种手段不断改善脆弱性,降低风险。

1.2.2 生态安全的主要研究内容

在全球环境问题日益严重和人类对可持续发展需求日益增加的背景下,国内外不同领域的研究人员从全球、国家和区域生态安全需求的角度出发,基于定性、定量和二者相结合的方法,开展了不同尺度、对象和领域的生态安全研究工作,涉及多种学科的交叉(图1.10)。

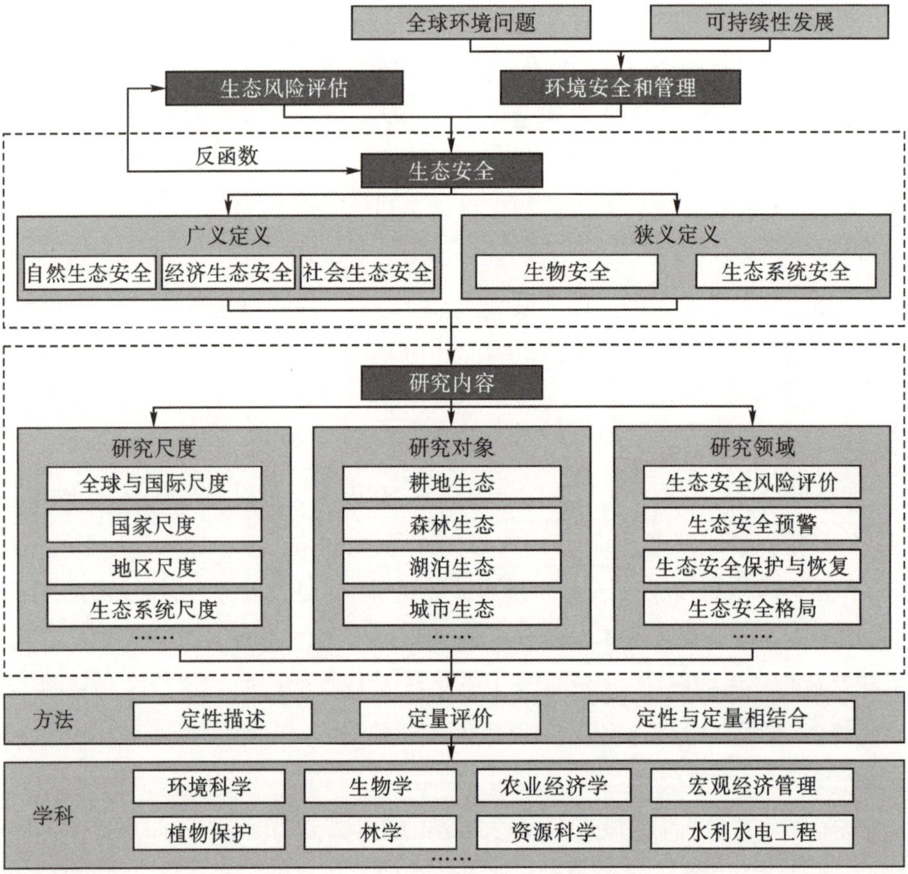

图1.10 生态安全的理论框架[34]

1.2.2.1　研究尺度

生态安全具有多尺度特征，大的可以包括全球或若干国家的地理单元，即全球或国际尺度；其次为国家尺度，它以国家统治疆域为边界，是各国政府的核心关注点；再次为地区尺度，它往往以行政区划或地理小区为范围，是各地方政府的关注点及实施区域。此外，在跨行政区尺度上，还有生态功能区尺度，它是表现为承担某一种或几种重要生态功能，以及具有某种生态脆弱性、敏感性的自然地理单元。由于生态功能区功能的重要性，其得到了更多生态学家的关注，也是生态环境管理部门分区管理的重点(图 1.11)。

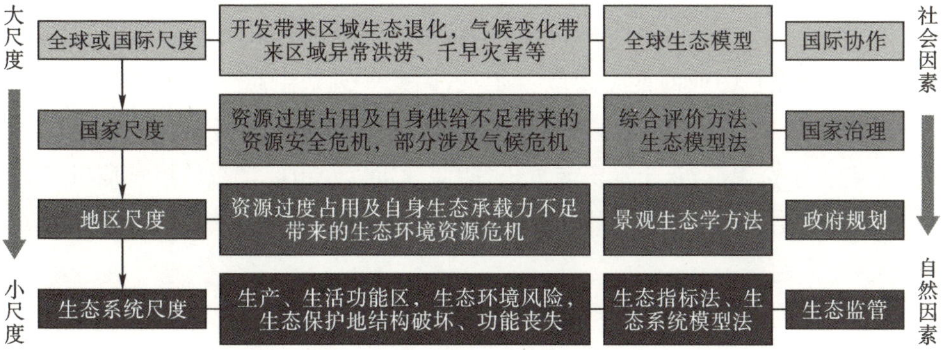

图 1.11　区域尺度生态安全特征框架[35]

1. 全球或国际尺度的生态安全

全球尺度上的生态环境资源状况恶化已威胁到很多地区人类的生存与发展，从而推动了生态安全研究，因此全球尺度生态安全一直是生态安全研究的热点。全球尺度生态安全主要基于以下 4 类问题。

(1)从社会经济系统出发的全球资源危机。以石油危机、水危机、矿产危机为代表的全球性资源危机已成为人们恐慌的来源，并由此引发大量的社会冲突甚至战争，将生态安全刻上了资源危机的烙印。

(2)从地球环境系统出发的全球环境危机。具有代表性的是核辐射威胁等大范围环境污染，特别是 2023 年日本政府启动核污染水排海，进一步加剧了全球性的环境危机，使得人类深深陷入全球性安全焦虑。

(3)从地球物理系统出发的全球自然地理环境危机。比如，因为气候变化导致全球尺度上气象过程的改变和海平面上升、暴雨、干旱等，并由此引起大尺度生态系统失调，形成全球气候变化危机[36]。

(4)从地球生态系统出发的全球生物多样性危机。生物多样性是人类赖以生存和发展的基础，因此生物多样性丧失会引起生态学家的广泛担忧。当前，人类活动导致的生物多样性衰退非常严重，已对世界各地的经济、生计、粮食安全、饮用水以及人们的生活质量造成了危害。

国际大区域尺度，如南极洲、北冰洋、亚马孙河流域等生态较为敏感的区域，也是国际生态安全研究的热点之一。在这一尺度上，因为人类大量开发带来区域性生态系统退化，尤其是区域内关键国家生态资源利用不当导致的邻国生态安全问题，或因为气候变化导致的区域性异常洪涝、干旱灾害等，构成区域性生态安全威胁。由于这一尺度上生态安全的维护及改善需要区域内各国的共同努力，因此成为区域性政府间合作的重要领域。

2. 国家尺度的生态安全

国家尺度生态安全由于直接关系到一国管治范围内自然和社会经济的可持续发展，且国家有着最为完整的应对能力及政策工具，因此一直是生态安全研究中最突出的尺度[37]。总体而言，在这一尺度上，主要关注资源的过度占用及自身供给不足带来的资源安全危机，包括水资源危机、土地资源危机、能源危机以及由此带来的粮食危机等。一些国家则根据自然生态特点有其特别的关注点，如小岛屿国家关注气候变化、沙漠国家关注干旱及沙化问题等。

3. 地区尺度的生态安全

省、市、县等地方不同行政层级尺度关注的问题与国家尺度类似，也主要集中于资源的过度占用及自身承载力不足带来的资源危机。但与国家尺度不同的是，该尺度下的行政主管部门往往具有更强的干预能力[38]。

4. 生态系统尺度的生态安全

生态系统是生态学研究中最重要的尺度，因此生态系统尺度的生态安全也是生态学角度最重要的尺度[39-40]。生态空间结构与功能表达理论认为，在基本尺度上开展生态空间研究有利于发现不同生态现象的内在成因及其发生机制。生态系统尺度的生态安全是指自然或人工生态系统处于健康的、自组织和自我调节并有序循环的状态。生态系统生态安全主要基于生态系统结构功能的合理性、稳定性以及演替成长性来判断。此外，由于近年来全球化贸易往来密切，外来入侵物种的出现越来越频繁，其成为突出的生态系统生物多样性危害因素，也成为生态系统尺度上生态安全研究的热点。

1.2.2.2　研究对象

生态安全研究按生态环境要素主要可以分为水、大气、土壤生态安全，具体根据研究对象的生态服务与功能又可以细分为耕地、森林、湖泊等生态安全。

1. 耕地生态安全

耕地生态安全是土地生态安全的一个分支。国外关于耕地土壤质量的研究主要涵盖农地质量评价、土壤质量影响因素及变化研究两个领域。在农地土壤质量研究方面成果较多，多关注于土地健康及农业的可持续问题。在土壤质量评定方面，通过对耕地土壤质量评级及监测，利用土壤调节指数模型与实地测量的土壤数据进行对比来评估土壤健康质量，进而帮助投资方确定最合适的经营规模、识别最优作物面积、优化养分投入结构、促进生态集约化和避免经济损失。在我国，耕地资源作为保障“粮食安全”和“食物安全”的重要载体，一向是土地资源管理与保护的重点。自出台《中华人民共和国土地管理法》之后，我国虽建立了土地用途管制、耕地总量占补平衡、基本农田划定等一系列措施，但耕地的数量、质量和功能的保护并没有取得很好的效果。目前，国内耕地生态安全的有关研究大多集中于概念内涵、安全评价及安全监测预警等方面[41-44]。

2. 森林生态安全

森林生态安全主要用于表征森林生态系统的功能与作用，一些学者将森林生态安全同森林生态系统健康等同。部分学者认为狭义的森林生态安全仅涉及森林生态系统自身，但也有广义的概念认为既包含森林生态系统自身安全，也包含受到外界干扰和影响时保持安全的状态，考虑其与人类行为之间的相互影响。相比于森林生态安全定义的模糊不清，森林生态系统健康的定义更为成熟。森林生态系统健康是指森林生态系统在维持其多样性和稳定性的同时，又能持续满足人类对森林的自然、社会和经济需求的一种状态，是实现人与自然和谐相处的必要途径。森林生态安全同森林生态系统健康的概念在本质上是一致的，都是实现森林生态系统可持续发展的重要基础。但是，二者又有较大的区别，森林健康更多的是从森林自身角度考虑，重点关注森林生长、繁育以及抵抗外界干扰的能力等；而森林生态安全不仅要关注森林自身健康发展的问题，同时还需要考虑到森林生态系统与其周围环境的关系[45-48]。

3. 湖泊生态安全

湖泊生态安全从湖泊或人类角度考虑可以分别定义为人类对湖泊的干扰应在其可承受范围之内；以及湖泊对人类是安全的，即湖泊能为人类提供健康、安全的生态服务功能。狭义的湖泊生态系统健康侧重于研究湖泊自身，关注湖泊整体功能是否完善，组分是否完整，湖泊内部环境的好坏等。广义的湖泊生态系统健康考虑了人的因素，特别是人工湖泊存在的目的就是为人类服务的，如果割裂了人的要素而单纯考虑湖泊生态系统，定义就存在片面性。因此，湖泊生态系统应该包含两方面的内涵：一是湖泊生态系统自我维持与更新的能力，一是满足人类社会合理要求的能力[49-51]。

4. 城市生态安全

城市生态安全作为描述城市生态系统结构和功能状况的术语，用于探讨城市生态系统是否/如何受到城市扩张和人类活动的威胁。城市生态安全蕴含两方面含义：一是城市生态系统自身的结构与功能是否安全，二是城市生态系统提供的生态系统服务能否满足和维持城市日益增加人口的需求。城市生态系统向城市提供生态系统服务，通过生态系统服务的供给功能、文化功能满足城市居民的物质、精神需求，通过生态系统服务的调节功能、支持功能缓解日益恶化的城市生态环境问题，从而保障城市生态安全。目前，城市内部的生态系统服务往往面临高污染、有限的生长空间、高强度和高频率的人为干扰等压力，这些压力对支撑与维持城市生态安全提出了众多挑战。因此，开展城市生态系统服务的评估、监测与模拟等工作，联结生态系统服务与人类福祉来综合评估城市生态安全，对优化城市生态安全格局，提升城市生态系统结构与功能，促进城市绿色、生态和可持续发展至关重要[52-55]。

1.2.2.3 研究领域

目前，国内外关于生态安全的研究可以概括为 4 个热点领域，12 个研究方向（表 1.2）。生态风险评价的研究重点仍是建立评价指标体系和选择评价模型。我国有关生态安全的管理体系尚不完善、不成熟，缺乏对区域生态安全的完整研究。因此，针对风险管理预警和预防机制的进一步研究具有重要意义。此外，我国在生态安全保护与修复方面已有较多成果，这意味着我国在生态损害控制方面的研究体系和管理机制以及生态修复方面的发展比较成熟。表明我国开始注重环境与经济互利共赢的发展模式，也开始重视人与自然的共生。生态安全格局研究涉及的区域包括自然保护区、风景名胜区、生态脆弱区、经济快速发展区等，其中经济快速发展区是研究的重点。以上 4 个研究领域，目前生态安全评估是研究热点，而生态安全预警和生态安全管理体系还比较滞后，未来需要更多的关注和研究[34]。

表 1.2　生态安全的主要研究领域

研究领域	关键词	研究方向
生态安全分析与评估	生态安全、生态系统健康、评价模型/指标、国家/地区/城市、GIS	生态安全评估
	生态风险、区域生态风险、指标体系、评价模型、重金属、沉积物	生态风险评估
	生态风险、生态系统敏感性/脆弱性评估模型/指标、国家/地区/城市、GIS	生态脆弱性评估
	生态环境、环境安全、生物多样性、生态系统服务	生态系统服务评估
生态安全防控预警	生态风险防范体系、风险源、风险受体	生态风险防范
	生态风险防范体系、预警机制/系统	生态安全预警
	动态、监测、自然灾害、地质灾害	生态安全监测
生态安全保护与管理	自然生态系统管理、社会环境管理、环境问题	生态安全管理
	可持续发展、生态修复、物种多样性	生态保护与修复
生态安全格局优化	生态功能、连通性、节点、廊道	生态网络规划
	可持续、土地利用、城市空间、绿色/生态基础设施、规划/优化	城市空间规划/优化
	优化/规划、生物多样性、GIS、生态系统结构	生态安全格局

1. 生态风险评价与生态安全

生态风险和生态安全互为反函数。生态风险评价是对生态环境、区域生态系统的受力程度或事件的不确定性进行分析和评价。此外,它确定了风险规避的方法,并维护了生态环境的稳定。生态风险评价主要包括两个方面:生态环境安全分析和生态安全评价。生态环境安全分析主要集中在自然环境分析和社会环境分析。自然环境分析可以从自然生态系统、生态景观和生态风险等方面展开,而社会环境分析则涉及政治和国家利益、外交、经济全球化、法律等方面。生态安全评价是对生态环境的可靠性进行评价,以维护生态环境的安全状况和发展趋势,防止不确定事件的发生,保护和改善环境安全。其中,生态风险评价是生态安全分析的主要手段,起源于人类健康评价,是为了保护人类免受化学暴露的威胁而进行的,目的是分析污染物对生态系统或某些组分的有害影响。

2. 生态安全预警

生态安全预警是指对环境质量和生态系统的逆向演化、退化和恶化进行预测,然后进行生态安全预警,发布生态安全危机预警,即生态风险预警。生态风险预警是指对工程建设、资源开发、国土管理和其他人类活动或自然灾害对生态系统造成的外部影响进行预测、分析和评价。建立一个长期的动态监测机制,并根据生态风险分析和评价的结果划分不同程度的风险区,建立分级预警机制,可以有效地控制生态安全危机对人类与自然的损害。

生态安全预警是一个复杂的统计预测过程,需要将预警理论与生态安全评价体系相结合,建立预警评价指标体系,合理设计预警系统的结构,形成多层次并行的预警子系统。早在 20 世纪 90 年代,就有学者提出区域生态环境预警是对区域资源开发利用的生态后果、区域生态环境质量变化以及环境与社会经济协调发展的评价、预测和预警。如许学工于 1996 年应用生态环境交错带理论分析了黄河三角洲的生态环境状况,提出了环境潜力指数的计算公式,并对黄河三角洲生态环境进行了现状评价和预警研究[51]。虽然在生态安全的理论形成和实践发展阶段,许多学者对生态环境进行了基于实践的预警研究,但与生态安全评价相比,生态安全预警还有待于进一步深入研究。

3. 生态安全保护与恢复

生态安全保护与恢复具体包括生态保护与生态恢复两部分。

目前国内对生态保护(ecological protection)的研究大多是概念性和探索性的,具体的保护措施、方法体系和生态保护补偿机制有待进一步探索。在理论方面,国内学者对生态保护的必要性和现实意义,以及区域生态补偿的理论和方法进行了积极的研究。在实践方面,国内学者从森林资源、水资源、草地资源、湿地和生物多样性等方面,就如何协调生态保护与水电开发、资源利用、旅游管理、土地利用变化等进行了相关研究。

生态恢复(ecological remediation)是指在受到干扰之后,使受损生态系统恢复到或接近自然状态的管理和运作。研究区涉及矿业废弃地、工业废弃地、垃圾填埋场、河流、湖泊、湿地以及一系列生态遭到破坏、生态系统严重退化的地区。除了生态系统的自我维持和抵抗力弱化造成生态系统的退化外,更直接的原因是外部的干扰。因此,人类活动无论是在生态系统的退化过程中还是在恢复过程中,都是不容忽视的因素。目前,我国对生态恢复的研究已经取得了丰硕的成果,有从荒地景观更新到植被恢复;有从河流防洪、河流水环境改善、岸线形态恢复、生态堤防设计、河流缓冲带设计等方面,探讨了河流生态系统恢复的方法和重建措施;也有从生态经济的角度出发,提出恢复湿地,调整湿地生态系统结构、加强湿地保护和管理等恢复规划策略,以恢复湿地的生物多样性。

4. 生态安全格局

生态安全格局能够维持生态系统结构、功能和过程的完整性,同时可以实现对生态环境问题的有效控制和持续改善。合理优化生态安全格局有助于防范和规避生态风险,减少由生物及其代谢所产生的污染废物所带来的负面影响。关于生态安全格局,国内学者从基础理论和实践两个角度进行了相关的探讨,并通过加强生态安全主要内容间相互关系及机理的研究,评估预警方法模型的改进与优化,协调发展调控技术与保障政策的研发,为生态安全格局管理的决策支持系统提供重要支撑。

生态安全格局作为一个宏观、抽象的生态学问题,所涉及的内容多样且具有复杂性。基于已有研究,生态安全格局目前所聚焦的主要研究内容主要包括以下几个方面:①格局的形成、演变及影响机制;②基于生态过程的生态安全格局;③多目标生态安全格局优化;④基于生态保护红线的生态安全格局构建;⑤生态安全的预测、预警与调控管理(图 1.12)。

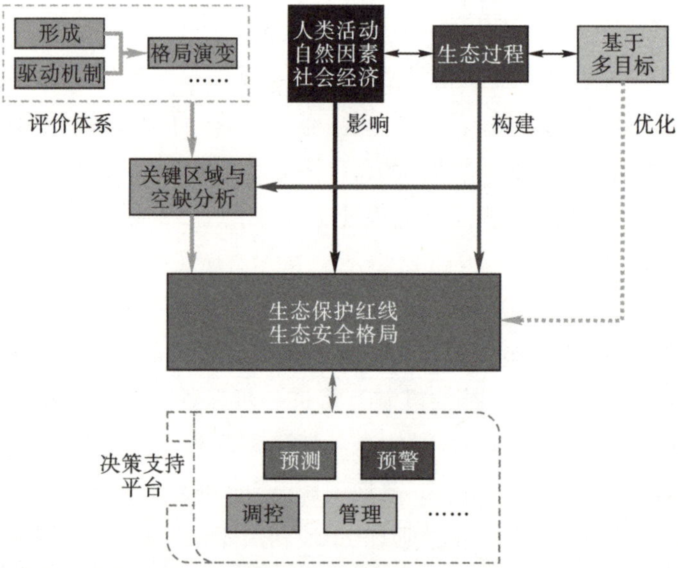

图 1.12 生态安全格局研究的主要内容与构建思路[56]

1.2.3 生态安全评价方法及手段

21 世纪以来,大量研究开始对生态安全进行经验性和综合性评价,区域生态安全评估研究成为热点,研究内容与方法逐步细化具体。

1.2.3.1 构建生态安全评价指标体系

构建指标体系的实质是生态安全中抽象问题具体化、实例化的过程。科学地选择指标是客观评价的基础,有研究表明对于同一问题选用不同指标体系(或概念框架)得到的评价结果可能不同。因此,指标体系的构建对于生态安全评价具有极其重要的作用。当前较为常用的评价指标体系如表 1.3 所示,其中应用最为普遍的是由联合国经济合作开发署提出的压力 - 状态 - 响应(pressure-state-response,PSR)评价体系、PSR 模型的扩展和修正模型等。随着生态安全研究的深入,评价方法也得到了发展,从概念性、探索性的定性描述到定量评价。目前常用评估方法的适用性和局限性各不相同(表 1.3),由于各评价体系的特征及系统各因素间的逻辑关联不同,在应用上应根据评价对象的不同灵活选择合适的模型。

表 1.3 常用的生态安全评价指标体系概念框架及其特征[57]

评价体系名称	适用性	局限性
压力 - 状态 - 响应(PSR)	适用于空间尺度较小、空间变异较小、影响因素较少的区域生态评价;适用于环境类指标	不适用经济和社会类指标;不适用人类活动作用超过自然环境承载能力的自然灾害;无法确定生态安全隐患及不确定的威胁因素;过于简化各因素间的因果关系,忽视了系统的复杂性
驱动力 - 状态 - 响应(DSR/DF-SR)	在 PSR 框架基础上考虑了来自经济、社会等驱动力因子与生态环境之间的因果关系	没有解决驱动力指标与生态环境状态之间没有必然逻辑联系的缺陷;驱动力指标和响应指标的界定存在一定的模糊性
驱动力 - 压力 - 状态 - 暴露 - 响应(DPSER)	从生态系统服务功能与人类需求的角度出发,将污染物暴露单独列为一个模块,着重强调人类需求与生态环境压力的接触暴露关系	框架的线性结构不能很清楚地解释所有过程的复杂特征;指标分类较为困难;更多考虑了人类因素造成的环境问题,而忽视了自然灾害
驱动力 - 压力 - 状态 - 影响 - 响应(DPSIR)	在 PSR 框架基础上添加了驱动力和影响指标,能够准确描述系统的复杂性和相互之间的因果关系;能够揭示经济运作及其环境间的因果关系	容易低估复杂的环境和社会经济方面固有的不确定性和因果关系的多样性维度

续表

评价体系名称	适用性	局限性
状态－隐患－响应(SDR)	在PSR框架基础上增添了生态安全自然灾害因素的影响及人类活动隐患的非短期影响;能够反映生态安全不确定性因素的动态影响	生态安全隐患存在时空尺度差异,不能套用一般研究模式

1.2.3.2 确定评价指标权重

确定评价指标权重的方法一般分为主观赋权法、客观赋权法及两者相结合的方法。其中,常用的主观赋权法包括层次分析法、专家打分法及德尔菲法等。主观赋权法在处理难以定量分析的复杂问题时能够有效利用专家经验,且能够从专业的角度解释结果,具有一定的权威性。但由于赋权过程过度依赖于主观判断,对专业背景及知识经验要求较高,因而不同评判主体得到的结果可能存在差异。客观赋权法主要包括主成分分析法、熵权法、变异系数法、均方差法等。客观赋权法基于数学模型确定各指标权重,因而消除了主观判断对结果的影响,具有较强的客观性,且得出的综合指标之间相互独立,减少了信息的交叉,有利于分析评价。然而,由于客观赋权法忽略了主观判断,不能反映专家的知识和经验以及决策者的意见,无法体现不同指标的相对重要性,有可能导致所得结果差距过小,难以结合实际经验进行解释。在实际应用中,为了避免主观和客观赋权法各自的缺点,充分利用两者分别在主观经验性和客观准确性的优点,大多采用主观赋权法和客观赋权法组合的方式确定评价指标的权重。

1.2.3.3 生态安全的评价方法

由于尺度具有不可推绎性,不能轻易将小尺度上的研究结论推至大尺度,因此,适当重视生态安全评价模型的研究,可以在生态安全评价中由小尺度研究预测、解释和推断大尺度下生态安全特征[58]。按照其原理,可将生态安全评价中的模型划分为数学模型法、生态模型法、景观生态模型法、数字地面模型法和计算机模拟模型法5类。

(1)数学模型法是利用符号、函数关系将评价目标和内容系统规定下来,并把互相间的变化关系通过数学公式表达出来的一种方法,主要包含综合指数法、层次分析法、灰色关联度法、物元评价法及模糊综合法等。

(2)生态模型法中最具代表性的即为生态足迹法。生态足迹是指生产区域人口所消费的所有资源和消纳这些人口所产生的所有废弃物所需要的生物生产性土地面积。该方法主要用于评价人类需求与生态承载力之间平衡关系的研究,旨在衡量人类对自然资源利用程度及自然界为人类提供的生命支持服务功能。

(3)景观生态模型法研究和改善空间格局与生态和社会经济过程的相互关系,可评估不同尺度研究区域生态安全现状及动态演变趋势,充分发挥景观结构组分易于保存信息的优势,对掌握区域生态安全格局及演变具有重要意义。其中,最典型的代表是空间模型,也是区别于其他生态学模型最突出的特点。

(4)数字地面模型法是通过 GIS、RS 和 GPS 技术,利用卫星光谱资料信息和数字化的环境资料对区域尺度的社会、经济要素进行识别、分析和分类,在大尺度对生态安全系统各要素的长期连续且动态的检测,以揭示生态安全格局和生态安全的时间和空间上的变化,具有时效高、精确度高、可操作性强及可扩展性强的优势,在生态安全评价及预警方面有广阔的应用前景。

(5)计算机模拟模型法是利用计算机模拟技术可快捷分析处理大量数据的优点,改静态评价为动态模拟生态安全在时空中的变化过程,对生态安全预警具有理论指导价值和实际意义。最具代表性的计算机模拟模型法是系统动力学法和径向基函数神经网络模型法。

1.2.3.4 依据评价标准对评价结果进行分级

由评价方法计算得到的综合指数值无法直接反映生态安全的状况,还需按照一定标准将综合指数值转化为等级值,即将综合指数与安全状况评判联系起来。目前国内外对于评判标准的划定方法并未达成统一,一般是通过文献搜索查找相似研究成果的阈值来确定,但该方法依赖专家经验,主观性过强。另外,还可采用均分法将生态安全标准等比例划分成若干份,该方法虽然简单可行,但过于简化了因素之间的相互作用关系。

1.3 我国生态安全现状与发展

1.3.1 我国生态安全现状

改革开放以来,我国经济社会得到快速发展,但资源约束趋紧、环境污染严重、生态系统退化的形势日益严峻,生态安全问题已经成为关系人民福祉和民族未来的大事。2017 年 2 月,生态环境部与中国科学院对我国 31 个省、自治区、直辖市和新疆生产建设兵团 2010—2015 年的生态国情进行了调查评估。评估结果显示,经过生态文明建设的深入展开,我国生态状况总体呈改善趋势,生态保护和恢复成效明显。但受到工矿建设、资源开发、城镇和农田扩张等影响,我国生态空间被大量挤占、自然岸线和滨海湿地持续减少,局部区域生态退化等问题严重。全国生态环境依然脆弱,生态安全形势依然严峻,保护与发展矛盾依然突出。可以说,我国的生态安全总体状况是良好的,但威胁生态安全的风险依然严峻。

1.3.1.1 政治关注

生态安全与政治安全、军事安全和经济安全一样，都是事关大局、对国家安全具有重大影响的安全领域。随着对生态环境问题认识的深入和生态文明建设的开展，我国从政策到实践角度日益明确了生态安全在国家安全中的地位。2000 年，国务院发布的《全国生态环境保护纲要》，明确提出了“维护国家生态环境安全”的目标；2002 年，党的十六大报告明确提出同国防安全、经济安全一样，生态安全是国家安全的重要组成部分，也是维护生态平衡和保证生态安全、建设和谐社会系统的基石；2004 年 12 月，第十届全国人民代表大会常务委员会第十三次会议修订通过《中华人民共和国固体废物污染环境防治法》，在第一条中明确：“为了防治固体废物污染环境，保障人体健康，维护生态安全，促进经济社会可持续发展，制定本法。”将维护生态安全作为立法宗旨写进了国家法律，使其作为一个法律概念得以确立。随着生态文明建设的深入，国家对生态安全的认识也提升到了一个新高度。2014 年，习近平总书记主持召开中央国家安全委员会第一次会议强调，贯彻落实总体国家安全观，构建集政治安全、国土安全、军事安全、经济安全、文化安全、社会安全、科技安全、信息安全、生态安全、资源安全、核安全等于一体的国家安全体系。党的十九大报告中进一步阐述了生态安全的重要性，指出要“坚定走生产发展、生活富裕、生态良好的文明发展道路，建设美丽中国，为人民创造良好生产生活环境，为全球生态安全作出贡献”[59]。2021 年 4 月 15 日，《生物安全法》正式施行，标志着我国生物安全进入了依法治理的新阶段。

1.3.1.2 学界热点

关于生态安全的研究，主要起始于 20 世纪 80 年代，且在国内与国际学界研究热度逐年上升，特别是在进入 21 世纪后，学界对生态安全的研究迅速增加。2021 年 9 月在中国知网（https://www.cnki.net/）和 web of science 核心数据库（https://www.webofscience.com/）检索并统计，可见自 2000 年开始，生态安全相关研究的发文数逐年上升（图 1.13）。2021 年 9 月在 Web of Science 核心数据库中检索以“ecological security or ecological safety or ecological risk”为主题的 48131 篇论文，我国以 11131 篇占总发文量的 23.13%，居世界第二。基于研究方向的分析，我国学者在国际生态安全领域的研究主要集中于环境科学（environmental sciences）、环境工程（engineering environmental）、水资源（water resources）、生物多样性保育（biodiversity conservation）等方向（图 1.14）。在国内，研究热点更聚焦于生态安全评价、土地生态安全、生态文明（及生态文明建设）、生态安全屏障和生态安全格局等主题。可以说，我国现阶段在国际生态安全研究领域具有举足轻重的地位。

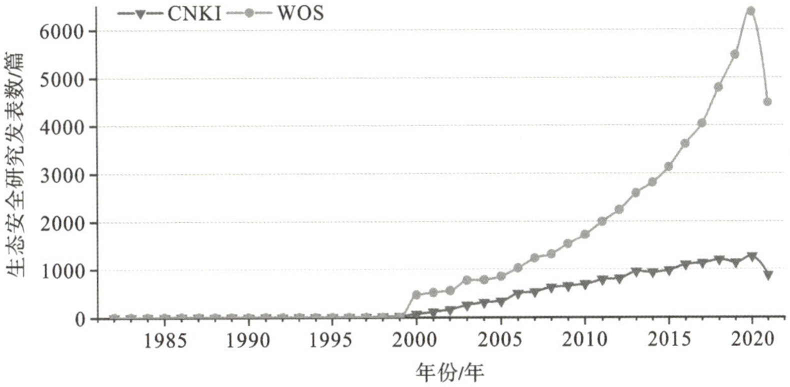

CNKI—中国知网;WOS—Web of Science 核心数据库。

图 1.13 生态安全相关研究的发文数逐年上升

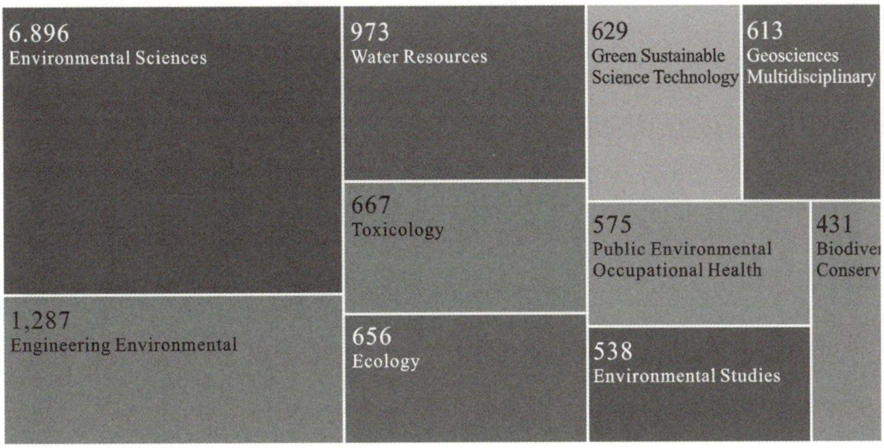

图 1.14 Web of Science 核心数据库中生态安全领域发文的主要研究方向

1.3.1.3 生态现状

21 世纪初,随着我国的现代城市化与现代工业化建设工作进程的不断推进,经济社会得到了快速发展,同时也出现了一系列生态环境问题,如土地退化、生态失调、植被破坏、生态多样性锐减等,这直接影响到我国居民的基本生活质量和居民幸福感水平的提高,从而严重阻碍了整个国民经济的可持续性和高质量健康发展,生态安全已经向我们敲起了警钟。

随着近年来党和国家"大力推进生态文明建设"战略决策的实施,上下一心,全国生态环境质量持续改善,生态安全态势稳中向好。我国在荒漠化治理方面取得了良好的成绩,有效治理了沙化土地。第五次全国荒漠化和沙化监测结果显示,截至 2014 年,全国荒漠化土地面积 261.16 万 km^2,与第四次监测相比有明显好转。第八次全国森林资源清查结果表明，全国森林面积达到208万 km^2，森林覆盖率为21.63%，随着森林总量增加、结构改善和质量提高，森林生态功能进一步增强。水质方面，根据生态环境部发布的《2020年全国生态环境质量简况》报道，当年开展水质监测的112个重要湖泊（水库）中，Ⅰ~Ⅲ类水质湖泊（水库）比例为76.8%，同比上升7.7%；Ⅴ类为5.4%，同比下降1.9%。大气治理方面，我国也取得了显著的成果，据报道2020年全国PM2.5年均浓度为33 $\mu g/m^3$，同比下降8.3%；PM10年均浓度为56 $\mu g/m^3$，同比下降11.1%。

在取得这些成果的同时，也不能忽视一些如水资源短缺、生物入侵加剧等安全风险的加剧。2020年中国水资源公报显示，2020年，我国水资源总量为31605.2亿 m^3，人均水资源占有量约为2257.5 m^3，仅为世界平均水平的1/4；全国供（用）水总量5812.9亿 m^3，占当年水资源总量的18.4%。目前我国有2/3的城市出现供水不足，约110个城市甚至严重缺水，城市年缺水总量达60亿 m^3。此外，根据生态环境部发布的《中国生态环境状况公报》2018年全国已发现560多种外来入侵物种，2020年该数据就上升至660多种，且呈逐年上升趋势。

1.3.2 生态安全面临的机遇与挑战

我国生态安全研究已在理论、方法和案例研究方面取得了一定成果，但还有很长的路要走。在生态环境已成为关系党的使命宗旨的重大政治问题和关系民生的重大社会问题的情况下，未来我国生态安全的研究将在党和国家政策的扶持下继续磅礴发展。对比西方国家生态安全的研究前沿和趋势，可以预见，未来中国的生态安全研究将从以下3个方面加强：①形成生态安全理论体系，整合技术方法；②完善生态安全预警机制和环境监测；③完善生态安全维护管理体系。此外，在生态安全修复、生态环境治理方面，随着生态文明思想的深入人心，全国上下一心，将在治理生态环境问题的过程中取得更多实质性成果。

但同时，在面对诸如水资源短缺等传统生态风险以及生物入侵等近年来快速发展的生态问题，学界与一线的从业人员也面临着巨大的挑战。

1.4 生物入侵与生态安全

1.4.1 生物入侵的现状

1958年，查尔斯·埃尔顿（Charles Elton）在《动植物入侵生态学》（*The Ecology of Invasions by Animals and Plants*）一书中首次提出生物入侵（biological invasion）的概念[60]。生物入侵是一个物种在其繁殖的自然障碍消失之后获得竞争优势，这使其能够迅速扩散并征服入侵地生态系统中的新领域，在这些领域中，它成了一个优势种群，从而对入侵地的生态系统稳定性、农林牧渔业生产以及人类健康造成不可估量的损失的过程。

生物多样性和生态系统服务政府间科学－政策平台（Intergovernmental science－policy Platform on Biodiversity and Ecosystem Services，IPBES）报道称，在全球具有威胁性的

100 种外来入侵生物中,大约有 25 种来自智利。我国的外来生物入侵形势也比较严峻,目前已经发现的外来入侵物种有 660 余种,其中 219 种已经入侵到国家级自然保护区,严重威胁到最重要的自然生态系统。由国家生态环境部颁发的中国外来入侵名单发现,2003 年的第一批入侵物种共有 16 种,2011 年第二批入侵物种有 19 种,2014 年第三批入侵物种有 18 种,2016 年第四批入侵物种有 18 种,我国入侵物种的数量在不断地增加,它们来源广泛,包括中美洲、北美洲、欧洲等地区。另外,根据环保专家的统计,我国已经产生严重危害的外来入侵物种已经达到 283 种,世界自然保护联盟公布的全球 100 种最具威胁的外来入侵物种中,我国就占据 50 种。在我国,很多生态学、生物学相关的学术期刊都在积极发表关于生物入侵的研究和综述性论文,表明生物入侵已经逐渐成为生物科学的核心领域和关键话题。2021 年 9 月在 Web of Science 核心数据库中检索并统计,可以看出我国生物入侵相关研究的发文每年都在增加,且 2000 年和 2017—2019 年增长较多(图 1.15)。

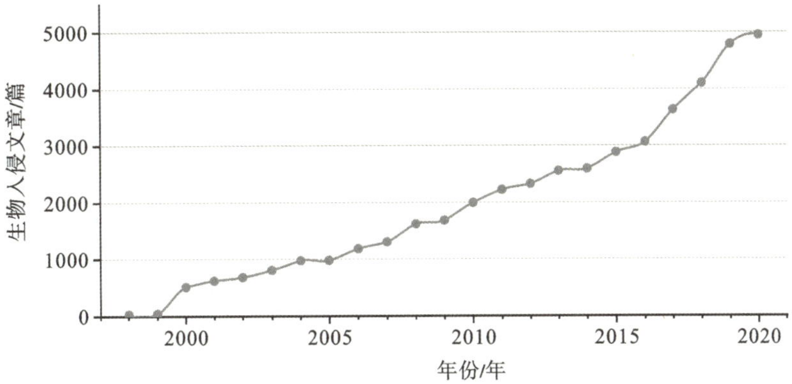

图 1.15 Web of Science 核心数据库中我国生物入侵相关研究的发文数量

1.4.2 生物入侵与生态安全

生物入侵的现象遍布全球各地,对于生物多样性(遗传多样性、物种多样性和生态系统多样性)及人类社会生态安全具有较大的影响[61]。

1.4.2.1 遗传多样性

遗传多样性是种群不断适应变化环境的一种方式,种群的遗传多样性越多,其适应和生存的可能性就越大。

1. 杂交和基因渗透

该种方式主要产生以下几种危害:①远交衰退导致原生生物的种群后代适应性较差,当遇到自然灾害后无法抵抗和恢复。②遗传同化导致较小种群的遗传特异性消失。③杂种优势或者是渐渗杂交导致有害物种(种群)获得某些较为优良的性状,进一步造成严重的生态危害[62]。④入侵生物产生的不育杂合体会与原生生物相互竞争资源，比如在美国西部被引入的美国红点鲑（*Salvelinus fontinalis*）与原生的强壮红点鲑（*Salvelinus confluentus*）杂交产生的后代是不育的，尽管两个物种间不断地杂交，但是不育的后代导致稀有的强壮红点鲑失去更多的交配机会，其地位正在被美国红点鲑不断取代。⑤入侵生物和原生生物产生杂交群体和广泛的基因渗透，通过"基因污染"的方式导致原生生物出现灭绝，比如在日本有很多人为能够饲养出较大体型的大锹形虫（*Dorcus hopei binodulosus*），会将其与其亚种进行人为的杂交，这个杂交后代如果逃离至野外会造成基因污染的问题。

2. 间接遗传的影响

当入侵物种进入新领域后会迅速定殖并扩散，使得原生生物的生活环境出现断裂，原生生物被分割成为不同数目的小种群，种群之间的杂合度和等位基因的多样性就会降低，使得遗传多样性也随之降低。其次，当入侵植物给予所处的环境较大的选择压力时会导致原生生物的自然种群改变其等位基因的频率。另外，生存环境被分割成为小片段后会造成小种群之间出现近亲繁殖和物种漂移，导致物种的纯合性增加、杂合性减少以及近亲衰退等现象。

1.4.2.2 物种多样性

物种多样性是指在一定时间和一定地区所有生物物种及其遗传变异和生态系统的复杂性总称，是人类生存和发展的基础。一般情况下，本地物种多样性越高，抗入侵性就会越强。因为物种多样性高的生物群落会有比较复杂的种间关系，种间资源的竞争会比较激烈，入侵生物的生存处于一个不利的环境中。其次，本地的物种多样性高就会存在较多的入侵生物的天敌，导致入侵生物难以定殖、扩散。但是，也有一些研究发现物种多样性与可侵入性呈现正相关的关系。主要原因就是随着本地物种多样性的增加，本地和入侵种功能特性、资源需求类似的物种数，或者入侵种的天敌数没有增加，但是自然资源的供给在相对增加，导致本地生境具有较高的可入侵性[63]。入侵生物能够直接扼杀原生生物，比如非洲的维多利亚湖引进尼罗河鲈鱼后捕食湖内各种各样的鱼类，导致湖内 200 种以上的鱼种消失。当生态系统中任何一个物种消失后都会通过食物链或食物网作用于其他的物种。同时，入侵植物能够通过挥发性气体、根系分泌物、凋落物分解等方式释放化感物质（硫化物、黄酮类）抑制本地植物的生长[64-65]。当一种物种消失之后随之会有相互联系的 10～30 物种消失。而上述过程中发生较为快速的物种消失会破坏生态系统的稳定性，使得地球环境的抵抗力和恢复力出现紊乱。

1.4.2.3 生态系统多样性

生态系统的种类主要包括自然生态系统和人工生态系统。如果生态系统的状况是健康的并且具有良好的恢复能力时，则能够迅速从被入侵植物损害的环境中调整恢复，并限制入侵生物的扩散甚至将其驱除。入侵生物定殖在一个新的生态系统时会导致生态系统的组成和结构发生改变，甚至彻底改变原生态系统的基本功能和特性，导致原生态系统的崩溃。目前，内蒙古以及很多的地方对于外来物种的引进比较重视，但是却缺乏相应的管理，导致外来物种逃逸到自然环境中，造成潜在的巨大环境灾害。生物入侵正在严重威胁着内蒙古草原的生物多样性和生态安全。如牛膝菊（*Galinsoga parviflora*）和光梗蒺藜草（*Cenchrus calyculatus*）在内蒙古已经出现迅速蔓延的趋势。原产于南美洲和北美洲的薇甘菊（*Mikania micrantha*）大约在1919年作为杂草出现在香港，1984年在深圳发现，2008年已经广泛分布在珠江三角洲地区，被列为世界上最有害的100种外来入侵物种之一，也被列为我国首批外来入侵物种。该物种对果园、风景区以及绿化具有严重的威胁，能够攀在树冠上面，使大量树木失去阳光而枯萎，从而危及食草动物的生长和生存。入侵生物还能够改变生态系统的物理化学性质，比如土壤的氮循环和矿化作用、凋落物的分解速度等[66]。

1.4.2.4 人类社会

随着经济全球化的不断深入，人们所面临的生物入侵问题也愈发严重。由于入侵生物能够传入、定殖并适应新的环境，导致其具有较强的威胁性。入侵生物会威胁到人类的身体健康和生命安全，例如豚草（*Ambrosia artemisiifolia*）对本地的禾本科（Poaceae）和菊科（Compositae）植物具有抑制和排斥作用，同时其产生的花粉与人体接触后会导致人出现过敏性变态反应，是人类花粉过敏的主要致病源，极其容易导致损害身体健康的"枯草热症"[67]。在美国每年豚草病患者可以达到1460万人，相关专家指出，如果我国不及时清除豚草，将来患病人数有可能会超过欧美国家。入侵物种产生的经济成本可以依据农业和林业的生产损失和管理成本分为直接成本和间接成本。仅在美国，入侵物种的估计损失和控制成本每年已经超过了1380亿美元。1960年至2020年间，欧洲外来入侵物种的总体经济成本大约为1400亿美元。生物入侵还会导致生态灾害发生频繁，对农林造成严重的危害。我国分析了外来入侵物种对全国农林业、旅游业、交通运输业、人体健康和生态系统、生境、物种及遗传资源的影响，建立了外来入侵物种直接经济损失分类体系、间接经济损失分类体系、评估指标和评估模型，测算了各指标和参数，外来入侵物种造成的直接经济损失为每年177.016亿元，间接经济损失为每年1080.3447亿~1473.2292亿元，合计损失为每年1257.3607亿~1650.2452亿元。

1.4.3 控制生物入侵，维护生态安全

近年来，一些重大入侵植物已经对我国生物多样性和生态环境造成严重的伤害，并带来巨大的经济损失，比如互花米草（*Spartina alterniflora*）[68-69]、凤眼莲（*Eichhornia crassipes*）[70]、紫茎泽兰（*Ageratina adenophora*）[71]、薇甘菊（*Mikania micrantha*）[72]、加拿大一枝黄花（*Solidago canadensis*）[73]等。为了防止外来入侵物种，保护我国生物多样性和生态

环境,保障国家环境安全,促进我国经济社会可持续发展,国家生态环境部和中国科学院提出了一系列方案。

1.4.3.1 充分认识入侵生物的危害性

我国对于入侵物种的防治工作已经取得一定的成绩,但是由于国民对该方面的认知较为薄弱,使得在引进外来物种的过程中只注重经济收益,而忽略了对国家生态安全的影响。入侵生物已经对我国的生物多样性和生态安全造成了严重破坏,也给农业、渔业、畜牧业、林业和旅游业等带来了巨大的经济损失[74-76]。因此,各地要充分认识外来入侵物种危害的严重性和防治外来入侵物种对于保护生物多样性、生态环境,保障国家环境安全,促进国民经济可持续发展的重要性。提高全社会对外来入侵物种的防范意识,是保障国家生态安全、农业生产安全、人民群众身体健康及减少农民经济损失的迫切需要。

1.4.3.2 预防为主,防治结合

我国各级环保部门应该起到领头的作用,按照预防为主的原则,积极联合相关部门加强对外来引进物种的监督工作。首先,在引进外来物种时应该考虑其对环境和生态的影响,对外来物种进行环境影响安全评价,而不是只偏重于收益。其次,我国从事外来物种引入工作的单位和个人应该对外来物种采取隔离或缓冲区等相应的防范措施,并进行环境监测和建立监测档案。另外,在我国的自然保护区、生态功能保护区和风景名胜区应该禁止外来物种的引进和应用。当发现有引进的入侵物种时应该及时控制和清除,采用生物防治、低污染化学防治、物理防治、生物替代等综合措施予以清除。对于暂时无法清除的外来入侵物种,应当采取措施,将其控制在一定的范围内,防止其传播和蔓延。

1.4.3.3 加强科学研究,提高科学管理水平

我国的各个地方应该加大在外来入侵物种防治工作上的资金投入,不断完善和加强外来入侵物种防治的基础设施和技术手段的能力建设,努力提高防治外来入侵物种的能力和水平。

1.4.3.4 加强组织领导和宣传教育

我国各部门在对外来入侵物种进行预防、控制、清除和恢复工作时应该相互联系、沟通,将农业、林业、工商、质检等有关部门协调在一起。建立健全外来入侵物种监测制度和信息报告制度,以便有外来物种时能够第一时间发现其是否为具有严重危害的入侵生物,避免时间延误导致的不良后果。我国还应该积极开展外来入侵物种防治的国际交流与合作,在入侵生物的原生地就能做好把关,减少入侵生物的传播。各城市还可以通过电视、电影、报纸、广播等方式宣传入侵物种的传入途径以及危害性,带动全社会的力量,做好外来入侵生物的防治和清除工作。

(杜道林　杨　彬　崔苗苗　任光前)

参考文献

[1] 吴相钰，陈守良，葛明德. 陈阅增普通生物学[M]. 北京：高等教育出版社，2014.

[2] SHUVALOV V A. A new look on the formation and interaction of elementary particles in atoms and molecules including photoreaction centers[J]. Photosynthesis research, 2008, 98(1-3): 219-227.

[3] BUCHANAN B. The carbon (formerly dark) reactions of photosynthesis[J]. Photosynthesis research, 2016, 128(2): 215-217.

[4] 徐芬芬，俞晓风. 光合细菌的光合作用及应用展望[J]. 生物学教学，2011, 36(6): 2-3.

[5] 翟中和，王喜忠，丁明孝. 细胞生物学[M]. 北京：高等教育出版社，2011.

[6] HUMPHREY V, BERG A, CIAIS P, et al. Soil moisture-atmosphere feedback dominates land carbon uptake variability[J]. Nature, 2021, 592(7852): 65-69.

[7] SHEN X, YANG F, XIAO C, et al. Increased contribution of root exudates to soil carbon input during grassland degradation [J]. Soil biology & biochemistry, 2020, 146: 107817.

[8] JÄRUP L. Hazards of heavy metal contamination[J]. British medical bulletin, 2003, 68(1): 167-182.

[9] KUMARATHUNGE D P, MEDLYN B E, DRAKE J E, et al. Acclimation and adaptation components of the temperature dependence of plant photosynthesis at the global scale[J]. New phytologist, 2019, 222(2): 768-784.

[10] 卓正大，张宏建. 生态系统[M]. 广州：广东高等教育出版社，1991.

[11] SCHLAEPPI K, GROSS J J, HAPFELMEIER S, et al. Plant chemistry and food web health[J]. New phytologist, 2021, 231(3): 957-962.

[12] BRADFORD M A, JONES T H, BARDGETT R D, et al. Impacts of soil faunal community composition on model grassland ecosystems[J]. Science, 2002: 615-618.

[13] POWERS J E. Measuring biodiversity in marine ecosystems[J]. Nature, 2010, 468(7322): 385-386.

[14] CECCHERINI G, DUVEILLER G, GRASSI G, et al. Abrupt increase in harvested forest area over Europe after 2015[J]. Nature, 2020, 583(7814): 72-77.

[15] KIRWAN M, MEGONIGAL J. Tidal wetland stability in the face of human impacts and sea-level rise[J]. Nature, 2013, 504(7478): 53-60.

[16] SILVA L, SUN G, ZHU-BARKER X, et al. Tree growth acceleration and expansion of

alpine forests: the synergistic effect of atmospheric and edaphic change[J]. Science advances, 2016, 2(8): e1501302.
[17] WALTER K, ZIMOV S, CHANTON J, et al. Methane bubbling from Siberian thaw lakes as a positive feedback to climate warming[J]. Nature, 2006, 443(7107): 71-75.
[18] AIROLDI L, BECK M, FIRTH L, et al. Emerging solutions to return nature to the urban ocean[J]. Annual review of marine science, 2021, 13: 445-477.
[19] 吴庆余. 基础生命科学[M]. 北京: 高等教育出版社, 2002.
[20] COX P M, BETTS R A, JONES C D, et al. Acceleration of global warming due to carbon-cycle feedbacks in a coupled climate model[J]. Nature, 2000, 408(6809): 184-187.
[21] JOBBAGY E G, JACKSON R B. The vertical distribution of soil organic carbon and its relation to climate and vegetation[J]. Ecological applications, 2000, 10(2): 423-436.
[22] SCHMIDT M W I, TORN M S, ABIVEN S, et al. Persistence of soil organic matter as an ecosystem property[J]. Nature, 2011, 478(7367): 49-56.
[23] HINSINGER P. Bioavailability of soil inorganic P in the rhizosphere as affected by root-induced chemical changes: a review[J]. Plant and soil, 2001, 237(2): 173-195.
[24] BROWN L R. Building a sustainable society[J]. Society, 1982, 19(2): 75-85.
[25] LAITIN D D. The national uprisings in the Soviet Union[J]. World politics, 2011, 44(1): 139-177.
[26] MYERS N. Environment and security[J]. Foreign policy, 1989(74): 23.
[27] ROGERS K S. Ecological security and multinational corporations[J]. Environmental change and security project report, 1997, 3: 29-36.
[28] 左伟, 周慧珍, 王桥. 区域生态安全评价指标体系选取的概念框架研究[J]. 土壤, 2003(1): 2-7.
[29] 王朝科. 建立生态安全评价指标体系的几个理论问题[J]. 统计研究, 2003(9): 17-20.
[30] 赵建军, 胡春立. 加快建设生态安全体系至关重要[N]. 中国环境报, 2020-4-13(3).
[31] 江伟钰, 陈方林. 资源环境法词典[M]. 北京: 中国法制出版社, 2005.
[32] 王晓峰, 吕一河, 傅伯杰. 生态系统服务与生态安全[J]. 自然杂志, 2012, 34(5): 273-276.
[33] DE LANGE H J, SALA S, VIGHI M, et al. Ecological vulnerability in risk assessment: a review and perspectives[J]. Science of the total environment, 2010, 408(18): 3871-3879.
[34] LIU D, CHANG Q. Ecological security research progress in China[J]. Acta ecologica

sinica, 2015, 35(5): 111 –121.

[35] 鞠昌华, 裴文明, 张慧. 生态安全:基于多尺度的考察[J]. 生态与农村环境学报, 2020, 36(5): 626 –634.

[36] 秦大河, STOCKER T. IPCC 第五次评估报告第一工作组报告的亮点结论[J]. 气候变化研究进展, 2014, 10(1): 1 –6.

[37] 谢高地. 国家生态安全的维护机制建设研究[J]. 环境保护, 2018, 46(Z1): 13 –16.

[38] 赵宏波, 马延吉. 基于变权 –物元分析模型的老工业基地区域生态安全动态预警研究: 以吉林省为例[J]. 生态学报, 2014, 34(16): 4720 –4733.

[39] 邹长新, 徐梦佳, 高吉喜, 等. 全国重要生态功能区生态安全评价[J]. 生态与农村环境学报, 2014, 30: 688 –693.

[40] 傅伯杰, 吕一河, 高光耀. 中国主要陆地生态系统服务与生态安全研究的重要进展[J]. 自然杂志, 2012, 34(5): 261 –272.

[41] 张贵军. 基于农业地球化学元素分布的滨海区耕地生态安全研究[D]. 保定: 河北农业大学, 2019.

[42] 肖薇薇. 黄土丘陵区农业生态安全评价研究[D]. 西安: 西北农林科技大学, 2007.

[43] 吴国庆. 区域农业可持续发展的生态安全及其评价研究[J]. 自然资源学报, 2001(3): 227 –233.

[44] 李秀军, 田春杰, 徐尚起, 等. 我国农田生态环境质量现状及发展对策[J]. 土壤与作物, 2018, 7: 267 –275.

[45] 白江迪, 刘俊昌, 陈文汇. 基于结构方程模型分析森林生态安全的影响因素[J]. 生态学报, 2019, 39(8): 2842 –2850.

[46] 刘心竹, 米锋, 张爽, 等. 基于有害干扰的中国省域森林生态安全评价[J]. 生态学报, 2014, 34: 3115 –3127.

[47] 李岩, 王珂, 刘巍, 等. 江苏省县域森林生态安全评价及空间计量分析[J]. 生态学报, 2019, 39: 202 –215.

[48] 米锋, 谭曾豪迪, 顾艳红, 等. 我国森林生态安全评价及其差异化分析[J]. 林业科学, 2015, 51: 107 –115.

[49] 张磊. 洪泽湖生态安全评估研究[D]. 南京: 南京林业大学, 2015.

[50] 金相灿, 王圣瑞, 席海燕. 湖泊生态安全及其评估方法框架[J]. 环境科学研究, 2012, 25(4): 357 –362.

[51] 张玉玲, 吴宜进, 原惠绣. 长江流域生态安全与可持续发展研究[J]. 国土资源导刊, 2007(2): 16 –19.

[52] 陈利顶，景永才，孙然好．城市生态安全格局构建：目标、原则和基本框架[J]．生态学报，2018，38(12)：4101－4108.

[53] 税伟，付银，林咏园，等．基于生态系统服务的城市生态安全评估、制图与模拟[J]．福州大学学报(自然科学版)，2019，47：143－152.

[54] 杨兆青，陆兆华，刘丹，等．煤炭资源型城市生态安全评价：以锡林浩特市为例[J]．生态学报，2021，41：280－289.

[55] 田原，李连营，江文萍，等．长江中游城市群土地生态安全评价及时空格局分析[J]．北京测绘，2019，33：1291－1296.

[56] 叶鑫，邹长新，刘国华，等．生态安全格局研究的主要内容与进展[J]．生态学报，2018，38：3382－3392.

[57] 曹秉帅，邹长新，高吉喜，等．生态安全评价方法及其应用[J]．生态与农村环境学报，2019，35：953－963.

[58] NORTON S B, RODIER D J, VAN DER SCHALIE W H, et al. A framework for ecological risk assessment at the EPA[J]. Environmental toxicology and chemistry, 1992, 11(12): 1663－1672.

[59] 方世南．生态安全是国家安全体系重要基石[N]．中国社会科学报，2018－08－09(1).

[60] 查尔斯·埃尔顿．动植物入侵生态学[M]．北京：中国环境科学出版社，2003.

[61] VILA M, ESPINAR J L, HEJDA M, et al. Ecological impacts of invasive alien plants: a meta－analysis of their effects on species, communities and ecosystems[J]. Ecology letters, 2011, 14(7): 702－708.

[62] ALEXANDER J M, KUEFFER C, DAEHLER C C, et al. Assembly of nonnative floras along elevational gradients explained by directional ecological filtering[J]. Proceedings of the national academy of sciences of the United States of America, 2011, 108(2): 656－661.

[63] WOLFE L M. Why alien invaders succeed: support for the escape－from－enemy hypothesis[J]. American naturalist, 2002, 160(6): 705－711.

[64] KALISZ S, KIVLIN S N, BIALIC－MURPHY L. Allelopathy is pervasive in invasive plants[J]. Biological invasions, 2021, 23(2): 367－371.

[65] MA H, CHEN Y, CHEN J, et al. Comparison of allelopathic effects of two typical invasive plants: *Mikania micrantha* and *Ipomoea cairica* in Hainan island[J]. Scientific reports, 2020, 10(1): 11332.

[66] LEE M R, BERNHARDT E S, VAN BODEGOM P M, et al. Invasive species′leaf traits and dissimilarity from natives shape their impact on nitrogen cycling: a meta－analysis

[J]. New phytologist, 2017, 213(1): 128 – 139.

[67] 张添怡. "恶性杂草"豚草[N]. 吉林日报, 2021 – 10 – 26(5).

[68] QIU Y, LU J. Dynamic simulation of *Spartina alterniflora* based on CA – Markov model: a case study of Xiangshan bay of Ningbo City, China[J]. Aquatic invasions, 2018, 13(2): 299 – 309.

[69] ZHAO C, LI J, ZHAO X. Mowing plus shading as an effective method to control the invasive plant *Spartina alterniflora*[J]. Flora, 2019, 257: 151408.

[70] 李礼, 林艺, 刘灿. 入侵植物凤眼莲的生物学特性及生态管理对策[J]. 安徽农业科学, 2018, 46(3): 60 – 62,67.

[71] 潘玉梅, 唐赛春, 韦春强, 等. 3 种本地植物与入侵植物紫茎泽兰的竞争[J]. 生态学报, 2022, 42: 1 – 11.

[72] 周文珠. 薇甘菊综合防治技术及实施要点分析[J]. 农家参谋, 2019(7): 135, 160.

[73] 陈韶军. 加拿大一枝黄花和小飞蓬入侵潜力综述[J]. 湖北林业科技, 2014, 43(1): 24 – 28.

[74] RICHARD N M, SIMBERLOFF D, LONSDALE W M, et al. Biotic invasions: causes, epidemiology, global consequences, and control[J]. Ecological applications, 2000, 10(3): 689 – 710.

[75] PIMENTEL D, MCNAIR S, JANECKA J, et al. Economic and environmental threats of alien plant, animal, and microbe invasions[J]. Agriculture ecosystems & environment, 2001, 84(1): 1 – 20.

[76] PIMENTEL D, ZUNIGA R, MORRISON D. Update on the environmental and economic costs associated with alien – invasive species in the United States[J]. Ecological economics, 2005, 52(3): 273 – 288.

第 2 章
人类活动与生态安全

本章通过生态环境与生态安全、人类发展与生态环境的关系、人类活动与生物入侵、生态安全与人类健康 4 个方面，系统阐述人类活动与生态安全相互依存、相互制约的辩证统一关系。

党的十九大报告指出："我们要建设的现代化是人与自然和谐共生的现代化，既要创造更多物质财富和精神财富以满足人民日益增长的美好生活需要，也要提供更多优质生态产品以满足人民日益增长的优美生态环境需要。"生态安全的建设为生态文明的顺利实现奠定了坚实的基础。

随着全球生态环境的恶化，生态安全问题已成为 21 世纪人类社会发展所面临的一个新挑战。人类的环保意识已逐渐增强，但全球气候变暖、土地荒漠化加剧、生物物种减少、水土流失、森林资源破坏等环境问题仍普遍存在。在过去的发展模式中，人类关心的是经济发展对生态环境造成的影响，但随着经济的快速发展以及生态环境压力逐渐增大，人类已感受到生态压力对经济发展带来的重大影响与安全性问题，生态安全问题日益得到重视[1]。

2.1 生态环境与生态安全

环境是人类以及生物有机体生存所需的条件和各种物质资源的综合，包括自然环境和人为环境。生态更加强调以生命为中心，即表现为生物系统及其所处的环境系统之间的相互关系。生态与环境虽然是两个相对独立的概念，但两者又紧密联系、相互交织，因而出现了"生态环境"这个新概念。生态环境（ecological environment）是指影响人类生存与发展的水资源、土地资源、生物资源以及气候资源数量与质量的总称，是关系到社会和经济持续发展的复合生态系统。

生态安全一般包括两层基本含义：一是避免由于生态环境退化和资源短缺对经济发展的环境基础构成威胁，从而维护一个国家的生态环境和自然资源对于本国经济持续发展的环境支撑能力；二是避免由于生态环境严重退化和资源严重短缺造成环境难民并引起暴力冲突，从而防范环境问题对区域稳定和国际安全构成威胁。

外来生物的入侵，损害入侵地的生态系统，造成物种濒危、灭绝，生物多样性丧失，严重影响生态系统的结构和功能，破坏农牧业生态以及人类居住环境，造成经济损失和生态灾难，导致入侵地生态安全受到威胁。生物入侵所带来的巨大经济损失以及对生态系统的稳定性和物种生存的自然平衡所造成的破坏和长期威胁，越来越成为政界、科学界和社会公众所关注的生态学问题，甚至被认为是21世纪最棘手的生态安全问题之一。

2.1.1 我国各类生态系统面临的生态安全问题与现状

近年来，随着我国开发利用各种资源的强度日益增大，不合理利用等行为愈加频繁，导致我国的各类生态系统出现了各种生态安全问题。如土地荒漠化、水土流失、土地污染等土地生态安全问题日趋严重，农业、工业废水排放和生活污水对我国水资源造成严重污染，还有由工业、商业和个人活动产生的颗粒物和气体等复杂混合物形成的大气污染现象。由此带来的各生态环境破坏日益严重，生态安全问题突出显著。

与此同时，随着全球气候的变化、国际交通的日益发达和跨国物流业的蓬勃发展，外来入侵种传入的风险加大，我国的各种生态系统均遭到外来物种入侵。外来物种入侵多发生在人类活动比较频繁、受人类干扰严重的区域。在不同类型的生态系统中，平缓山坡受外来植物入侵最严重，侵占比例达90.8%；内陆地表水（淡水）受外来动物入侵最严重，侵占比例达67.0%；森林受外来植物病害入侵最严重，侵占比例达16.32%。松材线虫、美国白蛾等危险性外来入侵物种已对我国森林、草原和湿地生态系统等生态安全构成严重威胁。

2.1.1.1 森林生态系统

外来有害生物入侵引发的生物灾害和生物安全问题，已成为一种全球性现象。我国是外来有害生物入侵造成严重危害的国家之一，目前主要有松材线虫、红脂大小蠹、美国白蛾、松突圆蚧、湿地松粉蚧、日本松干蚧、蔗扁蛾、紫茎泽兰、薇甘菊等主要的森林有害生物传入我国。外来入侵物种是森林生态系统健康最大的生物威胁，成功入侵后，既能对森林生态系统的木材产品、林副产品等经济服务功能造成较大的损害，带来直接经济损失。也能对森林生态系统气候的调节、营养物质的贮存与循环、土壤肥力的更新与维持、自然灾害的减轻等生态服务功能造成极大的损害，带来间接经济损失[2]。

2.1.1.2 草原生态系统

草原牧区为增加饲草的产量开始种植牧草、引进经济作物，便利的交通条件为外来物种的入侵创造了有利条件。目前，我国的草原生态系统已受到飞机草、水虱草、野莴苣、鹅肠草、紫茎泽兰等植物的入侵，以及一些随引进植株及其携带土壤而无意间传入的外来入侵微生物的生物入侵，对草原生态环境构成威胁，其体现在：①破坏当地草原生态系统及生物遗传多样性。目前，已经定殖的外来入侵植物光梗蒺藜草和牛膝菊已经逐渐蔓延，且分布面积越来越大。光梗蒺藜草的嫩草为牛等牲畜喜食，但到了果实成熟期，刺苞变得坚硬锋利，易伤害牲畜，严重影响天然草地的放牧和利用。这些外来入侵植物改变当地的种群结构，使草地生产能力和牧草品质下降，草原严重退化。大量繁殖后与本地生物种类争夺生存的空间、营养物质等，给畜牧业生产带来巨大的破坏，使生物种类迅速减少，破坏食物链，影响生态系统的稳定性，加速生物种类多样性和基因多样性的丧失，还可能造成一些物种的近亲繁殖和遗传变异，从而导致后代性状改变，不利于本地物种的存活。②外来入侵生物直接危害农牧业经济发展。在天然牧草地、多年生栽培草地及草籽基地，外来入侵物种危害优良牧草、草籽，造成巨大的经济损失。因此，外来物种入侵已严重影响着草原农牧业经济发展、环境及生物多样性保护[3]。

2.1.1.3 农田生态系统

目前，我国的农田生态系统已受到繁缕、龙葵、剪刀股、早熟禾、水虱草、棉红铃虫、苹果棉蚜、葡萄根瘤蚜、马铃薯甲虫等生物的入侵。生物入侵对农田生态系统的影响，主要表现在：①影响农田生态系统的物质循环。外来物种能改变土壤的理化属性，在与本地种进行光、水、空间等资源竞争中，以其对土壤养分的吸收能力较强、产生凋落物营养贫乏或难分解、积累盐分和改变土壤 pH 值等方式降低土壤营养水平。一些外来物种还能强烈影响土壤含水量，利用本地种不能利用，或用量少的水源改变群落水分平衡。②阻碍农田生态系统信息传递。外来物种与本地种竞争种子散布者或传粉者而破坏昆虫与植物间的化学信息传递，影响传粉过程，降低本地种的繁殖能力。某些外来物种通过释放化感毒素、化感抑制素等化学信息物影响邻近植物生长，或通过根分泌物影响根系微生物种类和数量，进而改变土壤理化性质，对其他植物的种子或根系产生影响[4]。

2.1.1.4 湿地生态系统

生物入侵也对湿地生态系统产生严重的影响。湿地入侵物种主要包括凤眼莲、空心莲子草、大米草、互花米草等 10 种植物，巴西龟、稻水象甲、牛蛙、福寿螺、克氏原螯虾和食人鲳鱼等共计 53 种动物。凤眼莲、大米草等属于资源竞争力极强的“双刃剑”物种。凤眼莲（又称“水葫芦”）原产于南美洲亚马孙河流域，因其具有净水功能而被引入我国，如今在华北、华东、华中、华南的河湖库塘水面疯长成灾，严重破坏当地生态系统的结构和功能,导致大量水生动植物死亡。大米草、互花米草具有耐碱、耐潮汐淹没、繁殖力强及根系发达的特点,出于沿海护堤、减少海岸侵蚀的目的,由美洲大西洋、墨西哥沿岸引入我国。如今这些植物迅速蔓延,掠夺生境和资源,逼死红树林等本地种,令滩涂中的虾、蟹、贝、藻、鱼类等窒息死亡,破坏生态系统。福寿螺曾作为经济种大量养殖,现已对水稻田造成严重经济损失;稻水象甲是水稻生产的天敌,严重时甚至造成水稻绝收;牛蛙与土著蛙存在生境重叠,成为部分土著两栖类种群数量下降或灭绝的主要因素之一;巴西龟是世界公认的生态杀手,作为观赏宠物、食用龟引进我国,野外放生后生存能力强,并食用土著龟蛋,且与土著龟杂交后代不能繁殖,对土著龟类生存造成致命威胁。即使外来种与本地种杂交后代可繁殖,但也会“污染”本地种的基因库,从而使本地种的遗传独特性受到侵蚀,对遗传多样性的影响巨大[5]。

2.1.1.5 城市生态系统

城市生态安全涉及的问题很多,如资源安全、环境安全、生物安全和生态灾害,其中生态灾害尤其是生物入侵灾害是影响城市生态安全的最关键因子。通常,城市生态系统遭受外来种入侵的规模与经济发展、人口密度、交通流量等呈正相关,因而是外来种入侵的重要登陆点。城市生态系统遭受外来种入侵的例子很多,如美国已发现的138种外来入侵鱼类和88种外来入侵软体动物中,许多都在城市水域中被发现;又如在我国已入侵的100多种外来害虫中,入侵城市生态系统的有50余种。因此,城市生态系统是生物入侵的重灾区之一。

生物入侵对城市生态系统的危害主要体现在:①降低城市生物多样性。大部分外来种入侵城市后,对城市生态系统造成的生态破坏极大。1996年,入侵深圳市内伶仃岛的薇甘菊,所到之处的树木和花草或被直接绞杀,或因不能进行光合作用而枯萎。上海市崇明东滩湿地是国际重要的鸟类自然保护区,目前正面临互花米草的快速入侵,严重压缩芦苇、海三菱藨草等本地湿地植物的生长空间,导致本地种海三菱藨草局部灭绝,造成生物多样性和鸟类栖息地严重受损,滩涂湿地生态系统结构和功能改变,生态服务功能显著下降。②破坏城市的景观风貌。入侵种传入城市后,如椰心叶甲、日本松干蚧、湿地松粉蚧、红棕象甲、美国白蛾、松突圆蚧等外来害虫的入侵,严重危害我国城市绿化景观。浙江、云南、上海等省(直辖市)城市水道中的凤眼莲疯长还夹带着塑料袋、包装纸等飘浮垃圾,严重影响了城市的市容市貌。松材线虫病造成南京地区140万株松树病死,还危及黄山、张家界等著名风景名胜区的松树安全,使旅游区景观受到严重威胁。③给城市造成巨大的经济损失。外来物种入侵城市以后,种群迅速扩大,发展成当地新的优势种群,治理入侵种带来的危害,给城市经济发展带来巨大损失。在凤眼莲的治理上,2002年上海仅人工打捞费用就高达1900万元 。近些年来,昆明市为治理滇池凤眼莲已花费了40多亿元。④威胁城市居民身体健康,甚至危及生命。流行于非洲的西尼罗病毒1999年首次出现于美国纽约州后,短短的三年时间内,全美年感染人数和病死人数由最初的62人和7人猛增到2万多人和240余人,绝大多数感染者生活在城市中,一度造成美国社会的恐慌。2003年,SARS病毒肆虐在全球范围内引起了恐慌,其发病人数最高的地区均在城市化地区。豚草花粉所引起的"枯草热"病症,1983年在沈阳的发病率就达1.52%,每到豚草开花散粉季节,体质过敏者便出现哮喘、打喷嚏、流清水样鼻涕等症状,体弱者甚至引起并发症而死亡。入侵我国南方地区的红火蚁,由于叮咬人群,曾导致广东一些城市居民的极大恐慌。在西非国家暴发的埃博拉病毒,其入侵风险至今在各国城市中未消除[6]。

2.1.2 生态安全问题的本质特征

2.1.2.1 生态安全问题影响的整体性

生态环境是一个紧密联系的有机整体,不同物种之间有着千丝万缕的联系,任何一个局部环境的破坏,都将产生连锁性反应,其他环节甚至整个系统都会受到影响。外来入侵种已分布于世界各个角落,通过竞争或占据本地物种生态位,排挤本地种,与本地种竞争食物,直接扼杀本地种,还可分泌释放化学物质,抑制其他物种生长,减少本地种的种类和数量,导致物种濒危或灭绝。生物入侵已在气候、土壤、水分、有机物等方面产生连锁反应,对森林、水域、农田等各类生态系统以及全球变化和人类健康均产生巨大的影响。生物入侵导致生态环境破坏,群落多样性降低,并且多样性低的群落更易招致新的外来物种入侵。此外,生态环境的破坏也加快外来物种入侵速率,一方面生态环境的破坏使得部分地区的生态系统对外来物种的抗性弱化,另一方面生态环境的破坏激活外来物种的活性,导致外来生物的快速扩散和大规模入侵,进而排挤和"杀死"当地乡土物种,减少生物多样性,改变原有生态系统的组成、结构和功能。例如,在顶级森林生态系统中,入侵物种很难在郁闭的林冠下发芽生长,但是由于人类砍伐等行为造成森林生态系统破坏,林冠层遭到破坏后,入侵物种就会迅速发芽、生长和扩散。另外,植物群落遭到火灾、洪水、动物或人为干扰破坏后,对入侵物种的抗性显著降低,使入侵物种有机可乘,快速扩散。全球气候变化也会导致火灾、干旱和病虫害等更频繁发生,干扰生态系统,从而使入侵物种趁虚而入。因此,生态安全问题的影响是没有界限的,涉及范围广泛。

从生态演变来看,许多生态安全问题都是由小局部、小范围的隐患,逐渐蔓延扩散到大区域、大范围。目前世界各国已经面临各种全球性生态安全问题,生物入侵导致生物多样性迅速减少,温室气体大量排放引起的气候异常、臭氧层破坏、自然界碳循环能力减弱、森林减少、土地荒漠化,以及酸雨、海洋污染、有毒有害化学品等危害已经构成了全球性威胁,需要世界各国人民的共同努力才能够解决。

2.1.2.2　生态安全问题影响的持久性

生态系统处于一种相对稳定的状态，即为生态平衡(ecological equilibrium)。当生态系统处于平衡状态时，系统内生物与生物之间，生物与环境之间达到高度适应、协调和统一的状态，系统能量流动和物质循环处于动态平衡，结构和功能处于相对稳定状态，在受到外来干扰时，能通过自我调节恢复到初始的稳定状态。若生态系统受到外界干扰超过它本身自动调节的能力，发生严重的生态失衡，生态安全问题便随之发生，危及生物的正常生活，甚至死亡。

生态安全问题影响的持久性，主要表现在两方面：一是生态环境一旦遭到破坏，这种破坏状态会长时间持续下去；二是生态安全问题形成之后，若想要修复生态环境，就要在时间和经济上付出很高代价，而且治理难度很大。生态安全问题产生后对当地生态环境的损坏一般不会立刻显现，而是要经过较长时间的积累，才会显现出其危害性。即使是一些突发性的环境污染问题，对生态系统的最终影响，也是经过一个长期过程才显现出来的。

疯长的凤眼莲深刻表明，生物入侵导致的生态安全危害是需要经过长时间的积累才能显现出来，而且会持续很长时间。凤眼莲自 1901 年作为花卉引入我国，1950 年还作为猪饲料进行推广。直到现在，经过 100 多年的扩散蔓延，成片聚集的“绿岛”不仅堵塞河道，影响通航，更严重的是它们已成了破坏江河生态平衡的罪魁祸首。我国每年因凤眼莲造成的经济损失接近 100 亿元，仅打捞费用就高达 5 亿～10 亿元，人们这才意识到生物入侵导致的生态安全问题的严峻性。作为外来入侵生物，红火蚁 2004 年首次在广东吴川被发现，经过多年扩散，它的足迹已经踏遍我国南方地区，最北已逼近秦岭。有研究显示，红火蚁在我国已经进入了暴发期。此外，环境污染导致的生态安全危害也是经过长时间的积累才显现出来。美国拉夫运河原先为修建水电站挖出的一条运河，后因干涸而被废弃。1942 年，美国一家电化学公司购买了这条废弃的运河，当作垃圾场倾倒大量工业废弃物，此后的 11 年间，河道内倾倒了 2 万多吨化学物质，包括卤代有机物、农药、氯苯、二噁英等 200 多种化学废物。1953 年，这条运河被公司填埋覆盖好后转赠给当地的教育机构。此后，纽约市政府在这片土地上陆续开发了房地产，盖起了大量的住宅和一所学校。从 1977 年开始，这里的居民不断发生孕妇流产、儿童夭折、婴儿畸形、癫痫、直肠出血等病症。问题暴露后，政府对当地居民进行了疏散，并对环境执行清理和修复。生态问题产生之后的生态修复是一项系统工程，具有复杂性、长期性和艰巨性，生态环境的恢复要依靠生态系统的客观运作规律，恢复其基本功能。

2.1.2.3　生态安全问题损害的隐蔽性

生态安全问题在其孕育、发生、发展的过程中，因其具有潜伏性，往往不易被人察觉，从而忽略对其的防范。人类某些破坏生态环境的行为，并不会直接导致生态环境的损害，而是通过一些媒介传播后，间接产生在某类生态终端上。此外，还有一些生态安全问题是在各种破坏因素的长期发展下，逐渐形成灾害。我国早期从英、美引进大米草，目的是为了保护沿海滩涂。最开始，大米草在这方面确实发挥了一定作用，功不可没。但近年来随着它在沿海地区疯狂扩张，覆盖面积越来越大，已经到了难以控制的局面。疯长的同时，大米草与沿海滩涂本地植物竞争生长空间，致使大片红树林消亡。大米草还破坏了近海生物的栖息环境，影响海水交换能力，导致水质下降并引起赤潮，堵塞航道，大量的沿海生物窒息死亡。1984 年前后，福寿螺作为特种经济动物被包装成高蛋白食品引入我国进行养殖，后因养殖过度，口感不佳，而被大量遗弃或逃逸，从养殖场扩散至天然湿地。到 20 世纪 90 年代，福寿螺导致水稻、茭白等农作物产量损失，最高达 90%。福寿螺作为广州管圆线虫的中间宿主，如果人类食用未完全煮熟的感染广州管圆线虫的福寿螺，则会患上嗜酸性脑膜炎病，严重时可危及性命。福寿螺作为外来入侵物种在长江中下游以南的许多地区已达到泛滥成灾的程度，造成湿地、农田、淡水等生态系统退化及生物多样性丧失。此外，农牧业无限制的开垦、放牧使得森林毁灭，生物入侵导致森林生态系统物种多样性丧失，严重破坏森林生态系统，从而引发土地荒漠化、水土流失等各类生态破坏型灾害接踵而至。这些灾害通常需要几年或更长时间的发展，并且需要在一定的自然条件下催生，再形成次生灾害。由此可见，这类生态安全问题的表现形式极其隐蔽，如不是因为大面积暴发，加之有严谨的科学报告证明，很难发现这是一起生态安全危机事件。

2.1.2.4　生态安全问题损害的不可逆性

自然资源分为可再生资源和不可再生资源。不可再生资源如矿产、化石燃料等消耗殆尽后，在短时间内无法重新生成，其“不可逆性”是不言自明的。可再生资源，如淡水、土壤、空气、森林、大气、湿地、海洋及自然界的生物正在退化，世界范围内的可再生资源的存量、质量、多样性或健康状态也都处于问题之中，环境污染正在积累，生态系统的危机和危害也正在溢出。

近几十年来，随着全球变暖，气候变化已经导致大西洋飓风活动增加，世界范围内极端气候事件频繁发生。2020 年 8 月，大西洋劳拉飓风在美国东南沿海和北加勒比海地区肆虐，以 241 km/h 的最高风速袭击路易斯安那州，海面同时出现 11 条“龙吸水”现象。劳拉飓风袭击得克萨斯州和路易斯安那州，造成当地发生洪水，房屋倒塌，6 人死亡，约 90 万户家庭停电，粮食和水短缺，成为自 1856 年以来袭击该地区最强大的风暴加极端天气的例子。随着未来全球变暖进一步加剧，预估极端热事件、强降水、农业生态干旱的强度和频次以及强台风(飓风)比例将会显著增加，罕见的极端天气气候事件及其所带来毁灭性的灾难会变得更加频繁。更严重的是，如果全球温度升高 2 ℃，各种极端天气将不是我们所面临的唯一灾难。全球变暖、水温升高，会使外来入侵物种的生长和繁殖速度加快，可能对本地物种的生长发育却起到抑制作用。一项新的研究得出的警告性结论称，若我们无法解决日益严重的气候危机，除了干旱、致命热浪和极端风暴潮的风险增加外，全球温度升高 2 ℃，世界将出现生物多样性的巨大损失，包括 18% 的昆虫物种、16% 的植物物种和 8% 的脊椎动物物种将彻底从地球上消失，生态安全问题可能对我们的生态系统造成灾难性的、不可逆转的破坏[7-8]。

生态环境遭到破坏，全球生态安全受到危胁，直接原因都是人类的不当行为所引起。由于人的致灾性已成为导致生态安全危机发生的主要因素，因此建立健全关于生态安全和环境保护的法律制度是治理生态环境破坏、维护生态安全的治本策略。

2.2　人类发展与生态环境的关系

人类与周围的自然环境有着密切的关系，是相互依存、相互影响、对立统一的整体。人类自从诞生的那天起，生活在地球上，就时刻与地球表面的自然环境发生着联系，进行物质、能量和信息的交换。一方面，为了生存与发展，人类的生活和生产活动不断地从周围环境中获取物质和能量，与此同时，人类又将产生的废弃物排放到环境中，人类的活动也在影响着生态环境；另一方面，自然环境的发生、发展和变化有其自身的规律，不会为人类的主观需求而改变其客观属性，也不会为人类有目的活动而改变自己发展的进程。因此，在地球的长期历史发展进程中，人类与自然环境形成了一种相互制约、相互作用且不可分割的辩证统一关系。

2.2.1　人类发展过程与生态环境

在人类思想史上，人类与自然环境关系思想的历史演变经历了不同的发展阶段，这主要是由社会生产力的发展水平所决定，包括崇拜自然阶段、改造自然阶段和征服自然三个阶段。

2.2.1.1　崇拜自然阶段

采猎文明时期，由于生产力极端低下，社会发展缓慢，人类力量弱小，且对自然界的认识幼稚，控制自然界的能力有限，人类只得服从于自然，受自然的奴役和压迫，在自然面前处处显得无能为力，没有多少自主性和自由。人类改造自然环境的能力微弱，恐惧、依赖并适应自然环境，这一时期的人类在思想上和意识上表现为对自然环境的崇拜。如马克思、恩格斯在《德意志意识形态》中概括的那样“自然界起初是作为一种完全异己的、有无限威力和不可制服的力量与人们对立的，人们同自然界的关系完全像动物同它的关系一样，人们就像牲畜一样慑服于自然界，因而，这是对自然界的一种纯粹动物式的意识”。

2.2.1.2　改造自然阶段

农业文明时期，随着人类社会的发展，科学技术的进步，生产力有了一定的发展，灌溉和耕作技术得到发展,人类对自然界的认识和改造能力有所提高,开始谋求与自然的协调统一。人类对自然环境的依附开始减弱,对抗增强,导致自然环境趋于恶化。

随着人类社会的发展,科学技术的进步,社会生产力的发展,人类对自然界的认识进一步加深,人类在自然界面前取得了一个又一个的胜利,特别是产业革命以来,社会生产力获得了迅猛发展,人类运用新的、强大的生产力对自然界的控制取得了前所未有的辉煌胜利。这时,在人们头脑中形成了"人类统治自然"和"人类是自然界的主宰者"的思想,又处处表现出人类对自然的蔑视。

2.2.1.3 征服自然阶段

工业文明时期,人类生产力水平迅猛发展,人类驾驭自然的能力进一步提高,人类运用新的、强大的生产力对自然界的控制取得了空前的胜利,萌生了"人类统治自然界"和"人类是自然界的主宰者"的思想。人类不仅要从自然的胁迫中彻底解放出来,而且开始征服自然、统治自然,在征服和统治中谋求协调。人与环境的矛盾逐渐激化,全面不协调,局部地区的环境污染演变为公害。自此,人类在改造自然的过程中,环境问题成为社会的迫切问题,人们不得不重新考虑人类与自然环境的关系。

人类与自然环境关系的思想演变的根本原因是生产力水平的提高,随着生产力水平的不断提高,人类对自身、环境以及与环境间相互关系的认识不断深入,并从人类发展需求出发,形成不同的人与环境关系的思想[1,9-10]。

2.2.2 人类与生态环境相互依存

广义的环境是指相对于某一中心事物而言,与某一中心事物有关的周围事物,即是这个中心事物的环境。环境学所研究的环境,是以人类为中心事物的所有外界事物,所以对人类来说,环境即人类的生存环境。以人类为主体的外部世界,即人类赖以生存、生活、生产和繁衍所必需的、相适应的环境,或物质条件的综合体,可简单地分为自然环境和人工环境两种。

自然环境,是指直接或间接影响到人类的一切自然形成的物质及其能量的总和,如地球上的阳光、空气、水、温度、气候、地磁、岩石、土壤、动植物、微生物及矿物资源等自然因素的总和,即为人类生存的自然环境。人类在改造自然界的过程中也创造出更加适合自己生存的人工环境,即指由于人类活动而形成的环境要素,它包括由人工形成的物质能量和精神产品,以及人类活动过程中所形成的人与人的关系(或称上层建筑)。

《中华人民共和国环境保护法》明确指出,环境是指大气、水、土地、矿藏、森林、草原、野生动物、野生植物、水生生物、名胜古迹、风景游览区、温泉、疗养区、自然保护区、生活居住区等[11-13]。

生态是指生物(植物、动物、原核生物、原生生物、真菌五大类)之间和生物与周围环境之间的相互联系、相互作用。生态学是研究生物或生物群体与其环境的关系，或生物与其环境之间相互联系的科学。

生态环境是指影响人类生存与发展的水资源、土地资源、生物资源以及气候资源数量与质量的总称，是关系到社会和经济持续发展的复合生态系统。

生态与环境虽然是两个相对独立的概念，但两者又紧密联系、相互交织，因而出现了“生态环境”这个新概念。它是指生物及其生存繁衍的各种自然因素、条件的总和，是一个大系统，是由生态系统和环境系统中的各个“元素”共同组成。生态强调以生命为中心，即生物系统及其所在的环境系统之间的相互关系，而环境则强调外在的表现形式，生态具有生物内涵，生物学研究也偏重生物内在的作用机制以及生物与环境间相互作用规律的研究。

生态环境与自然环境在含义上十分相近，但严格说来，生态环境并不等同于自然环境。自然环境的外延比较广，各种天然因素的总体都可以说是自然环境，但只有具有一定生态关系构成的系统整体才能称为生态环境。

早在人类出现以前，自然界已经经历了漫长的发展过程，自然界是独立于人类之外存在的。地球作为太阳系的一员，在来自地球内部的内能和来自太阳辐射的外能共同作用下，经过一系列的物质能量迁移转化的物理化学过程，在经历一段漫长的无生命阶段后，形成了原始的地表环境。

随着地球的演化，在200万~300万年前出现了人类。人类的诞生使地表环境的发展进入了一个高级的、有人类参与和干预下发展的新阶段——人类与其生存环境辩证发展的新阶段。

自地球上出现人类后，人类活动时刻与地球表面的生态环境都产生联系，进行着物质、能量和信息交换。人类为了生存，首先要开始生产，此时生态环境成为人类社会发展必不可少的物质条件。生态环境构成了人类社会的物质资料产生的自然基础，成为人类社会物质生活资料和劳动资源的自然来源，为人类生存提供太阳辐射、空气、水、土壤、动植物及矿物资源等。原始社会时期，当时的人类过着茹毛饮血的生活，主要以采集野生植物的根茎果实及狩猎为生。大自然为人类提供美味的野果、可口的山泉和满山的野味；当人类需要躲避风雨时，大自然为人类提供可以遮风挡雨的洞穴；当人类需要抗击严寒时，大自然又为人类提供可以蔽体的树叶和兽皮。可以说，旧石器时代的人类完全依赖自然环境的馈赠。随着人类的进化，农业文明的进步，人类开始走出山林，到达气候适宜且土地肥沃的湖边和河边，拉开了农耕社会的序幕。大自然提供了肥沃的土壤，在农业生产中人类广泛使用工具，开始耕作，形成农田、菜园和果园。随着人类狩猎能力和手段的增强，人类开始驯化牛、羊、猪、鸡等动物，草原为畜牧业迅速发展提供保障。丰富的矿物质，让最早的金属冶炼有了基础，人类开启有色金属开采。河流和江海为人类提供了便利的水上交通，这些便利的条件，让农业兴盛有了基础。但这毕竟是有限的，人类仍然依赖于自然。当农业文明迈向工业文明的时候，人们经过无数次的教训，对自然有了进一步的认识和了解，并懂得了如何利用自然和改造自然，为自己创造更为方便舒适的生活。到了工业文明时期，蒸汽机的发明和以蒸汽机为动力的新生产及交通工具开始广泛使用，煤炭成为重要的能源，19 世纪末 20 世纪初煤炭占据世界能源比重的首位。19 世纪晚期，发电机的问世，使得电力成为补充和取代蒸汽动力的新能源。内燃机和汽车等新交通工具的出现，促进石油的大规模使用，20 世纪中期，石油在世界能源中的比重不断上升。进入 21 世纪，能源问题是首先要解决的问题之一，随着人口的增加和经济的发展，能源的消耗量飞快地增长。从目前的消耗量计算，石油还能采 50 年，煤最多能采 100 多年。自然界存在着多种能为人类生活生产提供所需能量的能源，面对能源资源不久就会耗竭的挑战，人类应开发利用其他形式的能源，如太阳能、风能、地热能、水能等代替现今的煤炭和石油燃料，以满足人类的需要。

在人类生存和人类社会发展进程中，生态环境为人类提供了丰富多彩的物质基础和活动舞台，如森林、草地、海洋、河流、湖泊等都是生命的支持系统。它们对人类的贡献不仅是提供大量的食物、药材、各类生产和生活资料，而且还为人类提供许多服务，如调节气候、净化环境、减缓灾害，为人们提供休闲娱乐的场所等，生态系统的这些服务功能是人类自身所不能替代的。

2.2.3 人类对生态环境造成威胁

在大自然无私的馈赠下，人类利用这些充足的资源逐渐发展了起来，成为地球上的主角。人类和自然的关系演变成人类试图征服自然，开始向自然无休止地索取。后工业化时期，人类对自然平衡的干预已超出自然界的再生能力和自我调节能力，由此引起了一系列生态环境问题，如生物入侵、资源短缺、森林破坏、耕地减少、土地沙漠化、水土流失加剧、气候变化异常、生物物种灭绝和环境污染等各类灾害加剧。

生态环境问题是指人类为其自身生存和发展，在利用和改造自然的过程中，对自然环境破坏和污染所产生的危害人类生存的各种负反馈效应。

2.2.3.1 生物入侵

曾经的天然屏障如海洋、河流、山脉、沙漠等促成物种协同进化和独特生态系统发展，但随着经济贸易和旅游业的迅速发展，飞机、轮船等现代化交通工具的应用，有意和无意地促进生物入侵现象，在人类“帮助”下生物入侵速率加快，全球范围内的生物入侵现象普遍发生。人们为快速解决生态环境退化、水土流失、植被破坏、水域污染等生态安全问题，往往会片面看待外来物种某些优点。为改善海滩生态环境引种互花米草、凤眼莲等，为控制水土流失和提高土壤品质引种野葛、苏格兰金雀花等，为改善农林业发展引种紫花苜蓿、黑角舞蛾等，为追求食物的色香味俱全引种克氏原螯虾、牛蛙等。一系列人为有意引种，干扰生态环境的自然发展进程，导致一些物种被直接释放到环境中或从封闭区逃逸到环境中，由于引种不当成为有害入侵物种。随着国际贸易增加，对外交流扩大，人类交通运输、建设开发、军队转移、快件信函邮寄等行为也会无意引入外来物种。贸易活动极大地促进了物种迁移，人们在享受全球贸易化所带来的巨大财富的同时，也遭受全球贸易化造成的负效应，即在引入外来物种时，其中的一些物种具有入侵性，外来入侵物种分布在世界各个角落侵蚀着生物多样性，破坏生态系统，改变全球生态环境，产生一系列生态安全问题。

2.2.3.2　生物多样性锐减

生物圈中的野生生物曾是地球上的主要“居民”，由于人类对环境保护的不重视，无计划、无节制地向自然界索取资源，对生态造成破坏，导致许多动植物失去了赖以生存的自然环境而处于濒临灭绝的状况，有些甚至已经灭绝。例如，白鳍豚、金丝猴、阿拉伯羚羊、儒艮等许多曾经兴盛的物种，都被列入濒危物种名单。2021 年 9 月，世界自然保护联盟更新了“濒危物种红色名录”，评估的物种达到 138374 个，其中 38543 个物种“面临不同程度的灭绝危险”，占比接近 28% 。造成这个结果的原因包括人类开发造成的栖息地的破坏、环境污染、人类带来的外来物种入侵、非法狩猎过度捕杀等，以及近年来由于全球变暖造成的栖息地的环境变化。例如，自从人类入住夏威夷岛以来，约有 71 种鸟类灭绝；南极洲上约有 17 种企鹅消亡，12 种数量急剧下降；每年金枪鱼捕鱼产业带来的巨额利润，导致 1980 年以来，金枪鱼数减少了 70%，有专家预计它们 10 年内将从地球上消失。

植物也难以幸免。我国地域辽阔，植物资源丰富，但近 30 年来，由于经济快速发展、人口迅速增长、环境严重破坏、植被不断萎缩等压力，我国现有野生植物物种中约有 6000 种植物处于濒危的境地，并且已有 100 多种植物面临极危，有一部分的物种资源在野外已经不存在。光叶蕨为我国特有种，但 1984 年之后，由于森林采伐，生态环境完全改变，并且能够产生孢子的个体稀少，人工繁殖困难，已处于濒临灭绝境地，目前仅有约 100 株。自然界中，一个植物物种的形成需要 100 万年左右，但人类的不当行为活动有可能使一个物种在短短的几年内就濒于灭绝。而一旦全球一半以上的物种真的灭绝，地球要恢复物种多样性，至少需要一千万年。

2.2.3.3　资源短缺

人类的发展与自然资源息息相关。任何生产活动如果没有自然资源的供给，都将无法进行。人们生存需要得不到满足，难以维持生命。地球上的自然资源是有限的，资源短缺是工业化过程中人们对自然资源无节制地过度消耗的产物。全球性的资源危机引发了一系列相关的全球问题，人口增加与资源供需的矛盾日益尖锐。进入 20 世纪以来，世界人口剧增，社会经济的迅速发展，给资源和生态环境造成了空前的压力，也给人类的生存和发展带来了一系列的问题，自然资源迅速耗减，快要超过自然界所能承载的极限。资源的不合理开发利用，导致了日益严重的生态环境恶化。越来越多的物种濒临灭绝，矿物能源日渐枯竭，矿产资源严重短缺，未来的资源宝库面临浩劫。人类所面临的已是一个满目疮痍、不堪重负的星球。资源问题并非孤立存在，它总是同人口、环境、经济、社会等问题紧密地联系在一起，并构成当代全球问题的基础。

2.2.3.4 森林萎缩

人类对资源掠夺式的开发和频繁的战争严重破坏生态环境，加重自然灾害造成的损失。为了供养越来越多的人口，人们大规模地砍伐森林、开垦草原，导致许多地方发生水土流失和土地荒漠化，引发了各种灾害，结果使人类的生存环境面临严重威胁。森林拥有地球上最丰富的陆生生物多样性，蕴有 6 万个不同树种、80% 的两栖物种、75% 的禽类和 68% 的哺乳动物物种。但自 1990 年以来，全球已有约 420 万 km^2 森林土地被转换为其他用途。由联合国粮农组织编制的《2020 年全球森林资源评估》指出，在过去十年间，虽然毁林速度放缓，但每年仍有约 10 万 km^2 森林被开垦为农业用地或转换为其他用途。毁林和森林退化的速度令人震惊，这是生物多样性持续丧失的重大原因。

2.2.3.5 环境污染

近代以来，煤炭和石油的生产和使用量急剧增长，使得环境污染问题日趋严重。燃煤排放的大量黑色煤尘进入大气中，导致了严重的环境黑色污染，历史上发生过多起燃煤大气污染公害事件。以石油为能源的生产工具和交通工具，大量排放废气，也严重影响了人类居住环境。另外，大量的工业废水、废气等，严重污染自然环境。20 世纪 70—90 年代后期是环境问题全球化期，美国等发达国家以不可持续发展的生产和消费方式，过度消耗世界自然资源，对全球环境造成危害，出现了全球性环境污染问题，如全球气候变化、臭氧层破坏、生物多样性减少等。

人类为了给自己创造更为方便、舒适的生活，物欲空前地膨胀，失去理智，明知其害，但为了个人暂时的利益，掠夺式开采和无限制地使用自然资源，千百万年形成的有限资源，在短时间里被挥霍殆尽。现在我国提出科学发展观，强调经济的发展要有可持续性，将眼前的利益和长远的利益结合起来，为子孙后代着想，不能为了一时的利益而成为民族未来的罪人。

2.2.4 人类生存和发展面临威胁

工业革命以来，人类改造自然的能力显著提高，成为万物的“主宰”。但是，恩格斯早在 100 多年前就曾警告过人们“我们不要过分陶醉于对自然界的胜利，对于每一次这样的胜利，自然界都对我们进行了报复”。恩格斯的“自然报复论”作为其经典生态思想之一,有其产生的时代背景和阐释的经典依据。环境对破坏的承受力是有一定限度的,放眼全球,饥荒、瘟疫、生态环境退化等,大自然已经开始以各种各样的方式报复人类。

2.2.4.1 气候变暖

人类过多地使用氯氟烃类化学物质造成臭氧层的损耗,臭氧浓度较高的大气层在距地表 10 ~ 50 km 范围内,在 25 km 处浓度最大,形成了平均厚度为 3 mm 的臭氧层,吸收太阳紫外辐射,给地球提供了防护紫外线的屏蔽,并将能量贮存在上层大气,起到调节气候的作用。臭氧层的破坏产生的危害主要表现在:①导致强大的紫外线直射地球表面,危害人类健康,对人类免疫系统造成损害,使得免疫机制减退,导致白内障眼疾、皮肤癌、传染疾病发病率上升。研究指出,若臭氧总量减少 1%,恶性肿瘤的发病率将提高 2%,白内障患者将增加 0.2% ~0.6%。②引发新的环境问题,过量的紫外线能使塑料等高分子材料更加容易老化和分解,使其变硬、变脆、缩短使用寿命,并能使接近地面的有害臭氧浓度增加,尤其在人口密集的城市中心,可引起光化学烟雾污染。③臭氧层破坏会使平流层温度发生变化,导致地球气候异常,生态系统中复杂的食物链、食物网将被打乱,影响植物生长、危及生态平衡和生物多样性。

2.2.4.2 生物入侵

全球气候变化往往会促进外来入侵种的扩散和建立,特别是在由于人类或其他因素干扰的栖息地极有可能成功。当气候变化破坏当地的动植物区系,导致当地植被中的优势种不再适应其栖息地的环境状况,这就为外来入侵种创造新的机会来取代当地植物在生态系统中的位置。新物种越来越多的出现以及老物种的种群降低,极大的改变演替格局、生态系统功能和资源分布。另外,很多在野生动植物传染的病原体对温度、湿度、降雨量十分敏感,气候变暖增加了病原体的存活率和生长率,导致疾病的传染性、寄主的感染性增加。近年来,由于气候变暖,在空气中传播的人类病原体如非洲锥体虫病、疟疾、莱姆疾病等,依靠扁虱传播的脑炎、瘟疫、黄热病和登革热的发病率也随之增加。气候变暖也导致了一些疾病在纬度上转移,增加了其地理分布范围。

2.2.4.3 生物多样性锐减

工业革命以后,人口膨胀和经济发展的矛盾使得生态系统遭到严重破坏,许多野生生物栖息地遭到严重破坏,生存受到威胁甚至濒临灭绝,地球上的生物多样性正在急剧下降。2019 年 7 月,世界自然保护联盟(International Union for Conservation of Nature,IUCN)重新更新了濒危物种保护的"红色名录",将超过 7000 种的动物和植物列入其中。

我国是世界生物多样性最丰富的国家之一。据统计,我国脊椎动物约有 6266 种,占世界脊椎动物各类的 10% 左右(哺乳类 12.5%、鸟类 13.85%、爬行 5.97%、两栖类 7.08%、鱼类 12.1%)。同时,我国植物资源也特别丰富,现有高等植物 470 科、3700 余属,约3万种,占世界高等植物种类的10%以上。但目前,我国野生物种资源情况也不容乐观,生物多样性也在逐渐下降。我国生物多样性面临的问题包括生物栖息地破坏、生物资源过度开发、环境污染、气候变化等。据统计,我国约有398种脊椎动物处于濒危状态,占脊椎动物总数的7.7%;有156种禁止或限制贸易的濒危动物被列入《濒危野生动物国际贸易公约》。爬行纲物种中2种处于区域灭绝、34种极危、37种濒危、66种易危、78种近危、175种无危,其中的137种物种被列为受危险物种(极危、濒危、易危),约占爬行纲物种总数的29.72%。此外,除已灭绝的雁荡润楠、喜雨草和崖柏等种类外,我国有1019种高等植物处于濒危状态,4500~5000种处于生存受威胁状态、分别占高等植物总数的3.4%和15%。IUCN共列出的1211种濒危物种,分布在我国境内的有190种。世界自然基金会指出,野生物种的灭绝不仅是遗传基因的丧失,最直接的影响是危及粮食安全[14]。

2.2.4.4 大气污染

大气污染物主要分为颗粒物(particulate matter,PM)、气态污染物(NO_2和SO_2)、持久性有机污染物和重金属等。近年来,以颗粒物为主的雾霾污染已严重威胁人们的生活与健康,也是我国首要的大气环境问题。机动车交通尾气排放、电力工业生产和住宅供暖等是雾霾颗粒的主要来源。2013年我国长江三角洲、京津冀、珠江三角洲和四川盆地等100多个大中城市发生了严重的雾霾事件,对人民健康和经济发展造成了巨大的冲击。大气中的PM可在肺部沉积,尤其是在肺泡中,进而进入体循环,对人体健康造成损害,而超细颗粒物(PM0.1)不仅能深入肺泡还可穿透生物膜,通过胎盘屏障扩散到胎儿的所有器官系统,包括大脑和神经系统。截至2016年底,我国北部和东部地区连续出现雾霾污染,影响面积超过100万km^2。2016年全球疾病负担研究显示环境中的PM已导致全球410万人过早死亡,其中心肺疾病、肺癌和缺血性心脏病的死亡分别占8.0%、12.8%和9.4%。国际癌症研究机构将室外空气污染和大气颗粒物归为人类一级致癌物。由于大气颗粒物是肺部致癌化合物的首选载体,由空气污染引起的肺癌已成为全球人民健康的主要威胁[15]。

大气中的有机污染物也对人体健康构成威胁。生物质燃烧、燃煤、炼焦工业、森林火灾、火山喷发和生物合成是大气中有机污染物的主要排放源,其中生物质燃烧、燃煤、炼焦工业主要来源于人为排放。以多环芳烃(pdycyclic aromatic hydrocarbon,PAH)为代表的有机污染物本身具有很强的生物累积性,并具有致癌、致畸、致突变三致效应。PAH可通过呼吸道直接进入人体内,导致支气管炎、哮喘、动脉粥样硬化甚至肺癌等病变。

2.2.4.5 垃圾成灾

全球每年产生垃圾近100亿t,而且处理垃圾的能力远远赶不上垃圾增加的速度,特别是一些发达国家,已处于垃圾危机之中。例如,美国的生活垃圾主要靠表土掩埋。过去几十年内，美国已经使用了一半以上可填埋垃圾的土地，30年后，剩余的这种土地也将全部用完。我国的垃圾排放量也相当可观，在许多城市周围，垃圾堆放除了占用大量土地外，还污染环境。危险垃圾，特别是有毒、有害垃圾的处理问题（包括运送、存放），因其造成的危害更为严重、产生的危害更为深远，从而成为当今世界各国面临的一个十分棘手的环境问题。

海洋生物也无法幸免于垃圾污染的危害。暴风雨将陆地上掩埋的塑料垃圾冲入大海，海运业中的少数人将塑料垃圾倒入海中，以及各种海损事故，如货船在海上遇到风暴，甲板上的集装箱掉入海里，导致人类向海洋中倾倒的垃圾日益增多。海洋垃圾不仅会造成视觉污染，还会造成水体污染，导致水质恶化。废弃的渔网是海洋中最大的塑料垃圾，在洋流的作用下，渔网绞在一起，使得每年都有数千只海豹、海狮和海豚等被缠住甚至淹死。一些海洋生物容易将某些塑料制品误食吞下，例如海龟喜欢捕食酷似水母的塑料袋，海鸟偏爱形状像小鱼的打火机和牙刷。塑料制品在动物体内无法消化和分解，误食后会引起胃部不适、行动异常、生育繁殖能力下降，甚至死亡。海洋生物的死亡最终导致海洋生态系统被打乱。

更加令人担忧的是，微塑料已经无处不在，塑料垃圾引发的环境污染问题已受到全球性关注，人类很有可能通过食物链或者其他途径摄入微塑料。研究人员报告称，塑料最终会到达人体肠胃，已在人体粪便中检测到多达9种微塑料，它们的直径在50～500 μm。值得警惕的是，最小的微塑料能进入血液、淋巴系统甚至肝脏，还可通过胎盘被未出生的胎儿吸收，最终造成免疫系统反应[16]。

2.2.4.6 有毒化学品污染

化学农药，包括除草剂、杀虫剂、杀菌剂、杀螨剂、植物生长调节剂等，在农林牧业的病虫草害防治、粮食增产、卫生疾病防御等方面必不可少。目前市场上有7万～8万种化学品，对人体健康和生态环境有危害的约有3.5万种。其中有致癌、致畸、致突变作用的约500种。随着工农业生产的发展，如今每年又有1000～2000种新的化学品投入市场，仅化学农药方面，全球每年有100万～250万吨的农药投入使用。化学品的广泛使用，在给人类带来巨大经济和社会效益的同时也带来了严重的生态环境问题。由于大量不合理、不科学的施用，化学污染物在环境介质中的残留情况十分严重，目前全球范围内的大气、土壤、水体、农作物乃至生物都受到了不同程度的污染和毒害，连南极的企鹅也未能幸免。研究表明，通过皮肤接触或饮食暴露低剂量的环境化学污染物，会对非靶标生物产生生殖毒性、遗传毒性、脏器损伤甚至致癌效应。这些有毒化学品在环境介质中大量残留，通过多种途径进入动植物体内，再通过食物链的生物放大和生物富集进入人体，进而对生态环境和人群健康产生严重威胁。自20世纪50年代以来，涉及有毒有害化学品的污染事件日益增多，如果不采取有效防治措施，将对人类和动植物造成严重的危害。

2.3 人类活动与生物入侵

2.3.1 生物入侵

生物入侵是指某种生物从外地自然传入或人为引种后成为野生状态,并对本地生态系统造成一定危害的现象。

在自然界中,由于地理、地貌和气候等因素的影响,各物种被限制在一定区域内生存和发展,这些物种往往被称为本地物种(native species)。外来物种是与本地物种相对应的一个概念,对于特定的生态系统与栖境来说,任何非本地的物种都称为外来物种。外来物种(alien species)是指那些出现在其自然分布范围及扩散潜力以外的物种、亚种或以下的分类单元,包括其所有可能存活、继而繁殖的部分、配子或繁殖体。

我国已成为世界上遭受生物入侵最严重的国家之一,使我国生物物种的安全受到严重威胁。据统计,我国34个省(自治区、直辖市)均发现了外来侵入物种,外来入侵物种已达620余种,几乎涉及了所有的生态系统。入侵物种类型包括脊椎动物和无脊椎动物,高等植物和低等植物,如草本植物类大米草、豚草、紫茎泽兰、空心莲子草、风眼莲等,动物类麝鼠、非洲大牛蛙、食蚊鱼,外来病害口蹄疫、疯牛病、禽流感等。世界自然保护联盟公布的全球100种最具威胁的外来物种中,我国就有51种,已造成超2000亿元人民币的经济损失。目前,生物入侵在我国不断加剧,并构成潜在威胁,导致我国生物多样性丧失,生态灾害频发,甚至直接危害人体健康。以我国云南滇池为例,20世纪60年代以前,滇池主要的水生动物有68种,水生植物有16种,但到了20世纪80年代,由于凤眼莲蔓延,16种水生植物已难觅踪影,68种原生鱼种已有38种濒临灭绝[1]。

外来物种可分为对国民经济或生态系统有益物种和有害物种两类。与人类的生活息息相关的许多农作物、家畜和园林植物,如我国的小麦、玉米、马铃薯、辣椒、甘薯、番茄及棉花等农作物,猪、牛、羊等家畜中的一些种类或品种都是从其他国家引进,还有许多园艺园林中引入的品种都是有利人类文明发展的有益物种。当外来物种中的一些种类在新的栖息地暴发性生长而失去控制,这类外来物种称为入侵种(invasive spceise)。外来入侵物种通常具有生态适应能力强、繁殖能力强、传播能力强等特点,当入侵种进入新领地后,便开始在那里定殖、扩展种群。被入侵的生态系统拥有足够可利用的资源,缺乏自然的控制机制,入侵种的侵入对当地生态系统结构和功能产生严重的危害,危及本地物种尤其是濒危物种的生存,造成生物多样性的破坏就构成了生物入侵 (biological invasion)。

生物入侵是自然界中普遍存在的一种现象。从地质学角度来讲,自然入侵是地球的一次生物传播,对地球上的生物分布有着深远的影响。各种生物随着人类的迁移、贸易运输、旅游观光等活动从世界的一个地方到达了另一个地方,这一过程扩大了物种的传播范围。但在近代史中,造成大部分生态入侵最根本原因是人类的活动。在农业、林业、畜牧业和水产养殖业的发展过程当中,物种引进推进了人类社会物质文明发展进程,同时也加速生态入侵的范围和进程。如今,随着科技的进步以及交通的便利,进一步加快了外来物种传播入侵的速度和范围,导致生物入侵已经演变成一个全球性关注的问题[17]。

2.3.1.1 生物入侵负面影响

不适当的物种引进导致外来物种缺乏自然天敌而迅速繁殖,抢夺本地其他生物的生存空间,进而导致本地生态环境失衡及其他本地物种的减少甚至灭绝,严重危及国家的生态安全。自20世纪80年代中期以来,生物入侵对生态、环境、经济等各个方面造成的负面效应引起了生态学者的广泛关注。国际贸易的发展、全球经济一体化、进出境人员的交往增加,这些导致全球范围内生物入侵的种类和数量迅猛上升,原有的生物地理分布和自然生态系统的结构和功能发生改变,由此产生的一系列生态问题也更加严峻。

从保护生物学角度而言,生物入侵产生的两种长期的全球效应值得关注:一是生物入侵打破了维持生物多样性的地理隔离,二是生物入侵降低了地域性动植物区系的独特性。因此,生物入侵产生的后果通常是形成各种生物污染,不仅危及本土生物群落的生物多样性,还会影响农业、畜牧业生产,并造成巨大的经济损失。生物入侵对生态环境构成的危害主要体现在造成物种濒危、灭绝,生物多样性丧失,对生态系统的结构和功能造成严重影响,破坏农牧业生态以及人类居住环境等方面。

2.3.1.2 生物入侵正面影响

尽管大多数入侵种在传播过程中会在新栖息地建立稳定的种群,并对当地的生态环境造成不良影响,但仍有少数的入侵种会对当地的生态系统产生正面的影响。正确的物种引进能够丰富引种地区生物的多样性,进而提升人们的物质生活,例如20世纪初,美国从我国引种大豆,其种植面积从6000多万亩增加到4亿多亩,目前美国已成为世界上最大的大豆生产国和出口国。

2.3.2 人类活动与生物入侵

2.3.2.1 人类活动促进生物入侵

在自然界中,一些物种靠自身的扩散传播力或借助于自然力量,如借助气流、水流等自然因素,或鸟类兽类等动物的力量实现自然扩散(即自然入侵)。但近代的大部分生物入侵源于人类活动,据分析,我国目前已有的外来入侵有害物种中,半数以上是人为因素造成的。

作为全球变化的重要现象之一,生物入侵也受到全球环境变化,如气候变化(全球变暖)、大气成分变化(大气CO_2浓度升高)、氮素沉积增加、土地利用与覆被变化(海平面升高)等的影响。

全球气候变化会促进生物入侵。由于大气中温室气体的持续增加与臭氧层不断被破坏,全球平均气温升高导致冰川融化,水蒸发量也随气温升高而增加,降水也增加,尤其是强降水、暴风雨等极端天气发生的频次增加。极端天气发生周期产生改变,增加了某些物种入侵的机会,如龙卷风会将一些鸟类、昆虫和海生生物带到远离它们原产地的地方。

通常,当地原有生态系统都具备一定的抗干扰能力,在没有破坏的情况下,都能抵抗入侵物种的入侵。例如在顶级森林生态系统中,入侵物种通常都难以在郁闭的林冠下发芽生长,但是一旦林冠层遭到破坏,入侵物种就借机迅速生长繁殖。因此,植物群落遭到火灾、洪水、动物或人为干扰破坏后,显著降低其对入侵物种的抗性,入侵物种依靠自身强大的繁殖优势和扩张能力,迅速繁殖、生长,占据重要生态位,扰乱生态系统原有的食物链和系统内的物流和能流秩序,从而危害原有的生态系统。而全球气候变化可能会导致更频繁的火灾、干旱和病虫害等干扰,从而使入侵物种有机可乘。有研究发现,在美国北加利福尼亚州,即使在最炎热的天气,入侵种阿根廷蚂蚁也比本地蚂蚁活跃,由于温度升高抑制本地蚂蚁取食,但对阿根廷蚂蚁种群毫无影响,本地蚂蚁将很快被取代。

气温和降雨量的变化会使遭受生物入侵地区的范围发生改变,加速入侵物种向原先未占领的生境入侵。例如,全球气候变暖,使一些喜欢温暖的外来物种向高海拔和高纬度地区迁移,在迁移的过程中外来物种有可能变成入侵物种,导致当地生物多样性组成发生改变。有研究表明,高温会减少昆虫世代历期,增加冬季存活率,导致昆虫种群向极地和高海拔地区扩散。另有研究发现,温暖气候会加快虫媒病的流行和异地传播。

此外,由于燃烧大量石化燃料和土地利用方式的改变,大气中 CO_2浓度以前所未有的速度迅速升高。针对 CO_2浓度升高与植物入侵关系进行的系统研究发现,CO_2浓度升高,可能会增加入侵植物的生物量、资源利用率以及繁殖能力,直接影响植物入侵。另有研究发现,CO_2浓度升高,可以增加 C3 植物的竞争能力,提高 C3 植物光合作用效率和对高温的耐受性,降低 C4 植物和 CAM 植物相应的耐受性能,从而影响到原有植物群落的生产力、初级生产量、时空分布以及生物多样性组成与结构,而以 C4 植物为优势种的群落被 C3 植物入侵的可能性会加大; CO_2浓度升高也可以通过改变土壤微生物的丰富度、土壤孔隙水的化学组成、氮循环、干扰体系等其他环境因子间接地影响植物入侵,增加某些陆生入侵生物对除草剂的耐受性。

自 20 世纪以来,由于人类活动的强烈干扰,大气氮沉降正迅速增加,全球每年沉降到各类生态系统的活性氮高达 43.47 Tg(百万吨)。有研究发现,氮素沉积的增加会促进外来植物的生物入侵,由于氮是影响植物生长和生物量分配的重要环境资源之一,不同物种对氮输入增加的响应不同,氮沉降有利于将氮迅速转化为新生物量的速生种,不利于生长缓慢的物种，而入侵物种的特点即为快速生长和抢占资源，使得当地生物多样性的组成发生改变。近几十年来，石化燃料燃烧、农业施肥和其他人类活动极大地改变着氮元素从大气向陆地生态系统输入的方式和速率，造成陆地生态系统中人为固定的氮逐步累积，使外来植物的入侵趋势加强。

土地利用与土地覆被直接反映了引起全球环境变化的人类活动情况。土地利用与土地覆被变化对生物多样性变化起着重要作用，同时也是影响全球经济可持续发展和人类对全球环境变化响应的主要因素。土地覆被中的生物多样性决定了人类居住生活的质量，土地生产力决定着生物物种的数量，而其他包括气候变化和环境污染在内的环境变化也是通过土地覆盖的相应变化来影响人类居住环境的。

人类活动引起的土地利用与覆被变化可能加剧生物入侵，因为土地利用与覆被发生变化会引起生态环境变化，如将原来生物多样性高的森林生态系统转变为单一的农田生态系统或人工林后，生物入侵的风险会显著增加。此外，土地覆盖变化可能导致生态环境破碎化和生物多样性减少，生态环境破碎化造成栖息地斑块化的增加也可能加大生物入侵的机会。例如，由于温室效应引发的海平面上升会使近海面的陆地被淹没，海岸的土地覆盖发生变化，使原来分布于低地势海滨区的本地种将向高潮带迁移，但由于硬质海岸大坝(堤)的构筑使迁移中断，本地物种的栖息地可能将彻底消失，入侵物种互花米草的抗盐性和抗水淹能力均强于本地种，加快入侵过程，最终取代本地种草群落[18]。

2.3.2.1 人类活动导致的生物入侵

1. 农林牧业发展目的导致生物入侵

我国畜牧业过度放牧，导致草场退化，加大了各地对优质速生牧草的需求，希望引种能够在中国土地上迅速生长的国外草种。因作为牧草或饲料而造成生物入侵的外来物种，例如空心莲子草、梯牧草、牧地狼尾草、凤眼莲、紫花苜蓿、芒颖大麦草等，取代了原本多样化的自然草原群落。出于防风固沙、减轻土壤侵蚀、提高木材产量等目的，引种外来速生树种，广泛种植大量的外来树种，如南非引种松树、金合欢和桉树等，澳大利亚引种相思树，导致外来树种在当地定殖并扩散到自然栖息地中，取代了自然植被。

2. 作为食物引入导致生物入侵

为增加人类食品多样性，大量引种食用动物和植物，如褐云玛瑙螺、福寿螺、克氏原螯虾、牛蛙、黄鳝等作为动物引入，荆豆、尾穗苋、落葵等作为蔬菜引进。其中一些物种也造成了生物入侵，例如福寿螺适应能力和繁殖能力极强，散布快，破坏蔬菜和水生农作物，被认为是有害入侵生物。

3. 作为药用植物引入导致生物入侵

我国传统中药所采用的12000多种生物大部分原产于中国，其中也有部分外来物种，而且一些已成为入侵种，如土人参、含羞草、肥皂草、决明、洋金花、望江南、蓖麻、澳洲茄等。

4. 作为观赏性植物引入导致生物入侵

我国的熊耳草、圆叶牵牛、剑叶金鸡菊、秋英、加拿大一枝黄花、马缨丹等植物被当作观赏植物引入花园或公园中,但避免不了这些花草从花园中逃逸。具有入侵性的观赏植物逃逸后迅速蔓延,排挤当地植物,即使是大树也可能会被这些植物缠绕窒息死亡,对当地的原始森林生态系统构成威胁。

5. 作为天敌引入导致生物入侵

1959 年,澳大利亚从英格兰引进十多对家兔,由于没有天敌,不到三年时间家兔数量增长到 40 亿只,它们啃食小苗、剥食树皮,导致牧草面积损失严重,与当地有袋类动物抢夺食物,已对当地农牧业构成严重威胁。1905 年,澳大利亚引入兔子的天敌鼬类和狐狸来制止兔子大量繁殖,但没想到,这些天敌除了捕食兔子,还捕杀当地的鸟类、袋鼠幼仔、袋狸等有袋类动物,受威胁种类中仅兽类就达到了 42 种。

6. 异地放生导致生物入侵

在泰国、马来西亚、越南、韩国、柬埔寨等地,人们会因放生鸟类、鱼类、龟类等动物做善事而受到尊敬。有研究表明,在放生的鸟类中,有 6% 是外来物种。

7. 宠物弃养导致生物入侵

生存能力较强的一些宠物鹦鹉,如彩虹吸蜜鹦鹉和小葵花凤头鹦鹉在当地野化后,数量激增,过度采食嫩叶和灌木的果实,危害当地植被。作为宠物的龟鳖类、鳄鱼、水族馆鱼类等动物都会被有意地释放到野外,进入当地水系后由于缺乏天敌,与本土鱼抢夺食物,吃掉水体中大量浮游生物以及本土鱼幼苗,威胁本土鱼类的生存,成为入侵物种并在当地建种繁殖,导致本地鱼种逐渐减少,给当地生态问题带来潜在风险。例如,美国开放水域里捕捉到的至少 180 种外来鱼种大多数都是养鱼爱好者释放到野外的[19]。

2.4 生态安全与人类健康

生态安全包括生态风险与生态健康两方面,并与人类生存活动是相互影响的。从研究内容的角度来说,生态安全主要包括土地资源安全、水资源安全、大气资源安全和生物物种安全等,但生态系统自身的安全才是生态安全的基础,生态系统自身的健康性、完整性和可持续性是生态系统自身安全的关键。当一个国家或地区所处的自然生态环境状况能够维系其经济社会可持续发展时,它的生态是安全的,反之就不安全。20 世纪以来,科学技术快速发展,极大地改善了人类生存与发展状况和生活质量。自然生态环境与人类生存发展本应保持着和谐的相互适应的关系,但因某些自然灾害或人为活动使局部环境中某些化学元素过量或不足,就会逐步反映到人体中来,使生物和人群出现各种各样的病变,各种灾难也接踵而至。

2.4.1 环境污染对人体健康的危害

环境污染物对人体健康的危害性巨大,与其相关联的机制复杂多变,可通过多种途径侵入人体。人类通过食用受污染的农作物,以及在户外休闲活动中通过手对口的口服摄入等方式,直接或间接接触土壤环境中的污染物。大气中的有毒、有害气体和烟尘,主要通过呼吸道直接进入人体,引起急性呼吸道症状,如咳嗽、喘息、喉咙刺激等,长期暴露可导致支气管炎、哮喘,甚至肺癌等病变。水体中的有毒物质,主要通过饮用水的形式经消化道被人体吸收。

毒物经人体吸收后,通过血液分布到全身。机体通过代谢排泄或将其蓄积在一些与毒性作用无关的组织器官里以改变毒物的质和量,一些毒物可在某些组织器官中蓄积,如铅可以蓄积在骨内。当毒物剂量的蓄积超过人体正常负荷量时,机体动用代偿适应机制,使机体保持相对稳定,很多毒物经过肾脏、胃、肠,特别是肝脏生物转运和生物转化,被活化或被解毒,最后可经肾脏、消化道和呼吸道排出体外,少数可随汗液、乳汁、唾液等排出体外,有的在皮肤的代谢过程中进入毛发而离开机体,机体暂时不出现临床症状和体征,即呈亚临床状态。如剂量继续增加,以致使机体代偿适应机制失调,毒物以其原形或代谢产物作用于靶器官,发挥毒性作用,出现临床症状,甚至死亡。环境污染物对人体健康的损害,可表现为特异性损害和非特异性损害两个方面。特异性损害就是环境污染物可引起人体急性或慢性中毒,以及产生致畸作用、致突变作用和致癌作用等。非特异性损害主要表现在一些多发病的发病率增高,人体抵抗力和劳动能力的下降。

空气污染、水污染、土壤污染等问题,已严重影响世界的可持续发展、社会的公平及生态安全。2016 年 3 月,世界卫生组织发表的题为《通过健康环境预防疾病:对环境风险疾病负担的全球评估(第二版)》报告指出,2012 年全球约有 1260 万人因在不健康环境中生活或工作而死亡,占死亡总数的近 1/4。各种环境风险因素可以导致 100 多种疾病和损伤。脑卒中、心脏病、癌症和慢性呼吸系统疾病等非传染性疾病的死亡人数占不健康环境造成死亡总数的近 2/3。在大气污染严重的城市,呼吸道疾病的感染率和死亡率上升,仅 SO_2 的排放就使世界 6.25 亿人健康受损。全球 70% 的城镇人口呼吸的空气不符合卫生标准,每年 30 万 ~70 万人因此过早死亡,也有 5000 万咳嗽病例发生。工业废水、含有农药的灌溉用水和生活污水直接排放造成的水污染,不仅导致淡水枯竭,而且造成多种疾病,直接威胁着人类的生活和健康,2010 年约 65.4 万人死于铅中毒。东南亚和西太平洋地区低收入和中等收入的发展中国家承担的环境相关疾病负担最重,3/5 的人很难获得安全饮用水,导致每年 100 万人丧生和 10 亿人患各种疾病。噪声污染日益严重,交通、工业、施工、社会噪声的污染不仅妨碍人们正常的生活和工作,还引起多种疾病。环境疾病的出现和蔓延,是自然界向人类发出的严厉警告。

2.4.2 典型生态安全问题与人类健康

2.4.2.1 生物入侵与人类健康

生物入侵不仅给世界各国造成了巨大的经济损失，而且对人类健康产生严重的危害。许多入侵物种是人类疾病的病原或病原的传播媒介，一旦入侵成功，极有可能造成大范围的疾病流行，严重影响人类健康及生存。

红火蚁，原产于南美洲，因边境检疫疏忽，于20世纪初入侵美国东南部，2004年在我国首次发现。红火蚁叮咬人类之后，将其体内的高浓度酸性毒素注入到人体内，人体被叮咬后，会出现长时间如火灼伤般的剧烈灼痛感，之后便会出现灼伤般的水疱，极易引起二次感染。体质过敏者，对毒液中的毒蛋白过敏，出现脸红、发热、恶心、大量出汗、呼吸衰竭、过敏性休克甚至导致死亡。红火蚁给人们造成巨大困扰，也因此被评为世界上最危险的100种外来有害物种之一[20]。

紫茎泽兰，原产于墨西哥，19世纪作为一种观赏植物被世界各地引种。其繁殖力强，可不断侵占草地，造成牧草严重减产，家畜误食后会引起中毒甚至死亡，已成为全球性的入侵物种。紫茎泽兰的花粉或瘦果进入人的眼睛和鼻腔后会引起糜烂流脓，甚至死亡。

枯草热的主要致病原是豚草，豚草原产于北美洲，1935年在我国被发现，已列入我国外来入侵物种名单。豚草对人体的直接危害是开花后散发出的花粉含有水溶性蛋白，与人接触后可迅速释放，引起过敏性变态反应，病症较轻时可引起咳嗽、哮喘，严重时可引起肺气肿。

福寿螺已被列为世界性最严重的100种入侵生物之一。原产自南美洲亚马孙河流域，因含有丰富的蛋白质及很高的营养成分，于1980年作为一种水生经济生物引入我国。其繁殖能力极强，每年可多次交配、多次产卵，一只成年雌螺每年产卵超过325000个。福寿螺引入我国后，由于缺乏天敌，已在我国多个省份形成暴发式入侵。福寿螺不仅对水稻、茭白、菱角等水生作物危害甚大，还可作为某些疾病和寄生虫的载体，对人类健康产生威胁。福寿螺作为广州管圆线虫主要的中间宿主，一只螺体内寄生的广州管圆线幼虫达6000多条，可引起人类嗜酸性粒细胞增多性脑膜炎而威胁生命，携带的卷棘口吸虫能导致皮肤过敏。

2.4.2.2 土壤污染与土地资源短缺

土壤污染是指人类活动所产生的污染物通过多种途径进入土壤，其数量和速度超过了土壤的容纳能力和净化速度，引起土地正常功能遭到破坏或土壤肥力降低，并对土壤、植物和动物造成损害的现象。通常，土壤环境中污染物的积累和土壤环境的自净过程处于一定的动态平衡，但当污染物的数量，以及污染物进入土壤的速度超过土壤环境容量和自净作用的速度，土壤生态环境功能被破坏，引起土壤质量的下降。土壤环境中污染物可随大气迁移和雨水淋溶，进入周边的大气、水体和生物中，造成周边环境生态脆弱，并通过食物链，对人体健康构成潜在风险。

土地资源方面，我国受到不同程度污染的耕地达上亿亩，其中包括污水灌溉引发的耕地污染；矿产资源开采和固体废弃物堆放过程中，粉尘沉降、废渣堆放导致其中的重金属、多环芳烃等污染土壤。矿冶废水直接排放和土法冶炼也是造成企业周边土壤污染重要原因。截至 2012 年 6 月，我国有 20 万 km^2 耕地受到重金属污染，占耕地面积 20% 左右。多项研究表明，在煤矿开采区周围的土壤和水体中已检测到多种环境污染物。植物可以通过叶面和根部吸收从土壤溶液和空气中吸收环境中的化学污染物，并将其积累在根部或通过木质部输送到地上部分，引起植物毒性。农作物作为食物链中的第一个营养级，其中的环境污染物进入食物链并在生物体内产生生物放大作用，最终危害人类健康。有研究报道，因过度采矿导致江苏省徐州煤矿区 71% 的小麦受到 Pb、Cd、Cu、Zn、As 和 Cr 的污染，进而通过食物摄入给当地居民带来较高的健康风险。印度北部安拉阿巴德地区的煤矿区周围土壤和水体中的 Pb、Cd、Cr、Fe、Zn、Cu 和 Co 已转移到当地常见作物中，包括谷类作物（水稻、小麦、玉米）和蔬菜（菠菜、土豆）。提示居住在煤矿地区的居民通过食用这些已被化合物污染的蔬菜和谷物而直接或间接接触矿区环境污染物，对人体健康产生长期、不利的影响。

此外，全球一半以上的耕地都有不同程度的退化，每年有 12 万 km^2 土地退出耕植，在今后 25 年中，土地退化有可能使全球粮食产量下降 12%，世界粮价将上升 30%。

2.4.2.3 水环境污染及水资源短缺

水污染是指进入水体中的污染物数量超过该物质在水体中的本底含量和水体的环境容量，水体的物理、化学和生物特征发生不良变化，破坏水体自然生态系统功能，主要包括地表淡水污染、地下水污染以及海洋污染。工业污水和城市生活废水排放、化肥和农药施用以及人类对水资源过度开采利用，已经造成全球水资源短缺、饮用水安全和海洋生物多样性面临威胁等各种生态安全问题，危害人类健康。

目前，我国 120 多个大中城市中，原水合格率约为 70%，更为严峻的是，一半以上的县级以上城市，未必能达到 1985 年的用水标准。2020 年，我国城市污水排放总量为 588 亿吨，江河水系有 70% 受到污染，其中 40% 严重污染，流经城市的河段普遍受到污染，饮水安全问题突出。我国的水污染事件数量也在不断攀升，影响范围不断扩大，已经成为社会关注的焦点。近 10 年来我国水污染事件高发，水污染事故每年都在 1700 起以上，仅 2012 年，媒体公开报道的企业偷排污水事件达到 92 起。自 2012 年起，诸多重大水污染事件，诸如广西龙江镉污染、湖北武汉水污染、广东东莞水污染、山西长治苯胺泄漏等污染事件的发生，在一定程度上引起了公众的恐慌，产生较大的负面影响。

不仅我国水资源环境问题严重，世界各国家同样面临着严峻的水生生态安全问题，特别是东南亚和西太平洋地区低收入和中等收入国家。2016 年 3 月，联合国教科文组织发布的《2016 年世界水发展报告》表明，地球表面的淡水资源十分有限，且分布十分不均匀，只有 2.5% 的淡水能够供人类和动植物使用。目前，全球约有 8.84 亿人仍在使用未经净化的饮用水水源。另一方面，全球水污染问题依然十分突出，联合国环境规划署已发布的多项报告指出，亚洲、非洲、拉丁美洲水污染加剧，数亿人面临感染致死疾病的风险。每年约有 340 万人死于水源病原菌污染相关的疾病。预计拉丁美洲近 2500 万人、非洲约 1.64 亿人、亚洲约 1.34 亿人均面临着被这些疾病感染的风险。在不改变目前用水消耗和水污染水平的前提下，到 2025 年，全球约有 18 亿人口面临绝对缺水的问题，约 2/3 的人口可能在用水紧张的条件下生活。到 2030 年全球对水资源的需求将超过自然环境实际供应能力的 40%，几乎有一半的人口将面临严重缺水[21-22]。

2.4.2.4　大气污染

大气污染物种类繁多、形态各异，各种大气污染物在大气中经过复杂的过程和相互作用，引发各种全球性环境问题，如臭氧层耗损、温室效应加剧、酸雨、光化学烟雾、海平面上升等环境问题，对生态系统和人类生存产生重要影响。

由于人类活动所造成的大气环境污染与破坏，最早可追溯到上古时期。草地和森林火灾以及柴薪的燃烧，都会造成不同程度的大气污染。自 18 世纪下半叶到 20 世纪初，英国、欧洲其他国家、美国和日本相继实现了工业革命，建立起以煤炭、化工和冶金等为基础的工业生产体系。但是随之而来的是接连发生的严重的大气污染事件。例如，伦敦早在手工业时期就曾发生过燃煤导致的大气污染事件，而在 1873 年、1880 年、1892 年先后又多次发生由燃煤引起的以 SO_2 和粉尘为主要污染物的烟雾中毒事件。最著名的是 1952 年 12 月爆发的“伦敦烟雾事件”，据统计，当时因这场大烟雾而死的人多达 4000 人。随着工业化的推进，现代工业迅速地发展，环境污染问题的范围更大、情况更加严重，二次污染物的健康危害逐渐引起了人们的关注。1940 年至 1960 年，美国洛杉矶市由于汽车尾气的排放发生“洛杉矶光化学烟雾事件”，受此次事件的影响，在 1955 年，因呼吸系统衰竭而死亡的 65 岁以上的老人达 400 多人；1970 年，约有 75% 以上的市民患上了红眼病。这是人们首次关注到二次污染所带来的健康危害。还有 1948 年 10 月 26—31 日美国“多诺拉烟雾事件”，全城 14000 人中有 6000 人出现眼痛、喉咙痛、头痛、胸闷、呕吐、腹泻等症状，其中 20 多人死亡。1961 年日本“四日市哮喘事件”中，工厂排放的含有 SO_2 等有毒有害物质的气体及金属微粒，附着在悬浮颗粒物上形成烟雾，到 1972 年为止，日本全国患“四日市哮喘病”的患者多达 6376 人。世界环境“八大公害事件”中有 5 件都属于大气污染，可见，大气污染的污染范围最广泛，污染程度也最严重。

2016 年，联合国环境规划署等机构发布报告显示，包括中国在内的全球许多国家或地区,空气污染仍然处于危险水平,世界 80% 以上的城市空气污染超标(中低收入国家空气污染水平最高),全球 1/7 的儿童暴露于高污染环境之中。空气污染已经成为威胁人类健康的主要因素,2012 年,欧洲有 50 万人由于户外空气质量低下而过早死亡,还有 10 万人由于室内空气质量不佳而死亡。2016 年,由于空气污染,导致全球 700 万人死亡,其中成人慢性阻塞性肺疾病、肺癌、中风以及心脏病导致的死亡分别占到了 43%、29%、25%、24%。在我国,大多数城市的研究报告以及实验研究显示 PM2.5、SO_2、NO_2和O_3等空气污染物浓度增加与心血管疾病、呼吸系统疾病以及总死亡率升高之间存在显著的统计学相关性[23]。

2.4.2.5 生物污染对人体健康的危害

生物污染是指对人和生物有害的各种生物,特别是微生物、寄生虫卵、细菌立克次体、病毒等病原体,随未经处理的生活污水、医院污水、工厂废水、垃圾和人畜粪便,以及大气中的漂浮物和气溶胶等排入环境,引起空气、土壤、水源、食品污染,造成寄生虫病和某些传染病的流行,威胁人类健康。

1. 大气生物污染

大气生物污染是影响空气质量的一个重要因素,主要包括:①大气微生物污染,指飘浮于大气中的各种微生物,主要包括对环境抵抗力较强的八迭球菌、细球菌、枯草芽孢杆菌以及各种霉菌和酵母菌的孢子等,直接造成大气污染。②大气应变污染,指能够引起人体变态反应的各种生物物质,主要的变态反应源有花粉、真菌孢子、尘螨、毛虫的毒毛等,可引起人的过敏反应。③生物尘埃污染,指各种绿化植物,如杨柳、杨树等含有细毛的种子、梧桐生有绒毛的叶片等,在种子成熟或秋季落叶时,造成的生物性尘埃对大气造成污染。这些大气生物污染因子可引起人类的各种疾病,如各种呼吸道传染病、哮喘、建筑物综合征等。

2. 土壤生物污染

病原体和有害生物种群从外界侵入土壤,大量繁衍,破坏土壤生态系统平衡,引起土壤质量下降,对人体健康或产生不良影响,即土壤生物污染。很多外源病原微生物(如大肠杆菌、沙门氏菌、脊髓灰质炎病毒等)随着未经处理的粪便、垃圾、城市生活污水、屠宰场和饲养场的污物等进入土壤,造成土壤生物污染,其中危险性最大的是传染病医院未经消毒处理的污水和污物。肠道致病性原虫和蠕虫类是现今分布最广的土壤生物污染物,全球大约有 50% 以上的人口受到一种或几种寄生性蠕虫的感染,热带地区尤其严重。欧洲和北美较温暖地区以及某些温带地区,人群受某些寄生虫感染,发病率也相对较高。近年来,因抗生素的滥用而导致抗生素抗性基因的环境扩散和积累也被归为生物污染,这已成为全世界关注的环境问题[24]。

3. 水体生物污染

水体生物污染物包括细菌、病毒和寄生虫。到目前为止，有关致病细菌和寄生虫的研究较多，且已有较好的灭活方法。但对致病病毒的研究尚不够充分，也没有公认的病毒灭活要求标准。由人类粪便排出的病毒达100种以上，它们经不同途径污染水源。通过常规的净化与消毒处理，大部分病毒可被杀灭，但在自来水厂的出水中仍可能有部分存活。饮用水发生生物性污染，对人类的健康危害主要是引起腹泻、伤寒、霍乱、甲型肝炎等肠道传染病的暴发流行。

4. 食品生物污染

食品生物污染指有害病毒、细菌、真菌以及寄生虫对食品的污染，是食品污染的一大类。食品生物污染源是含有微生物的土壤、水体和飘浮在空中的尘埃，以及人和动物胃肠道、鼻咽和皮肤的排泄物，经由人、鼠、昆虫、加工设备或运输设备等直接或间接污染食品。食品生物污染的本质其实就是一种生物现象，微生物在其适宜的生存条件下大量繁殖引起污染。对人的危害表现为：使食品腐败、变质、霉烂，破坏食品原有的营养价值；有害微生物在食品中繁殖时产生毒性代谢产物，如细菌外毒素和真菌毒素，人摄入后引起各种急性和慢性中毒；大量细菌被人摄入后在肠道内分解释放出内毒素，导致中毒；致病细菌被人摄入后，侵入人体组织而致病[25]。

众多灾害事件的发生引起人类对生态安全的关注，同时也催生了一系列环境保护法案的出台。1954年，英国“伦敦烟雾事件”发生后，伦敦即通过治理污染的特别法案。2007年，英国修订的《空气质量战略》新增对PM2.5可吸入颗粒物的监管要求，提出到2020年前，将空气中PM2.5的平均浓度控制在25 $\mu g/m^3$ 以下。解决全球生态安全问题，各国政府作为环境质量的“管理者”“守夜人”，必须对人类社会发展导致的生态环境质量恶化承担治理、管理和监督的法律责任，并履行维持整个生态平衡的义务。生态安全同国防安全、经济安全一样，是国家安全的重要组成部分，并且是非常基础的部分。维护国家安全，确保社会经济生活的正常、稳定进行，是每一个国家政府最基本的职能。

近年来，我国高度重视生态环境问题，坚持在发展中保护生态、建设生态，在建设、保护生态中促进发展，努力促进人与自然的和谐发展。早在2012年11月8日，党的十八大报告从新的历史起点出发，作出“大力推进生态文明建设”的战略决策，强调建设生态文明，是关系人民福祉、关乎民族未来的长远大计。面对资源约束趋紧、环境污染严重、生态系统退化的严峻形势，必须树立尊重自然、顺应自然、保护自然的生态文明理念。把生态文明建设放在突出地位，融入经济建设、政治建设、文化建设、社会建设各方面和全过程，努力建设美丽中国，实现中华民族永续发展。坚持节约资源和保护环境的基本国策，坚持节约优先、保护优先、自然恢复为主的方针，着力推进绿色发展、循环发展、低碳发展，形成节约资源和保护环境的空间格局、产业结构、生产方式、生活方式，从源头扭转生态环境恶化趋势，为人民创造良好生产生活环境，为全球生态安全做出贡献。

生态系统遵循着物质循环、能量守恒和转化、生物新陈代谢和遗传变异等自然规律。在这些规律的作用下，地球上多个生物群落和物理环境之间的物质和能量交流，按一定格局，顺畅而又平稳地进行着，达到具有可持续发展的生态系统。人类既是环境的产物，也是环境的塑造者，必须全面认识环境，遵循环境的发展变化规律，与自然生态和谐共处[8]。

（严江伟　杨丰隆）

参考文献

[1] 张智光. 生态文明和生态安全:人与自然共生演化理论 [M]. 北京: 中国环境出版集团,2019.

[2] 李明阳,菅利荣. 生物入侵对森林生态服务功能经济损失评价研究分析与展望[J]. 生态经济,2007(4):24 – 27,31.

[3] 田文坦,刘扬,王树彦,等. 内蒙古外来入侵物种及其对草原的影响[J]. 草业科学,2015,32(11):1781 – 1788.

[4] 蔡冬梅,周青. 生物入侵对农业生态系统的影响及防治对策[J]. 生物学教学,2006(5):10 – 12.

[5] 刘峰. 黄河三角洲湿地水生态系统污染、退化与湿地修复的初步研究[D]. 青岛:中国海洋大学,2015.

[6] 鞠瑞亭. 生物入侵与城市生态安全[J]. 世界科学,2014(10):42 – 44.

[7] 李忠友. 生态安全问题分析及对策 [J]. 长春师范学院学报(人文社会科学版),2008,27(2):4 – 7.

[8] 王建平. 生态安全义务履行与人的致灾性法律控制 [M]. 北京:法律出版社,2018.

[9] 张秀清. 略论人类与自然环境的辩证关系[J]. 工业技术经济,1993(5):10 – 12.

[10] 杨志峰,刘静玲. 环境科学概论[M]. 2 版. 北京:高等教育出版社,2010.

[11] 何强. 环境学导论[M]. 3 版. 北京:清华大学出版社,2004.

[12] 林肇信. 环境保护概论(修订版)[M]. 北京:高等教育出版社,1999.

[13] 郝芳华. 人类与环境[M]. 北京:北京师范大学音像出版社,2000.

[14] 张振祥,陈艳霞,张姗姗. 我国优先保护物种与生物多样性保护关系浅析[J]. 四川林业科技,2020,41(6):147 – 154.

[15] 高瑞. 大气颗粒物及其气溶胶组分促肺癌作用机制研究[D]. 太原:山西大学,2020.

[16] 祝可成. 光老化微塑料中环境持久性自由基和活性氧(氮)的形成机制及其潜在毒性[D]. 西安:西北农林科技大学,2021.

[17] 谢永宏. 外来入侵种凤眼莲(Eichhornia crassipes)的营养生态学研究[D]. 武汉:武汉大学,2003.
[18] 王静,黄正文,王寻. 全球环境变化与生物入侵[J]. 成都大学学报(自然科学版),2012,31(1):29-34.
[19] 解焱. 生物入侵与中国生态安全[M]. 石家庄:河北科学技术出版社,2007.
[20] 刘伟,杨震,晏娟. 生物入侵的危害与防治措施[J]. 安徽农业科学,2015,43(26):104-107.
[21] 温源远,李宏涛,杜譞,等. 2016 年全球环境发展动态及启示[J]. 环境保护,2017,14(27):62-65.
[22] 李永胜. 水污染防治中公众参与问题研究[D]. 长春:吉林大学,2014.
[23] 姬晓彤. PM2.5 吸入暴露诱导肺损伤及其分子机制[D]. 太原:山西大学,2019.
[24] 陈保冬,赵方杰,张莘,等. 土壤生物与土壤污染研究前沿与展望[J]. 生态学报,2015,35(20):6604-6613.
[25] 路光仲. 食品生物污染[J]. 湖北预防医学杂志,1990,1(1):15-16.

第 3 章
入侵生物学概论

随着全球经济一体化进程的加快及我国“一带一路”倡议的实施,全球贸易往来在促进经济快速发展的同时,也必将加速外来入侵物种传播与扩散的风险。目前,生物入侵已成为全球共同关注和迫切需要解决的热点问题之一,是危害国家生物安全、生态安全、经济发展的一个十分重大的科学问题,得到了政府的高度重视和公众的广泛关注。入侵物种的肆意扩张蔓延不仅危害农林渔牧业,带来严重的经济损失,而且破坏原有的生态平衡,降低生物多样性,甚至危害人类的健康和安全。对于已经成功入侵的物种,政府部门虽然付出很多人力物力去进行控制,但往往收效甚微。随着社会经济的发展和全球化的不断深入,传统入侵途径仍然存在,新的入侵途径又不断产生,全球外来生物入侵呈现出数量不断增加、种类更加多样、频率不断加快、范围持续扩大、危害明显加重的趋势[24,30]。因此,入侵生物学不仅要研究入侵机制和防控技术防止物种扩散蔓延,更要从源头上避免外来物种的入侵和定殖。

3.1 生物入侵对经济、生态和社会的影响

我国是全球遭受生物入侵最严重的国家之一,因为我国地域辽阔,南北跨越近 50 个纬度、六大温度带,自然环境、生态系统多样,加之经济全球化、一体化的趋势不断增强,使得我国更容易遭受外来物种的侵害。根据我国生态环境部 2021 年 5 月 26 日发布的《2020 中国生态环境状况公报》显示:我国已发现 660 多种外来入侵物种;71 种对自然生态系统已造成或具有潜在威胁并被列入《中国外来入侵物种名单》;69 个国家级自然保护区外来物种调查结果显示,219 种外来入侵物种已入侵国家级自然保护区,其中 48 种

外来入侵物种被列入《中国外来入侵物种名单》。此外,资料统计结果显示:入侵我国农林生态系统的外来生物中,发生面积较大、危害严重的达 100 多种;世界自然保护联盟的委员会之一物种存续委员会成立了专门的入侵物种专家组,并于 2001 年公布了全球 100 种最具威胁的入侵种名单。在全球 100 种最具威胁的外来种中,入侵我国的有 51 种[5,9]。

外来物种在大多数情况下通过人类活动、运输和贸易而改变原有的生物分布区,经过当地环境的驯化,繁殖多个世代后适应能力不断增强,往往会改变原有生态系统的结构与功能,最终完成种群暴发。其危害主要分为 3 类:一是直接或间接造成经济损失,影响当地经济发展及对外经济贸易;二是通过破坏当地生态平衡、降低生物多样性对原有的生态环境造成负面影响;三是直接或间接地危害人类健康及社会安定。

3.1.1 经济影响

据统计,仅外来害虫每年对我国农林业造成的经济损失就可达 1198.76 亿人民币,如外来入侵害虫烟粉虱直接危害作物外,还传播多种植物病毒。据不完全统计,烟粉虱传播的番茄黄化曲叶病毒在我国的发生面积超过 667 km^2,造成的经济损失达 20 亿美元[10]。除了直接经济损失,对社会、生态、环境、资源造成的间接损失更难以估计。为了防止外来物种入侵,国家每年要投入大量人力、物力进行检疫防控;对于已入侵的生物,用于控制其蔓延的费用就是巨大的,想要彻底根除入侵物种更是非常困难。

2020 年 6 月 28 日,云南省普洱市江城哈尼族彝族自治县发生严重入侵黄脊竹蝗灾害。截至 2020 年 7 月 17 日,全县累计受灾面积就已接近 77 km^2,主要危害竹子、芭蕉、粽叶芦和少量的玉米。受灾期间,该县共投入防控工作经费 245 万元人民币,植保无人机累计开展飞防作业 1050 架次,参与防治防控人员累计 2 万余人次,最终才有效控制了蝗虫灾害。

在国际贸易中,国与国之间常常利用外来生物作为贸易制裁的重要借口或手段。桔小实蝇原产于亚洲热带和亚热带地区,是多种热带、亚热带果蔬的主要害虫。该虫将卵产于水果、蔬菜的果皮内,幼虫孵化后取食危害果实内部,引起果实腐烂、落果等,造成经济损失,又因其卵和幼虫可随果实转移,对进出口经济贸易也有一定的影响。美国就曾以我国发生桔小实蝇为由,禁止我国鸭梨出口美国;日本曾以水稻疫情为由。禁止我国北方稻草及稻草制品出口日本;菲律宾也曾以发生苹果蠹蛾为由,禁止我国水果出口菲律宾。

3.1.2 生态影响

外来入侵物种会直接或间接地对生态系统的结构和功能产生严重的干扰和危害,威胁被入侵地的生物多样性,造成物种的灭绝,甚至导致生态系统的退化、生态系统功能被破坏。澳大利亚昆士兰大学濒危物种恢复中心的研究显示,澳大利亚生物多样性面临的最大威胁是入侵物种和栖息地丧失。澳大利亚拥有独特而丰富的生物多样性,但自从欧洲定居者到来以后,澳大利亚已记录到 90 次物种灭绝。

20 世纪 40 年代,紫茎泽兰传入我国。紫茎泽兰温度适应范围广,入侵能力极强,目前在我国扩散总面积已达 40 万 km^2[11]。紫茎泽兰入侵到新的生境后会与本地植物争夺营养和生存空间,通过分泌化感物质抑制邻近植物的种子萌发和幼苗生长,可在短时间内竞争、占据本地物种生态位,形成单一优势种群,严重破坏当地原有的群落结构,并导致生物多样性降低。另一方面,紫茎泽兰在新的生境可能与本土植物产生基因交流,发生基因突变或漂变,造成严重的生物污染[26]。紫茎泽兰含有泽兰苦内脂和香豆精等多种有毒物质,家畜误食会导致腹泻、痉挛甚至死亡,铺垫在牛羊圈中会导致牛羊烂蹄,牲畜吸入其花粉或种子还会导致哮喘、支气管肺炎、肺部水肿等疾病。紫茎泽兰入侵导致四川省凉山州畜牧业的经济损失已超过 2000 万元。薇甘菊兼有有性和无性两种繁殖方式,在攀爬乔木或灌木后能迅速形成整株覆盖之势,并分泌化感物质抑制其他植物生长,导致其他植物竞争不到阳光窒息而死。松材线虫病又被称为松树的“癌症”,严重破坏生态景观。松材线虫通过松墨天牛等媒介昆虫传播到松树上,引起发病。被松材线虫侵染的松树,针叶黄褐色或红褐色、萎蔫下垂,树脂分泌减少,小枝枯死,病树整株干枯死亡。

3.1.3 社会影响

原产于北美洲的豚草不仅通过遮盖和压抑作物影响其产量,它的花粉还可导致人体过敏、哮喘、过敏性皮炎等症状。在豚草发生区,过敏体质者在豚草开花季节便会出现眼鼻奇痒、哮喘、打喷嚏、呼吸困难等症状,严重过敏者甚至死亡。草地贪夜蛾原产于美洲热带和亚热带地区,是一种多食性的重大迁飞性害虫,该虫寄主范围广,迁飞能力强,借助气流一夜可迁飞 1000 km,繁殖能力强,防治难度大,目前已扩散到全国 26 省,对我国玉米等作物的生产安全构成严重威胁[8]。据不完全统计,每年约 61 万人次被红火蚁叮蜇。红火蚁攻击性强、叮蜇毒性大,人被其叮蜇后引起局部瘙痒、烧灼样疼痛、水泡,甚至会留下难以抹去的疤痕,过敏体质者可引起全身过敏反应,如瘙痒、红斑、头痛、淋巴红肿大等甚至发生休克,严重者则会死亡,被世界自然保护联盟列为最具破坏力的 100 种入侵生物。红火蚁不仅攻击人类,动物、植物甚至电子线路也会遭到红火蚁的攻击。在中国,目前已知有 22 种鸟类、1 种两栖动物和 18 种蜥蜴受到其扩散的影响;一些植物幼芽、果实、根、种子也是红火蚁的食物,影响当地的自然生态平衡;红火蚁还会攻击电缆信箱、变电箱等电气设备,造成电线短路或设施故障,甚至引发小型火灾。

3.2 入侵生物学的基本概念

入侵生物学(invasion biology)是研究外来种的入侵性、生态系统的可入侵性和外来物种的预防与控制的学科，是一门多领域交叉的学科。从达尔文在《物种起源》中提到了生物转移和传入现象到《动植物入侵生态学》的问世，从生物入侵的专业性学术杂志《多样性与分布》(*Diversity and Distributions*)和《生物入侵力》(*Biological Invasions*)的相继创刊到如今入侵生物学的快速发展，越来越多的术语和概念出现在入侵生物学这一自然学科中。由于语言、地域、文化及研究对象的差异，入侵生物学的专业术语与概念比其他自然学科都更为复杂，同一术语不同概念、同一概念多种术语相互混淆的情况常常出现，这对入侵生物学的发展产生了一定的影响。我国入侵生物学的相关研究起步较晚，许多相关术语及概念主要翻译自国外的相关文献和著作，部分术语及概念产生了重复、混淆和模糊等问题[6]。因此，本部分将结合汉语特点和使用习惯，详细列举入侵生物学的诸多相关术语和概念。

3.2.1 关于物种性质的定义

3.2.1.1 入侵的、入侵性、入侵

入侵的(invasive)用来形容对本地的经济、生态、社会产生负面影响的外来种。入侵性(invasiveness)指外来种的入侵特性，如扩散能力、繁殖能力、竞争能力等。入侵则包含一个外来种传入、定殖、潜伏、扩散和暴发的全过程，它不仅是外来种入侵性的体现，还暗含了“入侵的”这一名词中的消极影响。

3.2.1.2 本地种、外来种与入侵种

本地种(native species)，有时又被称为“土著种”“原生种”。根据世界自然保护联盟的定义，本地种是指“出现在其自然分布范围及扩散潜力以内的物种”，其自然分布范围及扩散潜力可以是过去的也可以是现在的，重点强调的是没有人类直接或间接的引入和干扰。一种生物无论通过何种方式或途径，进入到其非自然发生的地域，并且在那里定殖、生长、繁殖、建立种群，这种生物即可称为“外来物种”(alien species)，简称“外来种”。对于外来物种的定义，目前《生物多样性公约》、世界自然保护联盟、联合国环境规划署世界保护监测中心等相关国际组织都从各自的角度出发给出了不同的定义，一般认为“外来种”一词是与本地种或土著种相对而言的，有时也指那些出现在其过去或现在的自然分布范围及扩散力以外的物种、亚种或以下的分类单元，包括所有可能存活、继而繁殖的部分、配子或繁殖体，对于特定的生态系统与栖境来说，任何非本地的物种都可被称为外来物种。

外来种根据对人类的社会影响又被分为两种不同的类型：一种是对人类有益的外来种，如玉米、花生、马铃薯等，目前是我国重要的经济作物；一种是有害外来种，如紫茎泽兰、红火蚁等，对当地生态环境生物多样性、人类健康和经济发展造成或可能造成危害，这类外来种又称为“外来入侵种”(alien invasive species)，简称为“入侵种”(invasive species)。外来入侵种通常具有以下几个特征：①通过人类活动逾越了自然隔离屏障而进入

新的区域;②能在入侵地的生态环境中定殖,建立种群并维持了种群的繁殖和扩散;③对入侵地的生态环境和景观生态造成明显的影响,降低入侵地的物种多样性。总之,一个外来入侵物种一定是一个外来物种,但一个外来物种却不一定是外来入侵物种。外来物种与外来入侵物种的区别主要表现在三个方面:一是定殖性,二是扩散性,三是危害性。入侵种往往具有极强的生态适应能力、繁殖能力和传播能力,因而能在入侵地的生态系统中占据优势。当一个地方的生态环境具有如下特点时更容易被外来种入侵:①适宜的资源条件(如温度、水、土壤、生物等);②缺乏自然控制因素(如天敌、竞争者);③频繁的人类活动(如港口、口岸、道路两侧等)。根据形成入侵的生物种类不同,入侵种又可分为入侵植物、入侵动物、入侵微生物等。

需要说明的是,给这些术语下一个完整的生态学定义是十分困难的。一方面,自然群落是动态变化的,实际上很难划分出一个群落确定的原产地范围;另一方面,某一生物体的分布是否完全独立于人类的活动是很难确定的。因此,入侵生物学更多的是关注近期发生的、涉及人类各方面利益的、会对生态环境带来较大影响的生物。

3.2.1.3 外来入侵种、外来入侵生物、外来有害生物

与外来入侵种意义接近的术语有外来入侵生物和外来有害生物。从释义和管理的角度讲,三个术语的含义是一致的;从分类学的角度来看,“生物”包含的范围更广,包括“种”及其以下的分类单元,而“物种”仅限于“种”的分类单元;从中文表述的角度看,“外来入侵生物”多用于泛指一类对象或“种”以下的分类单元,“外来入侵种”多用于描述具体的物种,“外来有害生物”则更侧重于非专业人士的表述。

3.2.1.4 潜在入侵物种

随着人们对生物入侵的不断重视,潜在入侵物种的概念也随之产生,这主要是由于人们对生物入侵的管理逐渐偏向于对外来物种的防范。潜在入侵物种指“目前尚未传入、但具有传入并造成负面影响的可能的物种”,通常是经过风险评估确定的。“潜在入侵物种”这一概念的出现体现了“预防为主”的植保理念。

3.2.1.5 野生的、未驯化的、逃逸的

“野生的”“未驯化的”“逃逸的”都是形容正生活在野外的物种,其主要区别在于驯化程度。“野生种”(wild species)是指野外从未被驯化的物种,“未驯化种”(feral species)指在驯化过程中逃逸或被释放并正生活在野外的物种,“逃逸种”(escaped species)指在野外发现的已被驯化的物种[18]。

3.2.2 关于入侵过程的定义

3.2.2.1 生物入侵

生物入侵(biological invasion)是指外来种扩展到自然分布区以外新的地区,其后代

在新的地区可以繁殖、扩散和维持下去,并已经或即将造成生态破坏的过程或现象,又称为“外来生物入侵”[17]。成功的入侵一般需要经历种群传入、定殖、潜伏、传播扩散和扩张、暴发几个阶段。

3.2.2.2 传入、引入与迁入

非本地种的传播过程在入侵生物学中是一个核心的科学问题,因此描述这一概念的术语国际上采用的就有20个,其中有17个使用了“传入”(introduction)[18]。就汉语语义上讲,“传入”是一个过程,既包含人类介导的过程,也包括物种本身的自我扩散与迁入过程;而“引入”是一种人类的主观行为,描述非本地种在人类介导下的传播过程,其同义词是“引进”;“引入种”[19]则是“非本地种”的同义词;“迁入”只表示其本身的迁移能力。因此,“传入”可包含“迁入”与“引入”两层意思,是生物入侵过程中的第一阶段。

3.2.2.3 定殖的、建群的、归化的、驯化的

定殖的(colonized)、建群的(established)、归化的(naturalized)、驯化的(domesticated)都可以描述已经建立了能够自我维持种群的物种,但互相之间有所差别。“定殖的”和“建群的”既可用于本地种又可用于非本地种,只要种群在自然界是能够自我维持,但两者具有时间上的逻辑关系,因为通常一个物种只有先“定殖”,然后才能“建群”。而“归化的”必然涉及一个自然转移的、非人为介导的过程,因为归化是外来种定居与进化过程的自然结果,归化对生态系统的影响是不确定的,并不一定导致入侵[23]。“驯化的”则包含两层含义:将本土野生物种培育为可控的家养物种,或者将非本地种培育为能够适应本地生产条件的品种[1,4]。驯化一定是人为介导的过程,其结果往往也是可知的,即符合人类的利益需要。同时,从物种本身的角度,“归化的”应该理解成物种通过显示和发展其自身在野外或原产地中就已具备的潜在可控性状来对新环境进行自动适应,“驯化的”则是指人类对物种性状进行主动改造的过程,并有可能使物种产生适应于新环境的新性状。因此,“定殖”是描述外来种在传入后,初始种群适应新环境中的非生物因素条件,并开始自我繁衍与建立种群的过程,也可以简单地理解为能够定居下来并开始维持种群自我繁殖过程,是生物入侵过程中的第二阶段。

3.2.2.4 潜伏期

外来种在传入与定殖后,需要适应新环境中各种生物与非生物因素,并开始进行适应性调整,特别是要做突破遗传瓶颈或者奠基者效应的准备。一方面种群为适应新的非生物因素的环境,在生态、生理、行为等方面进行种群内的调整与分化,在繁殖行为、生长与生殖的能量分配策略、扩散与传播、行为策略等方面发生改变;另一方面,在新环境中与其他物种在相互制约、竞争、依存等方面要建立新关系,确保种群连续繁衍。调整需要一个时间过程,在这一阶段,种群增长量不大,种群数量一般较低,处于一个“潜伏”状态。

有文献把入侵种从传入到定殖所经历的时间称为“停滞期”(lag phase),把定殖到扩散所需要的时间称为“居住时间”(residence time),也有的文献把居住时间又称为“停滞期”。这里的两个概念在时间过程上都较含混,入侵过程中的阶段划分,大多是基于外来种种群的构建与形成过程的特征与当地群落不断变化的生物与非生物因素共同作用而导致的一个动态结果。因此入侵过程中的各个阶段常常出现重叠和交叉,难于准确使用停滞期和居住时间的概念。同时,实践中许多入侵种从传入到定殖经历的时间常常是很短的,而无论是科学研究还是预警防控,更关心入侵种从定殖到扩散所需要的时间。因此,在这种情况下,建议采用“潜伏期”(latent period)来描述从定殖到扩散之间所经历的时间过程,此为生物入侵过程中的第三阶段。

3.2.2.5 传播、扩散和扩张

外来种经过潜伏期的适应性调整后,在适宜的条件下即有可能向其他地区“传播”,该术语根据侧重点的不同在英文中有不同用法。当强调繁殖体的传播时采用“propagation”,强调个体或种群传播时采用“transmission”,而汉语用法上并不含有对外来种的特殊描述,只要其可以主动或被动地在不同区域进行迁移,就称作“传播”。“扩散”(dispersion)是在“传播”的基础上,强调外来种分布范围的扩大。而“扩张”(spread)主要强调外来种“传播”和“扩散”的后果,它带有一定的主观色彩,即对生态系统或人类社会造成了危害。因此“传播”和“扩散”强调过程,而“扩张”强调结果,三者共同形成了生物入侵过程中的第四阶段。

3.2.2.6 暴发

“暴发”(outbreak)是“扩张”的延续,如果一个外来种经过大面积扩散后种群大量繁衍,对我国的生态安全、经济生产和社会安定带来消极影响,就称之为“暴发”。如同“有害生物”(pest)和“杂草”(weed)一样,“暴发”也是从人类角度出发的主观性术语。之所以选择“暴发”而不是“爆发”,是因为后者仅是一个生态概念,指外来种种群数量和分布范围的激增,而前者不仅包含了生态进程,还强调了经济和社会后果。因此“暴发”包含了国际上常用的一些概念,如“影响”(impact)、“危险”(danger)、“威胁”(threat)、“危害”(hazard)、“损失”(damage)等,来描述生物入侵过程中的最终阶段。

3.2.2.7 十分之一法则

一个成功的入侵种其种群必须经历扩散及暴发,形成高密度和大尺度的分布,才能造成显著的经济和生态损失。研究者将生物入侵的过程分为三次转移,第一次是从进口到引入,称为逃逸;第二次转移是从引入到在入侵地建立种群,称为建群;第三次转移,是从建群到成为具有重要经济及生态危害的入侵种。并且,每次转移的概率是10%左右,称为“十分之一法则”[31]。生物入侵的发生虽然非常普遍,但是对数量众多的物种引入而言,生物入侵的发生是小概率事件。这种认识对我们正确认识生物入侵,及对生物入

侵进行预测、预防和管理具有重要的意义。

3.2.3 入侵相关假说的定义

由于生物本身的差异，对于各种不同的生物类群，导致其成功入侵的原因各不相同，很难总结出普遍适用的规则。成功的生物入侵不仅与入侵种本身的特点有关，还与被入侵生态系统的特征有关。不同地域不同类型的生态系统对外来种的反应也是不同的。人们提出了许多理论试图解释两者之间的关系。

3.2.3.1 天敌逃逸假说

天敌逃逸假说(enemy release hypothesis)的影响比较大。该假说认为：当一个外来植物被引入新的区域后，天敌的压力会减少，因而会导致它在数量和增长空间上的扩张。这一理论得到了较多的支持，而且同样适用于动物入侵。但是，入侵种也会面临新的天敌。尤其是当它广泛地扩张并与更多的本地种密切作用时。有些植食性昆虫甚至更喜欢取食入侵植物。虽然该假说可以解释一些入侵种的成功，但是也可能有其他的机制在生物入侵中发挥了重要作用。

3.2.3.2 多样性阻抗假说

多样性阻抗假说(diversity resistance hypothesis)认为，结构简单的群落更容易被入侵，因为结构简单的群落其所达成的平衡更容易被打破。例如，农田是人为简化的群落，因此容易发生入侵。但是，本地群落并不总是阻碍外来种的入侵，本地种对外来种入侵的促进作用也很常见。促进入侵的本地种在生物多样性高的地区数量更多，而这些地区特别容易受到入侵。

3.2.3.3 空生态位假说

空生态位假说(empty niche hypothesis)认为，物种成功入侵一个群落的关键在于它占据了一个空生态位。如果空生态位不存在，则入侵很难发生。但是，由于生态位这一概念本身的不确定性，这一理论在初始的探讨描述中似乎是有用的，但是用来解释具体的问题就很困难。

3.2.3.4 资源机遇假说

资源机遇假说(resource opportunity hypothesis)认为可利用的资源的波动是决定入侵能否成功的关键。一个群落可利用的资源增加时，它就变得易于入侵。因为入侵种必须获得生存必需的资源，如光、营养和水。当外来种与本地种不存在强烈的资源竞争时，它成功入侵的概率就增加。

3.2.3.5 干扰假说

干扰假说(disturbance before or upon immigration hypothesis)认为人类直接或间接活动导致的对环境突然、剧烈的干扰而促进了入侵。异常的干扰，如火，在一些生物的入侵中起到了重要的作用。但是,没有人为的剧烈干扰,生物入侵同样会发生。增加干扰可能增加生物入侵的发生,但是也有减少干扰增加生物入侵的例子。

3.2.3.6 生态位机遇假说

生态位机遇假说(niche opportunity hypothesis)是在总结前面几个假说的基础上提出的。该假说认为,资源、天敌和物理环境共同决定了一个入侵种的种群增长。这三个因素随时间和空间而变化,入侵种对这些因素的时空变化的反应能力,决定了它的入侵能力。

3.2.4 生态抵御的定义

生物入侵的过程非常复杂,仅从某一个环节去解释或预测整个过程的结局往往有失偏颇。生物入侵的过程中生物因素和非生物因素都起到了重要的作用,而生物因素的影响可能更为重要,因为生物入侵对群落的入侵直接与本地物种产生相互作用。

生物抵御(biotic resistance)描述的是本地群落里的物种具有减少外来入侵成功的能力。很多研究一直致力于探索成功入侵者的特征和对入侵具有敏感性的群落类型。事实上,最早对入侵成功的解释之一便是本地群落间在阻止入侵的能力上有差异,因而具有不同水平的生物抵御[17]。生物抵御作为物种入侵的屏障,其发挥作用最大的阶段必须在入侵种的建群时期。然而,生物互作难以完全阻止建群,对于已形成扩散和危害的物种,研究其如何克服生物抵御的潜在机制是理解入侵成功的更深层次探索。事实上,一些入侵生态学假说尽管各自阐明一套生态学机制,它们都在一定程度上依赖于本地群落是否能够抵御生物入侵(即生物抵御的强度),下面给予简单介绍。

3.2.4.1 增加的易感性假说

增加的易感性假说(increased susceptibility)认为由于遗传瓶颈和低遗传多样性以及入侵者对本地天敌缺乏特异性的抗性,入侵物种无法适应新入侵地的天敌,导致易感性增加。

3.2.4.2 新关联假说

新关联假说(new association)认为入侵种与本地群落中的物种形成新的生物互作,有的情况下新建立的偏利共生和互利共生能够促进入侵。比如,入侵种从广谱性的土壤生物群获利,也有的情况下入侵者因没有合适的防御机制,使得本地天敌阻止入侵进程。

3.2.4.3 有限相似性假说

有限相似性假说(limiting similarity)认为成功的入侵者在系统发育、特征或功能组别上与本地群落中的物种有显著不同,因而遭遇到最低程度的竞争,能够填补空生态位(与空生态位假说类似)。

3.2.4.4 生物间接互作效应假说

生物间接互作效应假说(biotic indirect effects)包含一系列机制,通过间接群落互作促进物种入侵,即"A"如何改变"B"对"C"的影响。"敌人之敌人"或者"局部病原物假说"属于此范畴。本地群落中的天敌对本地物种具有更强的效应,从而产生似然竞争,如入侵者在入侵地积聚广谱性的病原物,这些病原物会限制入侵者的丰度,但对本地竞争者的限制更加强烈。其他假说如"天敌逃逸假说""多样性阻抗假说"和"干扰假说"等也都和本地群落的生物抵御能力有很大的联系,

过去30年入侵生物学的快速成长衍生了大量冗余的术语和概念,如果不对这些术语和概念进行融合和界定,将造成入侵生物学学科构建和发展的瓶颈。然而,要在多变的生态过程和复杂的语言环境中去准确使用定义并不容易,因为有时我们确实无法了解描述对象所代表的真实生态过程或性质。以中文为例,描述一个物种是"迁入"还是"引入"往往就比较困难,因为可能没有确凿的资料显示人类行为是否在这个传入过程中起作用。另外,为了语言流畅或避免重复,用词选择就需要额外的考虑,如多数情况下"入侵种"与"入侵物种"几乎没有区别,个别情况则需要参考上下文,如果对应语段出现的是"本地种",则使用"入侵种"就可能更好一些,反之亦然。这个例子说明了,从事生物入侵研究的学者对写作用词的审慎要求,以及保持严谨和系统的用词习惯将大大有利于入侵生物学研究的相互交流和理解。由于不同研究者对国外著作的理解、个人习惯、思考角度往往不同,因此要在中文体系中对某些术语或概念进行统一界定并取得共识是十分困难的,这可能需要更为积极和严谨的态度去探讨和协商。本章选取了入侵生物学中一些出现频率较高、较易混淆的术语和概念进行了初步的分析和界定,但仍有许多使用模糊的定义没有涉及。因此,对重要概念的进一步探讨以及对更多术语的融合和界定,都有待于生物入侵研究者的共同努力来完成,这对于生物入侵学学科体系特别是理论框架的构建,将具有重要意义。

3.3 入侵生物学的研究历史与现状

入侵生物学研究发展历史如图3.1所示。

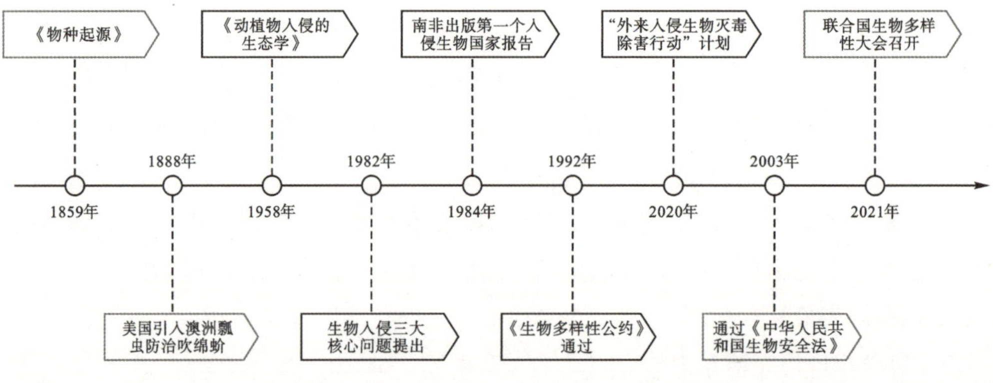

图3.1 入侵生物学发展史简图

3.3.1 萌芽期

早在19世纪,达尔文就在《物种起源》中提到了生物转移和传入现象。1888年,澳洲瓢虫自澳洲引入美国加利福尼亚用于防治吹绵蚧,拯救了美国濒临崩溃的柑橘业,人们自此开始引进天敌控制外来有害生物。1958年,英国生态学家查尔斯·埃尔顿(Charles Elton)在其著作《动植物入侵的生态学》(*The Ecology of Invasion by Animals and plants*)中介绍了生物入侵的一些术语和概念,提出多个生物入侵的理论和假说,并总结了研究生物入侵的基本手段和思路。该作者被视为入侵生物学研究的开端,其作者查尔斯·埃尔顿也被誉为入侵生物学的奠基人。1964年,美国加利福尼亚州召开了一个关于非本地种进化问题的研讨会。同年,《外来动物:进口野生动物的故事》(*The Alien Animals:The Story of Imported Wildlife*)出版,该书由美国自然历史博物馆出版,从学术和科普两方面系统地介绍了全球20个生物入侵案例,如澳大利亚的野兔、非洲大蜗牛、褐鳟等。20世纪70年代,许多生态学家在杂志《生态进化与系统学年评》(*Annual Review of Ecology Erolution and Systematics*)、《生态学》(*Oecologia*)等发表了生物入侵相关论文。但在20世纪80年代之前,生物入侵的学术概念和相关研究都只是保护生态学的拓展,尚未得到普遍关注,也没有成为独立学科。

3.3.2 成长期

20世纪80年代,入侵生物学的相关研究开始得到重视。科学家开始重视外来入侵植物的生态学效应,尤其是外来物种对本地物种的影响。很多关于入侵生物学的科学问题逐渐被提出,如1982年,国际环境问题科学委员会提出并建议重视研究生物入侵的三大核心问题:①什么因素能够决定一个物种成为外来入侵种;②什么样的特征决定一个生态系统能够被入侵;③如何将外来种的入侵性和生态系统的可入侵性研究结果应用于管理中。相关专著关于生物入侵的阐述和研究开始备受重视并被大量引用,南非于1984年出版了第一个关于外来入侵生物的国家报告,北美也出版了多本论文集。这个时期初步奠定了入侵生物学的理论和研究框架。

3.3.3 快速发展期

20世纪90年代以来,随着国家间的贸易往来越来越密切,外来种的数量和种类呈现出全球性的增长,造成严重的社会、生态和经济损失。如今,生物入侵已成为热门的研究领域,国际相关研究机构及各国政府都非常重视,纷纷加强对生物入侵的研究与管理。在各国政府和广大研究人员的不断努力下,研究方法、研究理论、研究成果层出不穷,人民群众对入侵生物的认识也日益提高。入侵生物学正进入快速发展期,主要体现在以下几个方面。

3.3.3.1 行政立法与管理措施不断加强

随着国际贸易的不断增加和全球经济一体化的飞速发展，生物入侵的防控与管理已成为一项重要的国际事务。由于各国之间的交流与合作不断加深，一个国家是无法控制所有可能传入的入侵生物。这就要求：一方面，国家内入侵生物的相关行政立法与管理措施需要不断加强，以便积极应对各类情况的发生；另一方面，多个国家或地区保持合作才能更好地管理生物入侵，这包括对外来入侵物种的立法、教育、科普和预防措施等各个方面的协作。例如《生物多样性公约》第8(h)条中，明确规定成员国“必须对那些威胁生态系统、栖息地或物种的外来种要进行预防引入、控制或根除”。目前已有50多个国际公约、协会和指导准则对外来危险生物的相关事宜进行规定。其中《生物多样性公约》是关于生物入侵管理最早、最主要、最全面直接的国际公约，除此之外还有《国际植物保护公约》、世界动物卫生组织。

为了应对生物入侵带来的危害与损失，许多国家或地区针对生物入侵管理制定了相应的法律法规，并采取一系列措施如组建国家入侵物种委员会、设立应对生物入侵事件的基金、制定预警名录等。例如，1999年8月新西兰公布了《生物安全策略草案》，2000年初出台了《生物多样性策略》，2003年8月出台《新西兰生物安全策略》。日本于2004年6月2日颁布了《外来入侵物种法》，责成主管大臣与中央环境委员会商讨之后制定了《预防外来入侵生物对生态系统造成不利影响的基本政策》(后称《基本政策》)并提交内阁审议，于2004年10月15日通过内阁决议，该法案于2005年6月1日起生效。

我国农业部作为牵头部门于2003年启动了“外来入侵生物灭毒除害行动”计划，2004年成立了外来物种管理办公室，2005年制定了《农业重大有害生物及外来生物入侵突发事件应急预案》，以应对生物入侵对我国生态与社会安全的威胁。2020年10月17日第十三届全国人民代表大会常务委员会第二十二次会议通过了《中华人民共和国生物安全法》，并于2021年4月15日起施行。《中华人民共和国生物安全法》是生物安全领域的一部基础性、综合性、系统性、统领性法律，它的颁布和实施起到一个里程碑的作用，标志着我国生物安全进入依法治理的新阶段。2021年1月，经国务院同意，中华人民共和国农业农村部同自然资源部、生态环境部、海关总署、国家林草局印发了《进一步加强外来物种入侵防控工作方案》，全面加强外来物种入侵防控工作。成立了10部门组成的外来入侵物种防控部际协调机制，明确部门职责，协同推进防控工作。同时，印发了外来入侵物种普查总体方案，力求摸清外来入侵物种发生情况。并牵头研究制定外来入侵物种名录，协同推进普查工作，尽快发布外来入侵物种名录。

知识扩展

资料:《生物多样性公约》简介

《生物多样性公约》(Convention on Biological Diversity,CBD)是一项保护地球生物资源的国际性公约,于1992年6月1日由联合国环境规划署发起的政府间谈判委员会第七次会议在内罗毕通过,1992年6月5日,由签约国在巴西里约热内卢举行的联合国环境与发展大会上签署。此公约于1993年12月29日正式生效。常设秘书处设在加拿大的蒙特利尔。联合国《生物多样性公约》缔约国大会是全球履行该公约的最高决策机构,一切有关履行《生物多样性公约》的重大决定都要经过缔约国大会的通过。我国于1992年6月11日签署该公约,1992年11月7日批准,1993年1月5日交存加入书。该公约是一项有法律约束力的公约,旨在保护濒临灭绝的植物和动物,最大限度地保护地球上的多种多样的生物资源,以造福于当代和子孙后代。公约规定,发达国家将以赠送或转让的方式向发展中国家提供新的补充资金以补偿它们为保护生物资源而日益增加的费用,应以更实惠的方式向发展中国家转让技术,从而为保护世界上的生物资源提供便利;签约国应为本国境内的植物和野生动物编目造册,制订计划保护濒危的动植物;建立金融机构以帮助发展中国家实施清点和保护动植物的计划;使用另一个国家自然资源的国家要与对方分享研究成果、盈利和技术。缔约方大会(COP)是CBD的最高组织机构,通过定期召开会议作出决议并促进公约的执行。1998年,COP将外来入侵问题归入了交叉领域问题,并指出对于在地理上和进化上处于孤立的生态系统要特别注意入侵物种所带来的问题。2021年10月11日至15日和2022年4月25日至5月8日,生物多样性公约缔约方大会第十五届会议在我国昆明举行。

3.3.3.2 基础设施与科研平台日益巩固

随着生物入侵研究的开展,许多国家相继成立生物安全研究中心或研究所,这些研究机构科研基础设施完善,在高标准的预警与风险分析、检测与监测、检疫隔离与快速反应、控制与管理、生态修复等方面都建立了较为系统的科研体系。例如,美国国家农业生物安全中心由多个高级别、规模化的大型生物安全实验室组合而成,包括可用于研究恐怖农业生物、原生性农作物病虫害、外来入侵生物和转基因生物安全性的相关研究设施群,旨在迅速提高美国国家及各州对农业有害生物重大事件的整体应急能力和防恐减灾水平,主要任务是系统研究原生性和外来有害生物的传播途径、检测、鉴定和控制技术等。在我国,研究生物入侵的科研平台也随着入侵生物研究的深入开展相继成立。2003年,农业部外来入侵生物预防与控制研究中心依托中国农业科学院成立了,该中心旨在预防与控制外来入侵种对农业生产的威胁,遏制外来入侵种在农田、森林、草地、湿地、淡水及自然保护区等生态系统中的扩散、传播与危害,确保生物多样性、生态安全和经济安全。2005年,华南农业大学红火蚁研究中心成立,该中心围绕重大入侵生物红火蚁,重点开展生物学、生态学、传播扩散、检疫除害、监测检测、预防与控制理论基础、应用技术等方面的研究。此外,为了提高农业生物安全科研能力,保障国家粮食安全、生态安全、经济安全和公共安全,我国于 2007 年 1 月批准建立了国家农业生物安全科学中心,该中心总投资 1.42 亿元,是"十一五"期间支持的 12 项重大科学工程之一。该中心围绕提高中国农业生物安全领域的自主创新能力,建设高危植物病原实验室、高危昆虫实验室、高危植物实验室及农业生物安全信息分析和预警等研究设施,重点开展农业危险性外来入侵生物、农业毁灭性高致害变异性生物和农业转基因生物安全的创新性理论、方法与防控新技术等方面的科学研究。

知识扩展

资料:美国国家农业生物安全中心简介

美国目前在农业生物安全国家体系建设和研究方面的国际领先地位,与其集规模化、先进性、整体性、安全性、网络式布局的国家农业生物安全研究的基础设施密不可分。美国国家农业生物安全中心主要由多个高级别、规模化的大型生物安全实验室组合而成,包括可用于研究恐怖农业生物、原生性农作物病虫害、外来入侵生物和转基因生物安全性的相关研究设施群,旨在迅速改进美国国家及各州对农业有害生物重大事件的整体应急反应能力和防恐减灾水平。主要任务是:系统研究原生性和外来入侵有害生物传播途径、检测、鉴定和控制技术;评价有害生物对粮食、纤维和环境的风险;与美国农业部农业研究局的其他相关研究机构合作开发、实施和改进协调应变能力,防御对国家食品安全的威胁;参与农业生物安全风险分析、应急反应和探测预防技术规划、训练和研究活动;协助国土安全部等开展一系列的农业生物恐怖事件模拟练习,使联邦政府和地方农业紧急事件人员能够处理故意引入农作物和动物的病原生物等。国家农业生物安全中心与农业部的其他农业生物安全研究的专业分中心,如美国农业部外来植物研究中心等,共同构成了完整的美国国家农业生物安全研究、预防与控制的网络体系。美国国家农业生物安全中心设施群包含了先进的植物病虫害研究设施、监测预警设施和通信设施等。植物生物安全研究包括分子诊断和模拟的相关设备,如分子诊断必须具备实时聚合酶链反应的快速诊断、基因芯片检测多种病原物和病原物系列数据库;模拟设施必须具备生态位模拟系统(生境预测)、监视模拟系统和发生区模拟系统(早期预警系统)。全国植物诊断网络系统的设施包括传统诊断系统、快速诊断系统、早期诊断系统和远程诊断网络系统。目前该中心已具有通信网络与美国 50 个州和 3 个地区对接。其拥有的植物诊断信息系统可以对全国各地送来的发病植物,尤其是未知病原物,通过网络第一时间进行远程会诊,从而能快速将诊断结果反馈到发生地区[3]。

3.3.3.3 项目投入与科研经费不断增加

结合基础设施建设,许多国家进一步加强了入侵生物学的科学研究。欧美等发达国家或地区制定了一系列生物入侵科研发展战略，并实施了许多重大行动规划。例如，美国先后启动了“夏威夷生态系统风险项目”等多项重大科研项目；加拿大制定了国家外来入侵物种战略，开展了“生物入侵和扩散研究网络项目”等研究；澳大利亚制定了《澳大利亚生物多样性保护国家策略》，发布了《澳大利亚杂草策略》与《压舱水指南》，成立了海洋入侵物种研究中心等科研机构，实施了“植物安全计划”等项目；欧盟于2003年制定了欧洲外来入侵物种战略，相继开展了“大范围生物多样性风险评估”项目、“准入”项目等十多项重大区域性科研项目；许多欧洲国家如俄罗斯、瑞典、芬兰、挪威、爱沙尼亚、英国、德国、瑞士、法国、西班牙等还针对本国不同生态系统分别开展了生物入侵基础研究工作。这些工作直接推动了入侵生物学的发展，提升了生物入侵研究水平。2003年以来，我国科技部通过国家重点基础研究发展计划（“973”计划）连续开展了“农林危险生物入侵机理与控制基础研究”（2002—2008）和“重要外来物种入侵的生态影响机制与监控基础”（2009—2013）两期历时10年的基础研究项目。2006年，科技部通过“十一五”国家科技支撑计划，在创建农林外来入侵种的防控技术体系及发展有效的预防预警、检测监测、应急处理和区域减灾等应用技术研究方面给予了重点支持。2007年，科技部专门立项开展我国东南沿海地区的“中国外来入侵物种及其安全性考察”。近10年来，国家自然科学基金资助的项目逐年增多，在所设立的学科中增加了入侵生物学这一新领域。尤其是2005年以来，平均每年资助项目达30余项。这些项目主要围绕我国重要农林外来有害生物的入侵机制开展研究，如松材线虫病发生的分子机制、自然扩散与防治技术，入侵媒介昆虫-病毒-植物互作加剧生物入侵的过程和生理机制，外来植物和昆虫的入侵机制和防治基础等。相关成果促使我国入侵生物学学科框架体系的形成，部分研究（如烟粉虱、松材线虫、红脂大小蠹和大豆疫霉等）达到国际领先水平，提高了我国在国际生物入侵领域的研究地位。基础理论的研究为我国生物入侵预警、检测、监测、应急处理和控制等提供了理论和实践指导。同时凝聚和培养了一支进行入侵种防控基础研究的队伍，提升了我国入侵种防控基础研究的原始创新和集成创新能力。

知识扩展

资料：中国科技部资助生物入侵研究的主要项目简要介绍

科技部资助的基础理论研究项目（“973”计划-1）农林危险生物入侵机理与控制基础研究（2002CB111400，2002—2008）：该项目以外来生物入侵的不确定性和入侵后的暴发性为切入点，注重于入侵生物的遗传分化、生态适应和早期预警等关键问题，重点揭示重要农林入侵物种（如松材线虫、烟粉虱、紫茎泽兰等）的遗传分化与快速演变过程，解析入侵过程中种群增长与扩张的分子生态与化学生态机制，阐明入侵对生态系统结构和功能的影响及生态系统对入侵生物的抵御机制，构建潜在危险生物在我国定殖并形成种群的可能性，建立快速检测的分子基础和技术体系。

科技部资助的基础理论研究项目（“973”计划-2）重要外来物种入侵的生态影响机

制与监控基础(2009CB119200,2009—2013):在上一期“973”计划的基础上,针对入侵物种的种群形成与扩张、入侵物种的生态适应性与进化、生物入侵导致生态系统结构崩溃及功能衰退这三个关键科学问题,在个体/种群、种间关系、群落/生态系统三个层次上,系统研究外来物种入侵的生态过程与机制、对生态系统的影响,以及预警与控制基础的理论与方法,发展有效的防控技术体系。针对重大农林入侵物种的种群形成与生态适应性进化、入侵物种与寄主的相互适应、入侵物种与本地物种的竞争取代、入侵物种与其他生物因子的互利助长入侵以及防控基础开展研究。

科技部资助的应用技术研究:科技部通过“十一五”(2006—2010)国家科技支撑计划,在创建农林外来入侵物种的防控技术体系及发展有效的预防预警、检测监测、应急处理和区域减灾等应用技术研究方面给予了重点支持。特别设立了7个课题进行生物入侵防控技术的研发:潜在入侵物种口岸侦测技术(2006BAD08A13)、入侵物种快速检测与监测技术(2006BAD08A14)、入侵物种风险评估与早期预警技术(2006BAD08A15)、入侵物种口岸除害处理新技术(2006BAD8A16)、入侵物种紧急处理与环境调控新技术(2006BAD08A17)、农业入侵物种区域减灾与持续治理技术(2006BAD08A18)、林业入侵物种区域减灾与持续治理技术(2006BAD08A19)。科技部资助的基础性工作专项——中国外来入侵物种及其安全性考察(2006FY11000,2006—2009):该项目选择沿海地区(广东、海南、福建、浙江)和人类活动干扰较大的重庆市,全面调查特定生态系统(农田、森林、草原、自然保护区等)中造成危害或有潜在危害的外来入侵物种。

3.3.3.4 学术期刊与论著不断增多

据不完全统计,从1950年起,生物入侵相关论文数量逐年上升,虽然1960年前每年仅有几篇文章发表,但1960—1980年每年的发文量增加到十余篇。1990年起,每年论文发表的数量开始急速增长,《自然》(*Nature*)、《科学》(*Science*)、《美国国家科学院院刊》(*Proceedings of the National Academy of Sciences of the United States of America*)等国际知名期刊上也频繁刊载生物入侵相关论文。例如1990年有115篇论文发表,到2008年已经有2511篇论文。1999年,第一个以生物入侵为主题的学术期刊《生物入侵》(*Biological Invasions*)在美国创刊。国际上以生物入侵为主题的专著陆续出版,从1995年出版的《植物入侵者:对自然生态系统的威胁》(*Plant Invaders*:*The Threat to Natural Ecosystems*)开始,几乎每年都有生物入侵方面的国外专著出版。与此同时,我国许多期刊也纷纷发表有关生物入侵的研究论文和综述性论文,极大地促进了我国学者对生物入侵研究的学术和交流热情。2011年,重点关注生物安全领域的《生物安全学报》正式在国内外出版发行,该期刊是面向生物安全科学国际前沿的中英文学术杂志。2009年时,在生物入侵文献发文量第一位的国家是美国,占发文量的40.5%,我国发文量591篇,占发文量的2.63%,居第10位。截至2021年10月,在Web of Science中以“biological invasions”为关键词共检索到23473篇文献,其中高被引论文258篇,综述论文2299篇。我国以10731篇文献位居全球第一，占发文量的45.7%，其后依次是美国、法国、澳大利亚、意大利、德国等。

知识扩展

资料1:《生物安全学报》(*Journal of Biosafety*)简介

《生物安全学报》其宗旨是面向国际，共同应对国际生物安全的挑战，关注自然和人类社会健康发展中的生物安全焦点与热点(生物入侵、农业转基因生物、农用化学品、新技术等带来的生物安全科学问题)，引领国际生物安全领域的研究与发展前沿，主导国际生物安全领域的科技潮流，及时刊载生物安全科学研究的新理论、新技术与新方法，全面报道生物安全领域最新的高端研究成果。坚持百花齐放与百家争鸣、科学提升与知识普及相结合的方针，办成具备科学与技术于一体的国际主流学术刊物。重点刊载以下几方面文章。

(1)入侵生物学学科发展的新理论与新假设;外来有害生物入侵的特性与特征、入侵的生态过程与后果、入侵种与本地种的相互作用关系;生态系统对生物入侵的响应过程与抵御机制;生物入侵的预防预警、检测监测、根除扑灭、生物防治与综合治理的新技术与新方法。

(2)农业转基因生物的生态与社会安全性，安全性评价的理论体系，定性定量评估的技术与方法，安全交流与安全管理。

(3)农用化学品对生物急性/慢性毒性累加过程与效应，生物对农用化学品的抗性与适应性机制，毒性缓解、抗药性治理与调控技术。

(4)高端新技术(如生物改良技术、物理纳米技术、生化辐射技术等)产品潜在危害的识别与判定、安全性评价方法与技术指标。

同时，开辟学术聚焦、科技论坛、政策通讯、科技书评等栏目，快速报道生物安全领域的新思想与新发现，鼓励针对学术新观点的辨析与讨论，提倡新思想的及时交流与沟通，发表科技著作的评述，交流生物安全的科技政策与行政管理措施。

资料2:《生物入侵》(*Biological Invasions*)简介

《生物入侵》(*Biological Invasions*)刊载有关外来生物在陆地、淡水以及海洋生态系统中有关入侵模式和过程(包括人为引入和自然扩散)的研究论文。范围涉及:入侵引起的群落生态系统改变所造成的生态影响(包括能量流动、生物多样性和物种灭绝);入侵种传入、定殖、扩散的影响因素;控制入侵物种丰富度和分布的机制;生物地理学、遗传学、传播介体、入侵物种在历史和地质变迁中的进化结果，以及对入侵生物区的综合分析与全面理解。同时，关注有利于阐明生物入侵科学的生物防治、转基因生物释放等方面的研究，以及与生物多样性保护计划、全球变化或入侵种控制相关的管理和政策问题的学术论文。该期刊还关注生物入侵会议或研讨会上针对特别问题的建议。杂志的影响因子已从2006年的2.53升至2021年的3.13。

3.3.3.5 学术活动和国际交流愈发活跃

国际上近年来多次召开了与入侵物种防控相关的会议。1996年，联合国有关机构和挪威政府共同召开了外来种国际会议，该会议旨在保护生物多样性，并明确指出了外来种入侵对生物多样性的危害及其防控对策。2009 年 11 月，中国福州举办了首届国际生物入侵大会以及第五届国际烟粉虱大会，大会主题是“应对全球变化，控制生物入侵”，大会通过了旨在“加强国际合作，在全球变化下应对生物入侵”的《生物入侵福州宣言》。2013 年 10 月，第二届国际生物入侵大会在中国青岛举办。2017 年 11 月，第三届国际生物入侵大会在中国杭州举行，来自 22 个国家（包括美、法、英、德等）和 1 个国际组织（国际应用生物科学中心），以及分别代表国内农业、林业、畜牧、水产、医学、环保、检验检疫等行业部门的与外来生物入侵预防与管理方面相关的国际知名专家、学者及管理人员共 400 余人（其中外方专家近 100 人）与会。2007 年 12 月，由中国农业科学院、福建农林大学等 12 家单位举办的第一届全国生物入侵学术研讨会在福州召开，来自全国农业、林业、质检、环保等部门，28 个省市自治区、129 个单位从事外来有害生物研究的专家和代表共 620 余人参加了本次会议。2018 年 8 月在新疆乌鲁木齐召开第五届全国生物入侵大会。2021 年 9 月 3 日全国外来入侵物种防控工作视频会议在北京召开。

知识扩展

资料 1：《生物入侵福州宣言》纲要

（1）呼吁世界各国政府、国际组织和机构更加积极地履行《生物多样性公约》第 8（h）条中规定的责任与义务，优先关注生物入侵问题并提供一切可能的资源予以应对。

（2）成立一个国际性专家委员会，为生物入侵大会提供科学、技术和政策支持，包括网站建设、电子简报、科学论坛等。

（3）确定国际生物入侵大会将每 4 年举行一次。

资料 2：中国植物保护学会生物入侵分会简介

中国植物保护学会生物入侵分会（Biological Invasion Committee，China Society of Plant Protection，BIC – CSPP）是中国生物入侵科技工作者和单位的联盟，为学术性、全国性、非营利性的社会组织。该分会是中国科学技术协会的组成部分，挂靠于中国农业科学院植物保护研究所，现有高级会员 1000 多名。

3.4 入侵生物学的研究范畴

3.4.1 入侵生物学的研究对象

依据世界自然保护联盟公布的外来物种名录的分类方法，主要外来入侵生物被划分为陆生植物（land – plant）、水生植物（aquatic – plant）、陆生无脊椎动物（land – invertebrate）、水生无脊椎动物（aquatic invertebrate）、两栖动物（amphibian）、爬行动物（reptile）、微生物（micro – organism）、鱼类（fish）、鸟类（bird）和哺乳动物（mammal）10 个类群。其中,微生物和陆生植物入侵研究的文献数量最多,其次为陆生无脊椎动物、哺乳动物和鱼类等。因各国的国情不同,每个国家对不同的入侵研究对象有所侧重,有的国家以陆生植物为主,有的以微生物为主。中国生物入侵研究的对象以陆生植物为主,其次是微生物和陆生无脊椎动物。中国入侵生物学基础研究的代表生物有入侵植物紫茎泽兰、豚草等,入侵昆虫烟粉虱、红脂大小蠹、红火蚁等,入侵微生物松材线虫、大豆疫霉等。

3.4.2 入侵生物学的研究领域

生物入侵是一个链式过程,包括传入、定殖、潜伏、扩散、暴发等一系列关键环节,而且涉及本地生态系统对外来入侵生物的抵抗能力。在整个过程中,涉及许多核心的科学问题,是国际上研究入侵生物学基础研究的主要内容。随着入侵生物学基础研究的不断发展,加之外来入侵生物对各个国家的生态和经济等方面产生了严重的破坏,很多国家开始从应用研究的角度发展入侵生物学。

3.4.2.1 基础研究

学者将入侵生物学基础研究划分为入侵生物的生物生态学特性、入侵生物的扩张与扩散机制、本地生态系统的抵抗性/可入侵性三部分[6]。其中,入侵生物的生物生态学特性因其分析的复杂性和内容包含的丰富性被研究得最多,包括内在优势假说、竞争力增强的进化假说、天敌解脱假说和繁殖压力假说等,还涉及入侵生物内在优势方面的繁殖对策、生境适应性,入侵进化方面的快速竞争力进化、遗传分化、表型可塑性、杂交特性,繁殖压力方面的阿利效应、奠基者效应等。如桔小实蝇寄主范围超过250种[13],广泛的寄主范围促进了桔小实蝇的定殖与扩散,也成了其危害严重的原因之一。互花米草本身的生物学特征使得其具有极强的入侵性,既具有较强的基因渗入能力和高遗传分化,又是典型的盐生植物,能够适应从淡水到海水的不同盐环境。与此同时,互花米草还有强耐淹性和高抵抗氧胁迫能力,所以在生态环境污染和富营养化的环境中也有较强的竞争优势[7]。有关入侵生物的扩张与扩散机制研究方面,主要涉及外来物种扩散机制方面的引入、扩散、传播、路径和分布,外来物种和本地物种互作方面的资源竞争、化感作用,以及互利助长入侵等方面。如林业害虫红脂大小蠹具在原产地美国就具有很强的迁飞能力,传入我国后飞行能力增强一倍以上,这使红脂大小蠹成功入侵到我国大部分地区。本地生态系统的抵抗性/可入侵性研究内容主要包括物种多样性阻抗假说方面的环境异质性、可入侵性,空余生态位假说方面的空余生态位、资源利用和生态位分配,生态系统干扰假说方面的自然干扰、人为干扰,以及资源机遇假说方面的资源可用性等。如在紫茎泽兰入侵的地区,紫茎泽兰为优势种群,严重破坏当地生态系统,但研究表明,云南松林灌木层物种多样性越高,紫茎泽兰入侵强度越低[2]。

3.4.2.2 应用研究

应用研究主要分为:①已入侵物种的危害(生态和经济)评估与潜在入侵物种的风险评

估和预警；②入侵物种的快速扑灭与持续控制技术及防治后的生态恢复技术（综合防治技术、生态修复技术、检测监测技术）；③管理层面上的政策与法律法规发展这三个部分的内容。比如可采用 SS－PCR 技术获得一对特异性引物，用于美洲斑潜蝇的快速识别[12]。根据生物入侵的一般过程，学者们总结了外来入侵物种的防控策略（图 3.2）。在传入过程中着重于发展预防与预警技术；在定殖与潜伏阶段，着重于发展检测与监测以及根除与扑灭技术；在扩散与暴发期，着重于发展限制与控制技术（包括生物防治、持续治理等）；对于某些特定的生态系统（如被入侵植物占领的栖息地），要着重于发展生态修复技术。

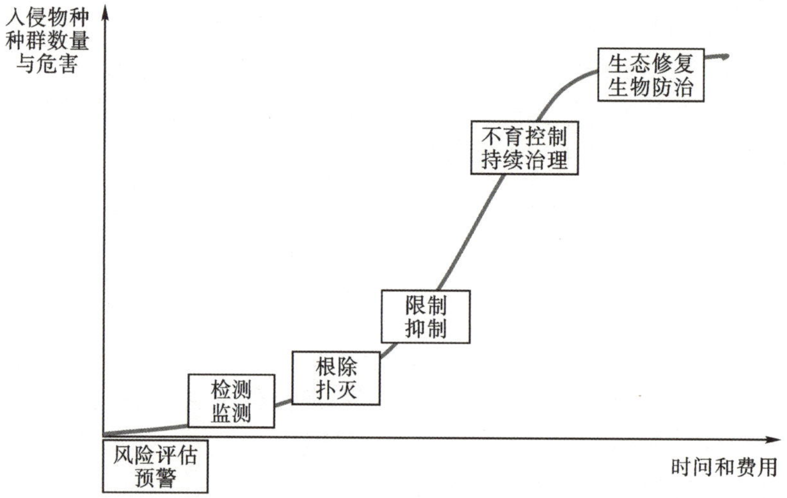

图 3.2　外来入侵物种的防控策略

3.4.2.3　全球变化下的生物入侵

全球变化指的是由于人为因素和自然因素造成的全球性环境变化，主要包括气候变化、大气组成变化和土地利用变化等。在物种入侵过程中，CO_2 浓度上升、全球气候变化、生境修饰和氮沉积等环境因素被认为能显著促进入侵，加上全球经济一体化的飞速发展，生物入侵现象肯定会更加严重。同时，加重的生物入侵又会因其造成的生态影响促进全球气候变化、大气组成变化和土地利用变化。鉴于全球变化的严峻形势以及全球变化与外来入侵生物的特殊关系，将有越来越多的科学家关注全球变化。

环境波动、气候变化是加速生物入侵进程的重要影响因素。在全球气候变化的情况下，入侵物种表现出比本土种更为强烈的响应。CO_2浓度升高对入侵种和本地种的影响存在显著差别，结果可能会影响入侵植物和本地植物间的竞争格局。研究者认为美国有些本土草原（主要以 C4 植物为主）被某些外来树种（主要为 C3 植物为主）取代是因为 C3 植物比 C4 植物对 CO_2浓度升高更加敏感。入侵物种在气候变化条件下的一系列持续性的优化生长繁殖响应，将加剧生物入侵对生态系统的负面作用。在气候变化条件下，入侵生物可能通过快速适应，减少了非生物因素制约，并利用极端气候削弱本土物种抵抗性，通过非生物和生物的综合途径增强其生长繁殖能力，推动入侵进程。此外，全球气候变化也会影响到入侵植物与天敌昆虫的多级营养关系，从而间接影响植物入侵。

3.4.3 入侵生物学的体系框架与研究思路

入侵生物学是一门多领域交叉融合的新兴学科，涉及生态遗传学、化学生态学、进化生态学、生物信息学等多个学科的理论和研究方法，构建明晰的学科框架对于科学问题的解决和研究手段的确定具有重要意义。国际环境问题科学委员会所提出的生物入侵的三大问题就大致概括了生物入侵研究的基本切入点和研究思路。我国生物入侵研究以外来物种入侵的实时预警监测和有效控制为总体目标，在国内外现有的研究基础之上，重点关注重大外来物种的入侵机制与生态过程、对生态系统的景象及监控基础研究，从个体、种群、群落、生态系统各个层次深入研究入侵物种预防与控制所必须解决的三个关键科学问题：种群形成与扩张、生态适应性与进化、对生态系统结构与功能的影响，进而研发监控入侵物种的新技术与新方法。学者们在前人研究的基础上，结合我国生物入侵情况与特点，逐步提出了我国入侵生物学学科体系框架及其涉及的关键科学问题和技术手段(图3.3)。

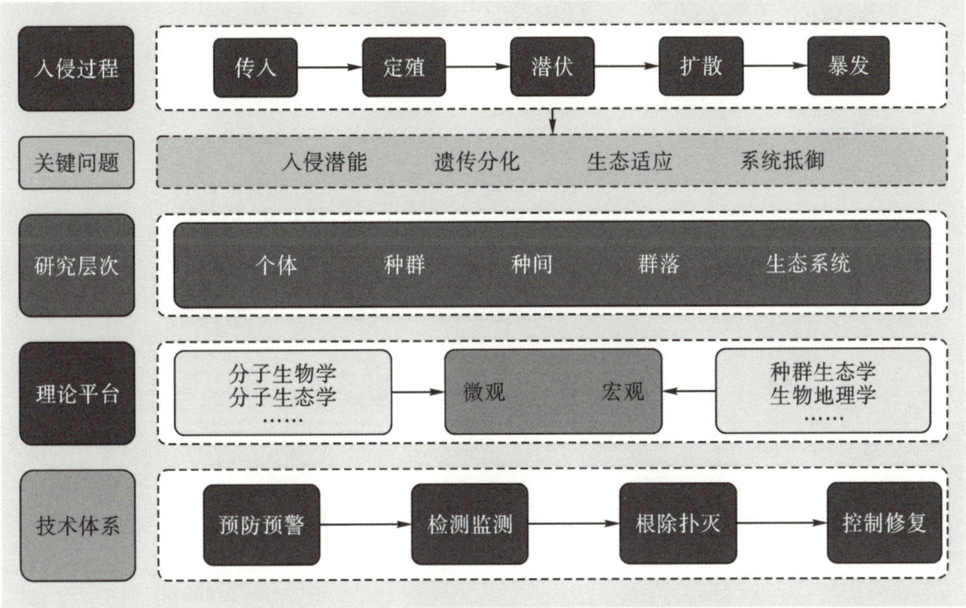

图3.3 入侵生物学学科体系框架

该学科框架体现了以下特点：

(1) 生物入侵是一个有序过程，对处于不同环节中的入侵物种其所关注的核心科学问题是不同的,研究对象的层次也不一样。

(2)入侵生物学是综合了生物学、生态学、遗传学、信息学等众多学科的理论、技术与方法的交叉学科。

(3)入侵生物学的研究不同于传统意义上的生物学研究,不能只从字面上去讨论生物学问题:一是要着重于外来生物入侵的固有特性,二是要关注生态系统的响应与抵御,三是要发展对入侵的预防和入侵后果的管理技术。

目前,我国生物入侵研究主要采用宏观和微观相结合的方法、原产地与入侵地的生物生态学比较研究以及原始材料的收集与发掘,综合运用多学科理论与研究手段,在个体、种群和生态系统等不同层面上的实验生物学模拟与大尺度生态景观的生态学调查等宏观与微观相结合的技术路线,围绕涉及的三个科学问题,系统地开展外来物种入侵的机制与生态过程、对生态系统的影响等机制研究,形成不同层面的基础研究系统性与控制技术发展相结合的有机联系,原始创新和发展入侵物种预警及控制的理论、方法和技术。技术路线则突出外来物种入侵机制与监控基础研究的有机整体联系。对于潜在入侵物种,要着重于发展风险评估与快速检测技术;对于已入侵物种,要着重从入侵种本身的角度了解其遗传分化特性、生态适应性选择的方向、种群扩张的行为与机制、与本地种的关系、对资源的利用能力等;对于生态系统,要着重研究生物入侵所产生的影响、生态系统结构与功能的变化以及抵御特性。只有在这些研究的基础上,才能提出与制定有效的预防和控制措施。因此,生物入侵机制的研究应针对生物入侵各环节中的不同关键问题展开。生物入侵研究的基本模式如图 3.4。

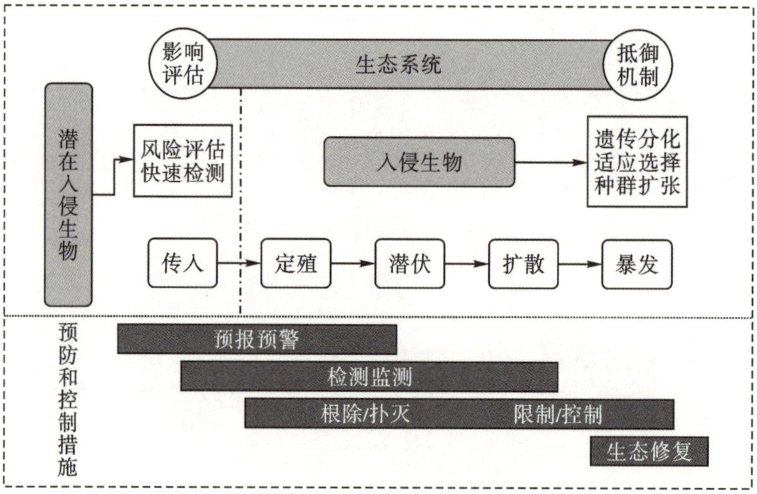

图 3.4　中国生物入侵研究的基本模式

(许永玉)

参考文献

[1] 陈俊愉. 植物的引种驯化与栽培繁殖[J]. 植物引种驯化集刊,1966(2):1 -6.

[2] 陈旭,王国严,彭培好,等. 四川攀西地区云南松群落物种多样性和谱系多样性对紫茎泽兰入侵的影响[J]. 生物多样性,2021,29(7):865 -874.

[3] 戴小枫. 美国农业生物安全的国家战略及其对我国的启示[J]. 中国科技论坛,2007(4):132 -134,140.

[4] 廖馥荪. 植物引种驯化理论研究概况[J]. 植物引种驯化集刊. 1966(2):154 -160.

[5] 万方浩,侯有明,郭建英,等. 入侵生物学[M]. 北京:科学出版社,2007.

[6] 万方浩,谢丙炎,杨国庆. 入侵生物学[M]. 北京:科学出版社,2011.

[7] 王大卫,沈文星,汪浩. 互花米草入侵对东部沿海生境的影响[J]. 生物学杂志,2020,37(6):104 -107.

[8] 吴孔明. 中国草地贪夜蛾的防控策略[J]. 植物保护,2020,46(2):1 -5.

[9] 冼晓青,王瑞,郭建英,等. 我国农林生态系统近20年新入侵物种名录分析[J]. 植物保护,2018,44(5):168 -175.

[10] 杨悦俭,周国治,王荣青,等. 抗番茄黄化曲叶病毒病品种种植中的问题与对策[J]. 中国蔬菜,2011(21):1 -4.

[11] 周启武,于龙凤,王绍梅,等. 入侵植物紫茎泽兰的危害及综合防控与利用[J]. 动物医学进展,2014,35(5):108 -113.

[12] 张桂芬,刘万学,郭建英,等. 美洲斑潜蝇SS - PCR检测技术研究[J]. 生物安全学报,2012,21(1):74 -78.

[13] AKETARAWONG N,GUGLIELMINO C R,KARAM N,et al. The oriental fruitfly Bactrocera dorsalis ss in East Asia:disentangling the different forces promoting the invasion and shaping the genetic make - up of populations. Genetica,142(3),201 -213.

[14] BROWN A H D,MARSHALL D R. Evolutionary changes accompanying colonization in plants: evolution today[M]. Pittsburgh: Carnegie - Mellon University, 1981.

[15] CLAY P,DYER C L,EDWARDS S F,ET AL. A Framework for Monitoring and Assessing Socioeconomics and Governance of Large Marine Ecosystems[J]. Large Marine Ecosystems,2000,13(NE - 158):27 - 81.

[16] DARWIN C. the Origin of Species by Means of Natural Selection[M]. London:John Murray,1859.

[17] ELTON C S. The ecology of invasions by animals and plants [M]. London: Methuen, 1958.

[18] FALK – PETERSEN J, BOHN T, SANDLUND O T. On the numerous concepts in invasion biology[J]. Biological invasions, 2006, 8(6): 1409 – 1424.

[19] ICES. Code of practice on the introductions and transfers of marine organisms 1994[Z]. Copenhagen: ICES, 1995.

[20] IUCN. IUCN Guidelines for the Prevention of Biodiversity Loss Caused by Alien Invasive Species[Z]. Gland: IUCN, 2000.

[21] JOHNSON H B, POLLEY H W, MAYEUX H S. Increasing CO_2 and plant – plant interactions: effects on natural vegetation[J]. Vegetatio, 1993, 104(1): 157 – 170.

[22] MACK R N. Invasion of Bromus tectorum L. into western North America: an ecological chronicle[J]. Agro – ecosystems, 1981, 7(2): 145 – 165.

[23] MACK R N. Predicting the identity and fate of plant invaders: emergent and emerging approaches[J]. Biological conservation, 1996, 78(1): 107 – 121.

[24] MEYERSON L A, CARLTON J T, SIMBERLOFF D, et al. The growing peril of biological invasions[J]. Frontiers in ecology and the environment, 2019, 17: 191.

[25] MOULTON M P, PIMM S L. The introduced Hawaiian avifauna: biogeographic evidence for competition[J]. The American naturalist, 1983, 121(5): 669 – 690.

[26] OUYANG C B, LIU X M, LIU Q, et al. Toxicity assessment of cadinene sesquiterpene from Eupatorium adenophorum in mice[J]. Natural products and bioprospecting, 2015, 5(1): 29 – 36.

[27] RICHARDSON D M, PYŠEK P, REJMANEK M, et al. Naturalization and invasion of alien plants: concepts and definitions[J]. Diversity and distributions, 2000, 6(2): 93 – 107.

[28] SIMBERLOFF D. COMMUNITY EFFECTS OF INTRODUCED SPECIES[M]. London: Academic Press, 1981.

[29] THEOHARIDES K A, DUKES J S. Plant invasion across space and time: factors affecting nonindigenous species success during four stages of invasion[J]. New phytologist, 2007, 176(2): 256 – 273.

[30] WAN FH, JIANG M X, ZHAN A B. Biological Invasions and Its Management in China [M]. Berlin: Springer, 2017.

[31] WILLIAMSON M H, FITTER A. The characters of successful invaders[J]. Biological conservation, 1996, 78(1 – 2): 163 – 170.

第 4 章
外来种的入侵过程

外来种通过各种途径到达某一生态系统,并不是一进入新的生态系统就能造成危害,而是在一定条件下实现从“移民”到“侵略者”的转变。外来种的入侵是一个复杂的生态学过程,通常包括种群传入、定殖、潜伏、扩散、暴发危害等几个阶段,如图 4.1 所示。

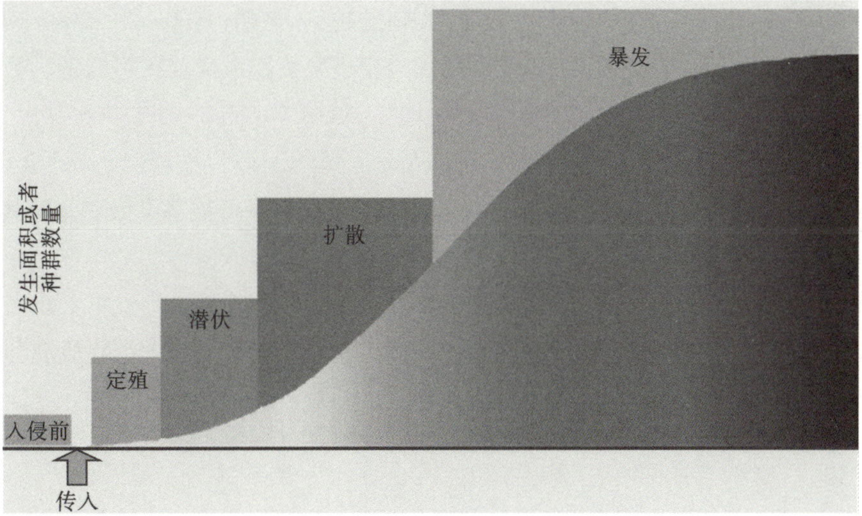

图 4.1　外来种入侵的过程

4.1　种群传入

种群传入(introduction)是生物入侵过程中的第一阶段,指物种离开原产地(或原分布区)迁移到新的生态环境中。

种群传入必须经过某一途径才能实现,而这些物种传入所凭借的自然或人为的方式、方法称为入侵途径(introduction pathway)。入侵的途径是多样化的,总体上可以分为自然传入、人类无意引入和人类有意引入3类[1]。

4.1.1 自然传入

自然传入(natural introduction)指的是在完全没有人为影响情况下物种的自然分布区域的扩展。植物种子(或繁殖体)等可以通过气流、水流自然传播,或借助鸟类、昆虫或者其他动物的携带而实现自然扩散、入侵。例如,钻形紫菀(*Aster subulatus*)、小蓬草(*Conyza canadensis*)可产生大量具冠毛的瘦果,瘦果可借冠毛随风扩散入侵,蔓延极快。黄花刺茄(*Solanum rostratum*)该种种子通过风、水流、或以刺萼扎入动物皮毛或人的衣服等方式传播[2]。

动物可依靠自身的能动性(个体迁移、成虫飞翔)以及气流、水流等自然力量而扩展分布区域,从而形成入侵。例如,草地贪夜蛾(*Spodoptera frugiperda*)成虫在西南夏季风的推动下,通过飞行经边境地区扩散至中国云南境内[3]。

一些杂草种子具有芒、刺、钩或者黏液,能黏附在动物皮毛和人类的衣服上而传播,如三叶鬼针草(*Bidens pilosa*)、大狼杷草(*B. frondosa*)、长刺蒺藜草(*Cenchrus pauciflorus*)、刺苍耳(*Xanthium spinosum*)等杂草种子具芒、刺或钩,天名精(*Carpesium abrotanoides*)种子则具黏液。据统计,2003—2017年期间我国口岸进境货物中截获苍耳的种类数和种次数都在逐年增加,由2008年的7种630种次增长到2017年的29种18305种次,分别增长了314%、2805%[4]。另外土荆芥(*Chenopodium ambrosioides*)、蛇莓(*Duchesnea indica*)、鸡矢藤(*Paederia scandens*)、乌蔹莓(*Cayratia japonica*)等种子可被鸟类摄食并随其排泄物传播。

比较而言,微生物的自然入侵方式更多样化一些,它们既可借助于非生物因子如气流、水流进行扩散和传播,还可随其宿主动物、宿主植物(种子、繁殖体)的活动和扩散而实现入侵。

4.1.2 人类无意引入

这类入侵是外来种借助于人类各种类型的运输、迁移活动等传播扩散而发生的。一般发生无意引入(unintentional introduction)的主要原因是,在开展这些活动时,人类并未意识到或者没有足够的知识、技能认识到或者鉴别出潜在的外来种,从而导致生物入侵。

一些微小型或隐形繁殖体常难以认识或者常被忽略。例如,国际地区间大量客货运船只压舱水携带的外来物种大约500种,主要包括微生物、浮游动植物及其卵、幼体或孢子(孢囊)[1]。

压舱水的载入和排放造成外来海洋生物传播，成为海洋面临的四大威胁之一。如原产里海和黑海的斑马贻贝（*Dreissena polymorpha*）19 世纪上半叶随船只入侵北美海域及河流湖泊。还有最近几年在美国新泽西州沿海地区首次出现的外来水生动物摩勒属（*Moerisia sp.*）水母，它隐蔽强，与本地物种难以区分，往往很难被发现，现在有充分的证据表明它们已经入侵了全球多地海洋系统[5]。

外来种随进口农产品或货物运输带入。松树蜂（*Sirex noctilio*）入侵主要借助于货物、运输工具调运等途径作长距离入侵。松树蜂，是一种国际性重大林业检疫害虫，2013 年，我国首次在黑龙江省发现松树蜂危害。2014—2017 年，每年入境口岸通过货物检疫在木材上截获松树蜂多次[6]。在进口的粮食中也常发现植物种子。例如，假高粱（*Sorghum halepense*）随货物携带是其远距离传播的主要途径。假高粱种子可随播种材料、商品粮的调运而传播，特别易随混有假高粱的商品粮加工后的下脚料传播扩散。在我国，进境粮食是假高粱传入的主要途径，我国在进口粮及进口牧草种子中经常检出假高粱。

一些物种进化出了适应长途运输条件的能力，常隐藏于运输工具和设备中，从而导致生物入侵，如老鼠、德国小蠊（*Blattella germanica*）等。众所周知，老鼠的长距离传播、入侵是跟随着人类的探险、贸易步伐同步进行的，也是较早被注意到造成灾难后果的入侵种。较早时候世界上一些地方没有老鼠分布，例如美国阿拉斯加州阿留申群岛。1780 年，一艘日本海船从挪威装载货物后航行到阿留申群岛附近失事，在挪威悄悄进入船舱的老鼠逃到了岛上。由于岛上没有树木，海鸟也不愿在此栖息，因而这些老鼠失去了天敌。这里很快便成了老鼠的乐园，乃至这个岛后来被称为鼠岛。为了灭除老鼠，美国政府经常在 28.5 km^2的鼠岛上撒满灭鼠药。直到 2009 年 6 月，科学家才宣布鼠岛上的老鼠暂时得到了控制。而德国小蠊则具有很强的扩散能力，常借助家具搬运，货物、食品等的运输辗转扩散以及在地区间、洲际通过交通运输工具扩散[7]。

另外，与人类引入栽培、养殖的物种外形相似（如杂草种子、鲤科小鱼），寄生或者与其他物种共生等（主要是一些寄生生物、病原微生物，如栗树锈病），也容易造成生物入侵。

一些物种在人类改变了的环境中传播并扩展分布区域，形成了生物入侵。如人们在农田、林场工作的时候，交通工具、工作工具、鞋底的泥土、运输的苗木等都可以带入外来种。例如，小叶冷水花（*Pilea microphylla*）、草胡椒（*Peperomia pellucida*）等物种常随带土苗木传播；松材线虫（*Bursaphelenchus xylophilus*）远距离的传播主要依靠人为调运感染疫病或者携带松材线虫的天牛的苗木、松材、松材包装箱及松木制品进行传播；非洲大蜗牛（*Achatina fulica*）易附着在观赏植物、苗木、木材、货物包装箱、集装箱、飞机、轮船、火车等多种货物与运输载体上，随这些物品进行大范围扩散；此外，蜗牛卵还可随土壤进行传播。

4.1.3 人类有意引入

我国从国外或外地引入优良品种有着悠久的历史。一些种植、养殖单位常从国外或外地引种，其中大部分引种以提高经济效益、观赏和环保为目的，但是也有部分种类，由于引种不当成为有害物种。例如作为饲料引进来自南美的凤眼莲（*Eichhornia crassipes*），已对我国的水生生态系统造成了极大的危害。从欧美等地引进的大米草（*Spartina anglica*）原本是为了保护沿海滩涂，近年却在沿海地区疯狂扩散，已经到了难以控制的地步。有意引入（intentionally introduction）的目的多种多样。

植物方面主要包括：① 作为牧草和饲料引进而造成入侵的，如牧地狼尾草（*Pennisetum polystachion*）、苏丹草（*S. sudanense*）等；② 作为观赏物种的，如五爪金龙（*Ipomoea cairica*）、加拿大一枝黄花（*Solidago canadensis*）、圆叶牵牛（*I. purpurea*）、马缨丹（*Lantana camara*）、熊耳草（*Ageratum houstonianum*）等；③ 作为药用植物的，如垂序商陆（*Phytolacca americana*）、洋金花（*Datura metel*）等；④ 作为改善环境植物的，如互花米草（*S. alterniflora*）、地毯草（*Axonopus compressus*）等[2]。

动物方面主要包括：① 用于养殖而造成入侵的，如尼罗罗非鱼（*Oreochromis niloticus*）、克氏原螯虾（*Procambarus clarkii*）等；② 作为观赏物种的，如豹纹脂身鲇（*Pterygoplichthys pardalis*）、红腹锯鲑脂鲤（*Pygocentrus nattereri*）等；③ 作为害虫生物防治使用的，如食蚊鱼（*Gambusia affinis*）[2]。

根据《2020 中国生态环境状况公报》显示，全国已发现 660 多种外来入侵物种。目前已知的物种入侵途径，大多数属于有意引入或无意传入。从以上 3 类入侵途径可以看出，绝大部分的生物入侵是由于人类活动直接或间接造成的，因而生物入侵可以看成是人类自身所造成的全球变化之一。外来种入侵的途径可能是多方面的或者是相互交叉的，有些物种可能是经过一种以上的途径侵入的，而且在时间、地点上也可能是多次传入，最终完成入侵并得到迅猛发展。例如，侵入澳大利亚的猫爪藤（*Macfadyena unguiscati*）种群可能是单次传入或最初传入的种群数量很小，而红叶麻风树（*Jatropha gossypiifolia*）入侵种群是由不同来源地多次传入或者是由遗传多样性丰富的来源地多次反复传入而形成的。

4.2 种群定殖

种群定殖（population establishment）或者说种群建立是指外来种传入后，初始种群适应新环境，并开始自我繁衍与建立种群的过程，也可以简单地理解为能够定居下来并开始维持种群自我繁殖，是生物入侵过程中的第二阶段。

外来种的定殖过程、定殖能力受到许多生物或非生物学因子的影响。其中，生物因子既包括外来种本身的多种生物学和生态学特性,如个体大小、繁殖特性、生长速率、资源利用能力、竞争或防御天敌的能力等,还包括外来种与本地种间的相互作用(竞争、抑制、天敌等)。非生物因子则包括入侵地的土壤营养成分、水分、光照、温度等资源状况或环境基质。

4.2.1　繁殖体压力对定殖的影响

外来种初期建立的种群往往是小种群,繁殖体压力大小对其种群发展非常重要,这个阶段也是生物入侵过程中种群发生的瓶颈时期。

繁殖体(propagule)是指外来种进入到某一非原发生地(新环境)的个体数量。繁殖体压力(propagule pressure)是入侵生物学的一个重要概念,用来描述外来种种群基数及其与入侵程度的关系。包含两个方面含义:一是单次传入某地的繁殖体数量(propagule size),二是传入该地的次数。繁殖体压力 = 传入次数 × 单次传入的平均数量,或者将各次传入的数量累计后得到。

繁殖体压力和入侵的关系主要体现在入侵过程的定殖阶段,其基本关系是外来种每次传入的个体数量越大、传入的次数越多,繁殖体压力越大,就越有利于定殖,两者存在正相关关系。此外,两者关系还可体现在定殖之后的种群增长、扩散阶段,繁殖体压力较高时种群潜伏期相对较短,数量增长和空间扩张相对较快,从而对入侵起到促进作用。基于此,繁殖体压力假说来解释生物入侵初期阶段的机制。该假说认为外来种的繁殖体压力大小决定了入侵发生的程度。可解释许多生物入侵事件,也存在明显局限性,因为在许多入侵事件中,除了繁殖压力外还有许多生物或非生物学因子可对入侵产生不同程度的影响。

在外来种传入、定殖和建立种群过程中,经常存在着奠基者效应、瓶颈效应和阿利效应,这是外来种成功定殖前必须要经历和克服的几个问题。

奠基者效应(founder effect)指由于有限数量的奠基者定殖在一个隔离区域而产生的遗传改变,由抽样引起的等位基因频率的变化,这种由少数个体的基因频率决定了它们后代中的基因频率的效应,即为奠基者效应。瓶颈效应(bottle neck effect)指由于种群大小的瞬间约束产生的漂变。当一个大群体通过瓶颈后,由少数个体再扩展成原来规模的群体,由于遗传漂变的作用在很大程度上改变了它们的等位基因频率,因而,重新恢复起来的群体中的等位基因频率就发生了改变。这种因群体数量的消长而对遗传组成所造成的影响,称为瓶颈效应。瓶颈期间因漂变所造成的等位基因频率的变动将较长时期地保留在后代群体中。阿利效应(Allee's effect)指一个物种任一适合度组分(如存活率或繁殖率)与该物种密度或数量之间存在着正相关,即如果某一物种经历阿利效应,当该物种密度低时,某些适合度将会下降。外来种入侵成功与否及其扩散的速率与阿利效应的作用密切相关,它对外来入侵生物初始种群的动态变化影响很大,如果种群极小,阿利效应可能导致其灭绝。实际上,入侵种起始种群通常较小,所以阿利效应在生物入侵中很可能经常发生。

而繁殖体压力较大有利于降低瓶颈效应、阿利效应等因素对传入种群的不利影响,使更多的个体能克服环境阻力而存活下来,并且在遗传学上为未来的种群扩张奠定基础。

高繁殖体压力促进定殖的理论依据主要有 3 个方面:①对两性生殖而言,繁殖体压力较高时个体之间相遇概率相对较大,有助于发现有效的配偶(配子),从而提高成功繁殖的概率,促进后代数量增长。②对个体之间存在聚集、互作等行为的外来种而言,较大的繁殖体压力有利于不同个体协力抵御天敌或制服猎物,或者在与其他物种竞争食物、生存空间的过程中处于优势,或者有助于克服一些不利的环境条件,提高了外来种占领新环境、利用资源的能力。③较高的繁殖体压力有助于提高外来种的遗传多样性,为未来的适应性进化奠定基础。

繁殖体压力和其他因子协同也会影响入侵:在繁殖体压力影响入侵的过程中牵涉到许多生物或者非生物学因子。其中,生物因子包括外来种本身生物学、入侵地土著物种生物学等。非生物因子包括入侵地环境基质(因子)、岛屿化程度或者与大陆的距离等。这些因子可单独或通过互作对生物入侵产生影响,因此,在分析繁殖体压力与生物入侵的关系时不能撇开它们,而应结合其中相关因子综合考虑(图 4.2)[8]。

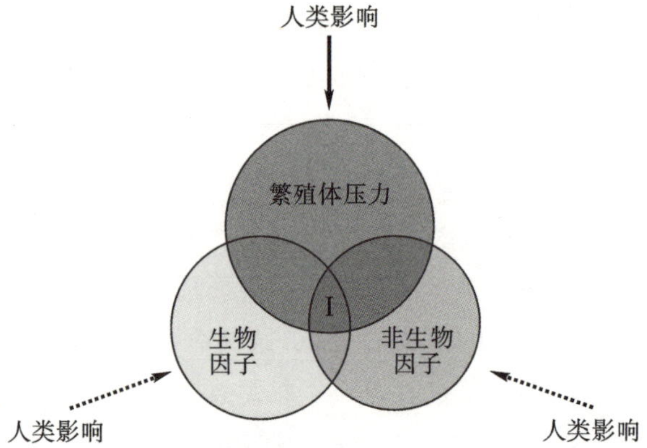

图 4.2　繁殖体压力、非生物因素、生物因素以及人类活动对生物入侵的贡献

注:圆圈的大小和颜色深浅程度分别表示对入侵促进作用的广度和强度,圆圈越大、颜色越深,促进作用越广、越强;实线箭头表示人类的影响较大,虚线表示影响较小;"I"区表示成功入侵的部分。

4.2.2　外来种自身特性对其定殖的影响

外来种能够成功定殖,本身可能具有独特的生物特性或独特的内禀优势(生态、生理、行为和遗传等)。这些特性使外来种相对于本地种在一定的环境中获得相对的竞争优势,或者更易于占据某些本地种不能利用的生态位。

4.2.2.1　外来种的繁殖与传播特性

外来种的繁殖特性对其在新栖息地种群的建立有很大作用。通常成功入侵的外来种都有很强的繁殖能力,能迅速产生大量的后代。对入侵植物而言,具有繁殖保障效应的单亲繁殖(包括自交、无性繁殖和无融合生殖)特性将有利于小种群迅速增长,有效降低种群瓶颈持续时间[9]。这些特性主要表现为:能通过种子或营养体快速、大量繁殖;世代短,具有一年多次开花的特性,且会产生大量的种子与幼苗;种子微小,或带有绒毛、薄片状结构,或带有倒刺钩状结构等,易于随风、雨、动物等传播;种子发芽率高,幼苗生长快,幼龄期短。以入侵植物紫茎泽兰(*Ageratina adenophora*)为例,它具有强大的生殖能力。有性生殖方面,紫茎泽兰结实量巨大,每株年产种子上万粒,且种子小又轻,带冠毛,成熟季节与春夏时期人们常见的漫天飞舞的杨柳种子极其相似;无性生殖方面,紫茎泽兰根茎都具有生根发芽能力,都可进行无性繁殖[10]。此外,一些动物生殖方式发生了改变,增强了入侵种群的适应性和竞争力。如来自于日本、马来西亚等地的瘤拟黑螺(*Melanoides tuberculata*)无性繁殖系入侵到南美提尼克岛后,产生了两个有性繁殖系;与无性繁殖种群相比,通过有性繁殖产生的后代数量较少但个体变大,在自然环境中具有更强的竞争力。

4.2.2.2　外来种的生态幅

生态幅(ecological amplitude),也称生态价(ecological valence)。每一种生物对每一种生态因子都有一个耐受范围(range of tolerance),即存在一个生态学上的最低点和最高点,在最低点和最高点(或者称耐受性的下限和上限)之间的范围称为生态幅。一般认为,成功的外来种对各种环境因子的适应幅度较广,对环境有较强的忍耐力,如耐荫、耐贫瘠土壤、耐污染等。这些特性使外来种在新栖息地建立种群时具有更强的适应性。与本地假泽兰(*Mikania cordata*)相比,薇甘菊(*M. micrantha*)在阳光利用方面更强,光合能力更高,最大净光合速率更高,拓展了该草的生活空间。再如我国重要入侵杂草空心莲子草(*Alternanthera philoxeroides*),它对温度的适应范围宽,其根和地下匍匐茎在 -5 ~3 ℃时冷冻 3 ~4 天都不会死亡;当水温降至 0 ℃时,水面植株已冻死,但水下部分仍有生活力;在贫瘠土壤中生长,经 30 天、35 ℃以上高温和干旱能照常生长,被铲除的根茎曝晒 1 ~2 天仍能存活;深埋 1 m 以下的根茎数年不死,仍能继续膨大生长[1]。引入地野外环境不一定是入侵种的最优生境,但成功入侵的鱼种往往能迅速找到适合生存的生境。如食蚊鱼表现出了很宽的盐幅和温幅,研究表明霍氏食蚊鱼(*G. holbrooki*)可以在 40 ℃的生境生存,也可以在 0 ℃的生境中越冬,还可以在严重污染的水体及低溶氧的环境中生存[11]。

4.2.3 外来种与本地种间的相互作用对定殖的影响

4.2.3.1 种间竞争

成功的入侵种在新栖息地的环境条件下,竞争能力往往强于处于相似生态位的本地种,在这种情况下外来种可以通过排挤本地种占据更多的生态位,从而有利于自己种群的建立。入侵植物豚草(*Ambrosia artemisiifolia*)具有较强的水肥利用能力以及生长繁殖能力,可以通过优先抢占水分、养分以及光照等资源,占据多样化的生境。在美国东部,千屈菜(*Lythrum salicaria*)的入侵导致36种同域分布的本土植物的传粉者访问频率平均降低20%以上[12]。在昆虫方面,研究发现入侵我国的B型烟粉虱(*Bemisia tabaci*)能利用"非对称交配互作"对策来驱动自己种群数量增长的同时并压抑土著烟粉虱种群增长,从而促进B型烟粉虱快速迅速入侵和扩张,取代危害性不大的土著烟粉虱。在土著烟粉虱数量占绝对优势情况下,数代之后B型烟粉虱逐渐获得了优势,并最终完全取代了土著烟粉虱,而且种群中B型烟粉虱雌性比例提高了,土著烟粉虱雌性比例下降了。这主要是因为,当2类烟粉虱共存时,它们之间并不能真正地完成交配,但相互间发生的一系列求偶行为及相互作用使B型烟粉虱的交配频率迅速增加、卵子受精率提高,后代雌性个体比例由独处时的约60%提升到70%~80%,种群增长速度加快;同时B型烟粉虱雄虫又频频向土著烟粉虱雌虫求偶,干扰了土著烟粉虱雌雄之间的交配,使后者交配频率下降,后代雌性比由独处时的约50%下降到20%~40%,抑制了其种群增长[1]。

4.2.3.2 化感作用

化感作用(allelopathy)是植物(含微生物)通过释放化学物质到环境中对其他植物产生的直接或间接的有害作用。种内关系和种间关系都有化感作用,是物种生存斗争的一种特殊形式,也是导致入侵种入侵成功的重要因素。例如,近几年对北美入侵性杂草铺散矢车菊(*Centaurea diffusa*)的研究发现,植物根系分泌物作为化感物质可以促进外来植物入侵。铺散矢车菊在原产地亚欧大陆不造成大的影响,进入北美后却很快建立种群并泛滥成灾。研究发现,在原产地与铺散矢车菊共存的植物,其根系分泌物可以抑制这种杂草根系对磷的吸收并抑制其生长。然而,新栖息地的类似植物,其生长反被这种影响根系的分泌物所抑制。紫茎泽兰能够成功入侵,与其化感作用也是密不可分的。紫茎泽兰成功入侵后,输入到根际的化感物质会使入侵地的土壤在微生物群落结构、酶活性及土壤养分等方面的成分组成和数量发生变化,通过增加有益功能菌,提高土壤养分,形成对自身有利的土壤生态环境,同时破坏了原有植物与土壤之间的生态平衡,影响当地植物的生长发育,从而促进它自身的扩张[10]。

4.2.3.3 天敌偏利作用

外来种传入新栖息地后,由于摆脱原产地天敌(病原体、捕食者、寄生虫等)的控制,产生比本地物种较低的天敌压力，这偏利促进了它们在入侵地建立种群。基于该观点，从原产地引进天敌进行生物防治已成为控制外来种的重要手段。著名的例子如澳洲瓢虫（*Rodolia cardinalis*）防治吹绵蚧（*Icerya purchasi*）。1860 年，柑橘吹绵蚧从澳大利亚传入美国加利福尼亚，因缺乏天敌很快暴发成灾，对当地刚刚兴起的柑橘产业造成了严重危害。而在原发生地澳大利亚，因有大量天敌控制，故该虫发生和为害程度低。1888 年，美国首次从澳大利亚引入澳洲瓢虫，释放于加利福尼亚柑橘园，较短时间内就明显压低了吹绵蚧的为害，并且这种瓢虫很快扩散到其他柑橘产区。2019 年 1 月入侵我国云南的草地贪夜蛾，天敌昆虫众多，可将其分为 2 类，分别是寄生性天敌和捕食性天敌。目前，草地贪夜蛾寄生蜂在我国已记录的有 16 种，如果再从它的原产地引进天敌，综合利用天敌防治害虫将可以减少化学防治带来的环境污染，产生很大的生态效益[13]。

近年来的研究表明，生物入侵是一个很复杂的过程，缺乏天敌的控制是某些外来种成功入侵的主要原因，但对另一些外来种来说则不是。例如，当外来种传入后，新栖息地的一些土著天敌可能转向取食外来种，形成其新的天敌，这将对入侵种在新栖息地种群的建立形成新的压力。

4.2.4　新栖息地生态系统对定殖的影响

4.2.4.1　新栖息地群落生物多样性

群落的生物多样性对抵抗外来种的入侵起着关键性的作用，物种组成丰富的群落较物种组成简单的群落对生物入侵的抵抗能力要强，也就是说，新栖息地物种组成越丰富就越不利于入侵种建立种群。例如，物种多样性较高的海洋底栖生物群落中，不同物种的生活史周期相互交叠程度大，本地种能长时间保持对空间的高效利用，剩余的可利用空间很少，以致外来底栖生物难以建立种群。

4.2.4.2　新栖息地环境变化

新栖息地环境变化主要来自外界干扰的影响，一般认为栖息地受到干扰有利于入侵种建立种群。干扰可分为自然干扰与人为干扰，都能在群落中形成空的生态位，降低了这些区域的土著生物群落对入侵的抵抗力，使外来种易于进入定居。人为干扰如修建道路、城市化、垦荒、放牧等对土著群落的破坏大而且很大程度上改变了小环境，同时还促进了外来种种群的建立，对生物入侵的促进作用较大。但食草类野生动物的取食、山火等自然干扰对入侵造成的影响也不容忽视。

4.3　种群潜伏

在传入与定殖后，外来种需要适应新环境中各种生物与非生物因素，并开始进行适应性调整。我们把外来种在建立种群后到扩散迁移前的时间积累称为时滞效应(time-delaying),并用潜伏期(latent period)来描述从定殖到扩散之间所经历的时间过程,此为生物入侵过程中的第三阶段。

不同入侵种的潜伏期表现不一,有些种类的潜伏期非常短,仅需几代的时间,有些则需经历上百年甚至更长时间。对于入侵德国的184个木本植物的时滞阶段调查发现,木本灌木的平均时滞阶段为131年,而树的时滞阶段是170年。时滞效应的产生涉及多方面原因,存在不同的生态机制。然而,生态学家还不清楚哪个机制对于时滞效应的产生是最重要的,在实践中还很难人为调控时滞阶段。既然外来种在种群暴发以前常以较低数量维持数十年之久,这个时滞阶段应是我们控制其进一步扩张为害的重要时段,但我们对入侵种的风险常做出错误的评估,以致错过关键防控时机。与入侵种发生时滞效应相关的机制有很多。

(1) 繁殖压力:以互花米草为例,该入侵植物在北美西部海岸最初的扩张很慢,很大程度上与低种群密度下授粉率下降进而导致种子产量非常低有关。

(2) 物种互作:佛罗里达州的无花果树(*Ficus carica*)在数十年内没有发生入侵扩张现象,但是当无花果蜂(*Blastophaga psenes*)出现后,大大推动了无花果树的授粉,几年内该地区的无花果树就出现四处快速蔓延的趋势[1]。

(3) 环境的异质性:外来种来到一个新的地区后,常面临异质环境条件。在最佳生境里,外来种种群数量可以快速增长,空间上也会快速扩张,而在次佳的生境里,种群的增长和扩张将变得缓慢。此外,种群在不利的气候条件下(如干旱、多雨、低温等)增长缓慢,而气候条件一旦变得适宜时,种群可能在短期内扩大分布范围。如克隆植物的繁殖方式、物种特性、生长结构和种群密度有利于它们在异质性生境的竞争。

(4) 遗传进化:在许多情况下,入侵种在面临强选择压力时(如新的天敌昆虫、病原微生物),可能会推动其在形态结构或生理上产生细微的进化改变。通过进化以提高其适应性常需要经历较长的时滞阶段,其间有助于入侵种累积起足够的遗传变异,为发生进化提供遗传基础。研究表明,入侵物种种源种群的加性遗传变异程度越高则更有利于入侵成功。

4.4 种群传播、扩散和扩张

外来种经过潜伏阶段的适应调整,在适宜的条件下种群发展到一定数量后开始向其他地区传播。外来种可以主动或被动地在不同区域进行迁移,就称作"传播"(propagation)。"扩散"(dispersion)是外来种在"传播"的基础上,分布范围进一步扩大。外来种"传播"和"扩散"的后对生态系统或人类社会造成了危害即为"扩张"(spread)。外来种经过“传播”和“扩散”的过程，导致“扩张”的结果，形成了生物入侵过程中的第四个阶段。

任何物种在生态扩张或演化上的成功最终取决于扩散能力，因此，扩散对于入侵种的扩张极其重要。影响入侵种扩散距离的因素很多，包括物种本身、环境条件或扩散载体类型等。

4.4.1　扩散的类型

入侵种的扩散包括短距离、长距离和分层扩散。

长距离扩散在某一入侵种种群中出现的比例较低，但是在很多入侵事件中经常发生。例如，在入侵动物方面，家八哥（*Acridotheres tristis*）经历了长距离全球传播，被世界自然保护联盟列为世界上 100 种最具侵略性物种中仅有的三种鸟类之一[14]。对于入侵植物而言，车辆导致的植物长距离扩散很普遍。德国的一项研究表明，车辆可导致入侵植物沿单一机动车道每年每平方米扩散 635 ~ 1579 粒种子，长距离扩散加速了植物入侵，并导致生物多样性的快速改变。

分层扩散是短距离扩散和长距离扩散的一种结合方式。入侵物种在新环境建立后，通过分层扩散扩大其活动范围，即局部生长和空间扩散同发现新殖民地繁殖体的长距离移动相结合。因此，到达和建立的阶段依次重复，直到整个易受入侵的栖息地被占据。这种现象的一个经典例子是入侵明尼苏达州东北部的舞毒蛾（*Lymantria dispar*），它的一龄幼虫借助丝线短距离扩散，其他生活史阶段则借助人们的活动长距离传播。在早期阶段，舞毒蛾长距离扩散，当该地区被高密度种群占领后，就再也不能发现长距离扩散移入的种群。因此，长距离扩散在舞毒蛾入侵的初期发挥着重要作用，而入侵后期则短距离扩散则发挥重要作用。

有些入侵种更复杂。例如红火蚁（*Solenopsis invicta*）扩散方式兼具短距离、中距离、长距离 3 种，短距离以蚁群以每次 4 ~ 5 m 距离迁移的方式不断迁移占领更大领地；中距离以婚飞雌蚁飞行扩散方式每年拓展 300 ~ 500 m 发生区；长距离随货物运输而作几十至数千千米甚至上万千米的扩散。

4.4.2　扩散的载体类型

4.4.2.1　以动物为载体的扩散

陆地植物种子可随取食种子或果实的动物扩散，不同的动物可将种子从母体植物上带到不同的距离。取食种子的动物很多，例如，一种蓟（*Cirsium japonicum*）种子的取食传播昆虫就有实蝇科、象甲科和卷蛾科等，它们对蓟的扩散起重要促进作用。不同动物为载体导致种子扩散的距离差异较大。例如，雀形目鸟类扩散樱桃种子的距离短，50% 的扩散距离小于 51 m，而哺乳动物和中等大小的鸟类可扩散更长的距离，50% 的哺乳动物扩散种子的距离超过 495 m,50% 的中等大小的鸟类扩散种子的距离常超过 110 m。

孢子植物不产生种子,生活史通过产生孢子的方式完成后代繁殖,它们的繁殖体也能够被不同的动物传播。一些特殊的孢子植物能够感染蚂蚁并寄生于蚂蚁体内;鸟类长距离传播有活力的种子,同时可传播丛枝菌根真菌的繁殖体;苔藓植物的传播主要依赖脊椎动物,如啮齿类和鸟类(绿头鸭和凤头麦鸡);蕨类植物的传播出现在北欧驯鹿、家蟋蟀、甘蓝夜蛾等动物中; 地衣(真菌和藻类的共生体)也被某些动物传播,如:皇信天翁、欧亚鸲等[15]。

此外,病原菌也可借助动物扩散。例如,野生鸟类可携带西部尼罗病毒(West Nile Virus,WNV)扩散数百至数千公里,目前该病毒已在法国南部的地中海湿地地区蔓延扩张。

4.4.2.2 以风、水和气流为载体的扩散

陆地植物可借助风扩散,扩散的距离取决于风向和风速等。此外,陆地植物也可通过水扩散。例如,刺轴含羞草(*Mimosa pigra*)就主要沿水路扩散,它的种子可以随水漂浮且频繁水生,入侵了很多水道,并淹没了热带和亚热带地区的沼泽地。而陆生动物有时也能借助水流来完成扩散,如稻水象甲(*Lissorhoptrus oryzophilus*)、红火蚁就可以借助水流进行扩散。此外,许多动物的若虫和成虫都可借助于气流进行扩散,如现分布于我国台湾、澳门、香港的松突圆蚧(*Hemiberlesia pitysophila*),其低龄的若虫能随气流扩散到内地的深圳和珠海。而马铃薯甲虫(*Leptinotarsa decemlineata*)的成虫,在气流的带动下可扩散到 170 km 以外的地区[1]。

4.4.2.3 入侵动物的自行扩散

入侵动物可以自己扩散。例如,原产于东半球的热带或亚热带的四纹豆象(*Callosobruchus maculates*)通过成虫飞翔进行近距离扩散传播。美洲斑潜蝇(*Liriomyza sativae*)的成虫具有一定的飞翔能力,可进行较远距离的自由扩散。红火蚁通过婚飞可进行 300 ~ 500 m 的短距离扩散。河蚬(*Corbicula fluminea*)在西欧迅速传播,2010 年首次在爱尔兰被记录,之后在 4 个不同的河流集水区发现了它,虽然其中 3 次事件可能是由于引入了钓鱼设备或休闲工艺,但随后的扩张是自然传播的结果[16]。

4.4.2.4 以人为载体的扩散

人类常无意识地促进外来生物的扩散。例如,园林业有目的地运输物种、毛皮和宠物贸易中动物的扩张、一些鱼类在修建的水渠中扩散、种子贸易、外来植物通过农业生产扩散、外来植物的种子随人们穿的鞋或汽车轮胎扩散,以及水生生物作为饵料或者依附在游轮的底部到处移动。

4.4.3 影响扩散的因素

多种因素影响外来种的扩散距离,如外来种自身特性,在同样的载体下,不同物种扩

散距离不同。例如,入侵山楂(*Crataegus monogyna*)通过鸟和哺乳动物扩散的距离为数千米,而樱桃(*Prunus mahaleb*)通过鸟和哺乳动物扩散的距离还不到 100 m。同时,入侵的环境对外来种的扩散影响较大。例如,小花凤仙花(*Impatiens exiguiflora*)可以在草本层覆盖密集的地方生长。冠层开放度对该植物性能有负面影响。在营养水平低和土壤湿度低的地点,幼年死亡率最高。与酸性土壤相比,小花凤仙花在中性土壤中的表现更好。环境结构和风向对种子的扩散距离影响最大,猛烈而不稳定的大风是最有利于种子扩散的[17]。此外,从上面介绍的扩散载体类型可以看出,载体在影响入侵种扩散距离方面起着重要作用,在分析扩散距离时,充分考虑自然扩散载体的类型是非常重要的。

查尔斯·埃尔顿(Charies Elton)在 1958 年提出一个经典假说,认为群落的生物多样性对抵抗外来种的入侵起着关键作用,物种组成丰富的群落较物种组成简单的群落对生物入侵的抵抗能力要强。外来种在新栖息地必须有足够的可利用资源才能成功入侵,在生物多样性低,特别是在经常受到人类的干扰或已经退化的生态环境中,侵入的外来种比较容易扩散。例如,在云南和四川已造成严重危害的紫茎泽兰,其入侵的就是大面积退化草地。人类为红火蚁成功入侵开拓出了适宜的生境,就是被严重干扰而形成的农田、荒地、草坪、灌木丛等。在生物多样性低,特别是退化的生态系统中,物种单一,一些资源被过度利用,而另一些资源则被闲置下来或没被充分利用,外来种正是借助这些闲置或没被充分利用的资源而得到发展。

4.5 种群暴发

当外来种经过大面积扩散后种群大量繁衍,对当地生态安全、经济生产和社会安定等造成消极影响,就称之为“暴发”(outbreak),是生物入侵过程的终极阶段。“暴发”是“扩张”的延续。外来种入侵新栖息地后,经过一定时间的潜伏、适应和扩散,当种群数量积累扩张到一定程度,即达到暴发阶段,这也是生物入侵从量变到质变的过程。

作为一个成功的入侵种,种群必须经历扩张与暴发,从而实现高密度和大尺度的空间分布,特别是这些外来生物的暴发有能力造成显著或严重的经济、生态和社会消极影响。例如,入侵杂草紫茎泽兰 1997 年对四川造成的直接经济损失高达 1.19 亿元。此外,入侵种暴发后还会造成巨额的间接损失。通过间接经济损失模型的评估,2000 年外来种入侵对中国大陆森林生态系统造成的间接经济损失为 154.4 亿元,其中松材线虫、松突圆蚧、红脂大小蠹(*Dendroctonus valens*)、日本松干蚧(*Matsucoccns matsumurae*)、美国白蛾(*Hlyphantria cunea*)和湿地松粉蚧(*Oracella acuta*)6 种外来林业害虫入侵引起的危害最大,造成的损失为 140 亿元,占总损失的 90.7%[1]。

(杨国庆)

参考文献

[1] 万方浩,侯有明,蒋明星,等.入侵生物学[M].北京:北京科学出版社,2015.

[2] 中华人民共和国生态环境部.《中国自然生态系统外来入侵物种名单(第四批)》[EB],(2016-12-20)[2023-03-09]. https://www.mee.gov.cn/gkml/hbb/bgg/201612/t20161226_373636.htm.

[3] 郭井菲,赵建周,何康来,等.警惕危险性害虫草地贪夜蛾入侵中国[J].植物保护,2018,44(6):1-2.

[4] 田雯,王书平,韩阳春,等.进境货物中苍耳属杂草截获与苍耳属分类[J].植物检疫,2021,35(1):8.

[5] RESTAINO D J, BOLOGNA P A X, GAYNOR J J, et al. Who's lurking in your lagoon? First occurrence of the invasive hydrozoan *Moerisia sp.* (Cnidaria: Hydrozoa) in New Jersey, USA[J]. Bioinvasions records, 2018, 7(3):223-225.

[6] 孙玉剑,唐健,郭瑞,等.松树蜂风险分析及防控对策研究[J].中国森林病虫,2018,37(4):16.

[7] 霍新北.我国城市德国小蠊的入侵及预防控制[J].中国媒介生物学及控制杂志,2015,26(2):115.

[8] CATFORD J A, JANSSON R, NILSSON C. Reducing redundancy in invasion ecology by integrating hypotheses into a single theoretical framework[J]. Div Distrib, 2009, 15:22-40.

[9] 侯新星,辛建攀,陆梦婷,等.江苏外来入侵植物区系、生活型及繁殖特性[J].生态学杂志,2019,38(7):1982-1985.

[10] 李霞霞,张钦弟,朱珣之.近十年入侵植物紫荆泽兰研究进展[J].草业科学,2017,34(2):283-285.

[11] 郦珊,陈家宽,王小明.淡水鱼类入侵种的分布、入侵途径、机制与后果[J].生物多样性,2016,24(6):674-676.

[12] 孙士国,卢斌,卢新民.入侵植物的繁殖策略以及对本土植物繁殖的影响[J].生物多样性,2018,26(5):459.

[13] 刘瑞涵,瓮巧云.天敌昆虫防治草地贪夜蛾的研究进展[J].农业科学,2021,41(8):33-35.

[14] JOSEPHINE B, SIMON C, KIM C, et al. Radiotracking invasive spread: are common mynas more active and exploratory on the invasion front? [J]. Biol Invasions, 2020, 22:2525-2530.

[15] 王琴,陈远,禹洋.动物对孢子植物的传播模式及进化意义[J].生物多样性,2021,

29(7):997 -999.

[16] DAN M, RICK B. Natural dispersal of the introduced Asian clam *Corbicula fluminea* (Müller, 1774) (Cyrenidae) within two temperate lakes [J]. Bioinvasions records, 2018,7(3):260 -262.

[17] ANNA F, ZUZANA M. Drivers of natural spread of invasive *Impatiens parviflflora* [J]. Biol Invasions, 2018, 20:2122 -2125.

第 5 章
入侵种的生物学特征

1982 年,国际环境问题科学委员会(Scientific Committee on Problems of the Environment,简称 SCOPE)提出了生物入侵的三大核心问题,其中有一个关于外来种入侵性的问题,即:什么因素能够决定一个外来种成为入侵种。换言之,在入侵种自身的生物学、生态学特性中,是否存在一些特性可助其成功入侵?大量研究发现,一些外来种之所以能成功入侵,确实与其生活史对策、表型可塑性、适应性进化等生物学特性密切相关。这些特性很大程度上决定了外来种的入侵竞争力及入侵的时空变化过程[1]。

5.1 生活史对策

植物和动物在其一生中均要经历生长发育和繁殖阶段,这两个阶段前后相继、有规律循环的全部过程,称为生活史。20 世纪 90 年代以来,通过对成功或未成功定殖的外来种、入侵和非入侵性物种之间众多性状的系统比较,生态学家对一些与入侵性密切相关的生活史特征进行了分析与总结,归纳出外来有害生物入侵扩张的生活史对策。生活史对策(life - history strategy)指的是物种在特定环境下协同进化发展起来的一种有关生活史特征的复杂格局,其策略是种群在面对环境变动时能够作出生活史特征上的可塑性反应[2]。而 r 对策(r - strategy)和 K 对策(K - strategy)是生物适应环境的两种生活史对策,为长期进化过程中所形成的。r 对策是一种有利于增加内禀增长率的策略。r 对策者往往个体较小,生殖和扩散的能力较强,成熟早,寿命短,防御和保护幼体的能力弱,死亡率高,但在种群密度较低时通过迅速增长久就能恢复到较高水平,如大多数昆虫、农田杂草、土壤微生物。K 对策是一种有利于竞争能力增加的策略。K 对策者的特征与 r 对策者特征正好相反，生长慢，生殖力低，寿命长，保护幼体的能力强，存活率高，一旦环境条件恶化其种群数量有可能快速下降而难以恢复到原有水平，如大多数脊椎动物、多数森林树木。也有许多生物处于这两种对策之间，为过渡类型。

5.1.1 入侵植物的生活史对策

对世界不同地区、不同类别植物的大量研究发现，在植物的形态、生理、繁殖以及与适应环境相关的诸多性状中，有一些与入侵性的关系十分密切；而有一些性状，它们与入侵有一定的关系，但关系不十分密切；还有一些性状，则与入侵的关系非常小（图 5.1）。当然，某一具体性状与入侵的关系，因所研究的物种而异，而且还会受到物种所处的生物地理学特征（如气候条件等）、环境状况（如资源水平、是否受到干扰）等因素的影响。此外，还会受到研究方法的影响，不同研究人员采取的方法不同时，所得到的结果会有差异[3]。

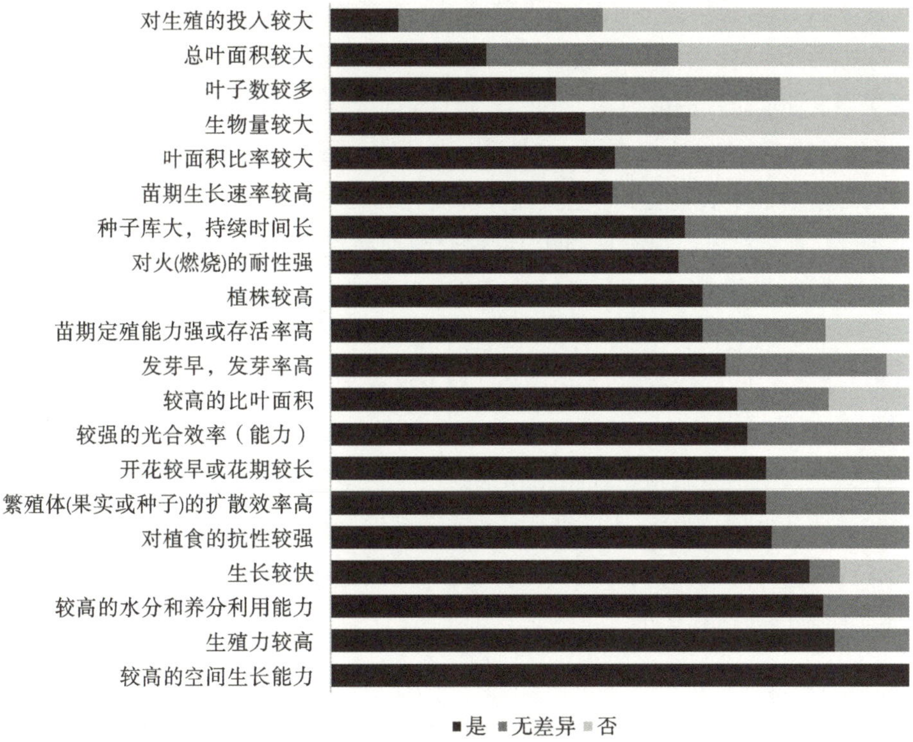

图 5.1 植物生物学性状与入侵关系的研究结果分析

注：图中“是”和“否”对应的百分率，分别表示这些研究中分别支持和反对“性状与入侵存在相关性”的结果比例，“无差异”的百分率表示在此项分析中看不出差异的结果比例。

5.1.1.1 入侵植物的生长发育对策

入侵性强的外来植物常具有种子萌发快、存活力强、发育快等特性，这些特性有利于提高光合效率,增强对水和营养资源的利用能力。

(1)种子萌发和休眠特性:入侵植物的种子成熟期一般较短,而且不少种类(尤其是入侵性杂草)的种子无休眠特性,新鲜种子可直接萌发,或者休眠期较短,十分容易解除。植物的发芽行为影响着植物的适应性、持久性、进化潜力以及生物环境,这对一个物种的入侵潜力有重大影响。据报道,入侵物种比非入侵物种或本地同类物种有更广泛的发芽条件。一般来说,入侵物种或归化物种比本地物种发芽更早或更快,尽管也有例外。例如,对加州海岸鼠尾草(*Salvia japonica*)灌丛中常见的 12 种外来种和 12 种本地种的可塑性(在有利条件下萌发率的增加)对环境信号(温度、日照长度和土壤湿度)的响应发现,外来种的发芽稳定性更强,尤其是一年生植物,它们比本地物种发芽更早,百分比始终较高,对有利条件(温暖的温度和高土壤湿度)的响应更强[4]。因此,与入侵植物相比,这些本地植物在竞争上往往处于劣势。另外,一些入侵植物的种子休眠期间能在土壤中具有很强的存活能力,即使历经多年仍能正常萌发。此类植物,经多年积累后形成一个较大的种子库,其种子可分期萌发,以避免同时萌发可能带来的灭绝风险,表现出很强的适应或者耐受不良环境条件的能力。

(2)生长速度和空间生长能力:在植物生长发育过程中,生物量的快速积累及其分配模式的及时调整是外来入侵植物适应光环境变化的一种策略。加拿大一枝黄花(*Solidago canadensis*)在低光下克隆分株减少,重度遮阴抑制克隆生长和繁殖能力,难以通过克隆生长占据生境,不易形成入侵;同时其克隆生长构型由根茎较长、分株个体距离较远的“游击型”向根茎较短使得分株个体距离很近的“密集型”变化,从而提高其资源竞争力适应低光环境。三叶鬼针草(*Bidens pilosa*)和大狼耙草(*B. frondosa*)在低光下,通过增加对叶的投入同时减少对茎和根的投入来提高入侵种对资源的捕获和利用能力[5]。

(3)发育成熟期:发育成熟期指植物从开始生长至发育成熟所需要的时间。和非入侵植物相比,入侵植物的发育成熟期通常较短,因此它们能在较短的时间内即可产生较多后代,迅速扩大种群数量。在北美洲,具有入侵性的木本植物发育成熟期平均仅有 4 年,而本地植物则长达 6.9 年。

5.1.1.2 入侵植物的繁殖对策

繁殖对策作为植物生活史中的一个重要环节,在植物种群增长和扩散、群落结构和生态系统功能等生态过程中均具有重要作用。已有研究表明,植物繁殖对策影响着外来植物入侵进程及其生态学效应。明确外来植物的繁殖对策以及对本土植物繁殖的影响,将有利于进一步了解外来植物的入侵机制。

(1)开花时间:开花早有利于入侵。据报道,入侵到欧洲中部的外来植物中,开花早者传入的年份往往较早,而开花迟者传入时间相对较迟。但是,开花早不一定是入侵植物的共性。例如,千屈菜(*Lythrum salicaria*)在原产地开花较早,而在入侵地由于开花前的营养生长期明显延长，致使其开花时间明显较迟。入侵植物尤其是木本植物的花期通常较长，这一点对入侵和扩张十分有利。例如，团扇荠（*Berteroa incana*），它的开花期很长，花粉产生量较大，可吸引较多传粉昆虫而产生较多种子，由此增加种子被传播的机会[6]。

（2）繁殖能力：植物繁殖能力与植物入侵能力通常呈正相关，即植物繁殖力越高，其入侵能力往往越强。很多入侵植物具有很强的繁殖能力，可进行无性生殖的植物更是如此。例如，凤眼莲（*Eichhornia crassipes*）茎的萌蘖速度很快，在适宜条件下每 5 天就能繁殖出一新植株，从而植株的生长呈几何级增长。同时一些入侵植物产生种子的能力也十分惊人，如薇甘菊（*Mikania micrantha*），花的生物量占植株地上总生物量的 40% 左右，在仅仅 0.25 m^2 的范围内可产生 2 万 ~5 万个花序，8 万 ~20 万个小花，产生的种子数目通常在 10 万粒以上[1]。

（3）繁殖方式：植物的繁殖方式分为有性生殖和无性生殖。有性生殖是指由植物产生有性生殖细胞即配子，配子结合形成合子或受精卵，然后再由它们发育成新个体的繁殖方式。无性生殖是指在植物体上产生无性生殖细胞 - 孢子，再由孢子直接发育成新个体的繁殖方式。其中，营养繁殖是无性繁殖最常见的一类，它是指植物的营养器官（根、茎、叶）具有再生的能力，当它的某一部分和母体分离后（或不分离），在适当的条件下直接长成新个体的繁殖方式。植物入侵性与繁殖方式的关系并不密切，但针对某种具体的植物而言，其采取的繁殖方式会显著影响到其入侵能力。

有性生殖（sexual reproduction）：在一类植物中，若自交亲和会有利于入侵，这是因为与自交不亲和的植物相比，自交亲和者即使在小种群情况下也具备足够多的合适配子，从而有利于克服或减轻阿利效应。阿利效应指一个物种任一适合度组分（如存活率或繁殖率）与该物种密度或数量之间存在着正相关，即如果某一物种经历阿利效应，当该物种密度低时，某些适合度将会下降。而且，自交亲和的这种优势，不仅发生于在入侵早期的小种群即奠基者当中，还延续至后面的种群发展时期，从而可对入侵起到很大的促进作用。例如，一年生菊科植物胜红蓟（*Ageratum conyzoides*）在入侵早期和种群发展时期通过自交亲和为入侵成功奠定了一定的基础[6]。据报道，菊科大部分种是自交不亲和的，但广泛分布于我国的 12 种入侵菊科植物中有 8 种自交亲和，而全球 36.8% 的菊科入侵植物自交亲和[7]。

无性生殖（asexual reproduction）：在入侵植物中，采用无性生殖方式的比例往往高于非入侵的种类，或者入侵地的土著物种。如在我国的 515 种入侵植物中克隆植物有 196 种，占总数的 38.1%；北美和欧洲入侵植物中的克隆植物也占 46.9% 和 66.7%[7]。许多能进行营养繁殖的植物具很强的入侵性。它们能利用根、地上茎或地下茎等营养体的片段快速进行繁殖，短时间内快速建立庞大种群；而且通过借助土壤的携带，其营养体十分容易被传至异地，从而快速实现种群空间上的扩张。如能无融合生殖的西洋蒲公英（*Taraxacum officinale*）原来分布于欧亚大陆，现在已是美洲、非洲南部、澳洲和新西兰等地的杂草[7]。

既可有性生殖，又可无性繁殖：这是许多入侵植物的共同特征。各种生殖方式主要在入侵的哪一阶段或者何种环境下起作用，作用有多大，无统一的模式。下面以一些具体事例加以说明。

外来植物的繁育系统在入侵后发生改变，主要是从异交（或有性繁殖）为主转变成自交（或无性繁殖），在入侵过程中由于遗传漂变（genetic drift）和奠基者效应，仅有一种交配型被保留下来从而被迫进行自交（无性）繁殖。最近发现入侵到澳大利亚的 3 种萝藦属（*Metaplexis*）植物均具有自交亲和的繁育系统，这在普遍自交不亲和的萝藦属中非常罕见。虽然研究涉及的 2 种在原产地自交亲和，但其中 1 种在原产地为自交不亲和。又如入侵澳大利亚的一年生植物车前叶蓝蓟（*Echium plantagineum*，原产欧洲东南部和地中海地区）和黄矢车菊（*Centaurea solstitialis*，原产地中海盆地）均为自交亲和，但在原产地均自交不亲和。源自美洲大西洋沿岸和墨西哥湾的互花米草（*Spartina alterniflora*）种群在入侵滩涂的自交结实数量比原产地高出 2 倍。显然，从异交到自交繁殖系统的改变促进了入侵植物在新生境的定殖和建群[7]。

有趣的是，一些入侵植物能通过改变自身遗传结构，或者在外界某种环境因子的影响下，诱发获得一种有利其入侵的生殖方式，甚至由此发展形成其他"物种"。例如，在米草属（*Spartina*）植物中，有许多物种相互间能杂交，一些杂交种虽然不育，但经过染色体加倍后可获得一种有效的生殖方式，从而成为入侵力极强的可育种，如大米草（*S. anglica*）的产生即如此。又如，在小叶榕（*Ficus microcarpa*）中，一种传粉昆虫榕小蜂（*Eupristina verticillata*）的出现，促使该植物形成了有性生殖方式，从而促进了该植物的入侵。

5.1.2 入侵动物的生活史对策

与植物相比，对动物有关性状与入侵性关系的认识明显较少。下文对入侵昆虫、鸟类和鱼类研究中的一些发现做介绍。

5.1.2.1 入侵动物的生殖对策

在入侵性鱼类中，西部食蚊鱼（*Gambusia affinis*）的生殖特性中存在的混交现象有助于其在短时间快速建立入侵种群。即：达到性成熟的雌鱼可以贮存多尾雄鱼的精子，同时根据环境情况随时调整受孕时间。值得注意的是，雌鱼可以贮存精子越冬，来年繁殖季节再开始受孕。也就是说，仅一尾携带精子的雌鱼就可以在引入生境内快速建立种群，对于引入后种群的建立和扩张起着极大的推动作用。还有研究表明在夏威夷岛水体环境波动较大的水体中，食蚊鱼种群会早熟并提高生殖投入，而波动小的水体中食蚊鱼晚熟并降低生殖投入。这种生活史策略经过同质园试验的证明是可以稳定遗传的[8]。在入侵性昆虫中，一些研究表明，较小的天敌压力是外来昆虫成功入侵的重要条件。但是，在昆虫生活史方面，还不清楚是否存在一些与入侵相关的性状，现有的认识仅来自于一些个例研究。研究发现，营孤雌生殖（parthenogenesis，指卵不经过受精就能发育成新个体）的昆虫与营有性生殖的生物型（指基因型相同的个体总称）或亚种相比，入侵成功的可能性至少要高1倍，而且不存在阿利效应。例如，原发生于美洲而今扩张至东亚、南欧等地的稻水象甲，孤雌生殖被认为是其成功入侵并快速扩张的重要因素。

在入侵性鸟类中，抱窝次数多、个体大十分有利于定殖；抱窝次数多、卵质量小、幼雏期短、寿命长则有利于定殖后的种群扩张。一些入侵鸟类在交配和繁殖期间无明显的性选择，这有助于找到合适配偶和提高繁殖效率。

5.1.2.2 入侵动物的取食对策

中国科学院动物研究所动物入侵生态学研究组和鸟类行为功能与进化研究组，以全球247种外来鸟类在199个国家或地区的9899次成功建群事件和2370次失败建群事件为研究对象，发现一些鹅类、涉禽、亚马孙鹦鹉（*Amazona*）等表现出更高的建群成功率，这些鸟类普遍具有较强的捕食行为创新性；在综合控制繁殖体压力、气候匹配、历史入侵熔断、种群增长潜力以及不同鸟类谱系发育关系基础上，研究人员发现捕食行为的创新性为外来鸟类在新地区成功建群发挥了重要作用；进一步将捕食行为创新性分解为对新环境中不同于原产地的新食物的识别和利用能力（即"捕食对象创新性"），以及不区分新/旧食物、但在面对难以获取食物时的搜寻和处理能力（即"捕食技能创新性"）后，发现相对于"捕食对象创新性"，"捕食技能创新性"对外来鸟类建群成功更加重要，这意味着成功建群的鸟类具有从不同技能上扩展其食谱的潜力，如何获取到食物比具体选择哪些食物对外来鸟类在新地区能否成功建群更为关键。该研究有助于更加深入的理解动物行为可塑性对外来物种成功入侵的影响，并为预测外来物种以及本土物种在当今环境加速变化下的快速响应提供了新的视角[9]。

5.1.3 基于生活史特征的内禀优势假说

与非入侵种相比，入侵种不仅在生活史方面具有许多优势，而且在遗传和进化等方面也具优势。为此，生态学家从入侵种的入侵性角度解释其入侵机制，提出了"内禀优势假说"（inherent superiority hypothesis），认为一些外来种之所以能够成功入侵，是由于它们本身在形态、生理、生态、遗传、行为等方面具有许多特定的性状，使其在环境适应、资源获取、种群扩张等方面的表现胜过其他物种（尤其是入侵地的物种）。

需指出的是，与入侵相关的"优势"性状，并非孤立地对入侵发生作用，而是同外界环境中的生物和非生物因子一道，共同影响着入侵。因此，我们在分析相关性状在入侵中的作用时，不能撇开与入侵相关的那些环境因子；同时，分析时还应需结合物种的表型可塑性和适应性进化能力、生态系统可入侵性等因素，这样才能对性状的作用做出科学的评价。

5.2 表型可塑性

表型可塑性(phenotypic plasticity)是指生物体(物种)的一个单独基因型能在不同的环境中表达出不同的表型特征。这些表型可以是形态、生理、行为或者物候等与生物适合度相关的诸多方面。适合度，也称适应值，指某一基因型个体与其他基因型个体相比能够存活并把它的基因传给下一代的能力。

多年来，表型可塑性是外来种入侵机制研究的一个重要内容，也是衡量外来种潜在入侵能力大小的一个重要指标。至今，在不同种类的生物尤其是植物中，已发现许多种类具有很强的表型可塑性，由此能适应多种不同的环境条件，促其成为世界性的入侵种。下文主要以入侵植物为例，对表型可塑性及其与入侵的关系做一介绍。

5.2.1 表型可塑性的类型

从是否有利于提高生物适合度的角度，表型可塑性分适应性与非适应性两种。适应性可塑性(adaptive plasticity)，指在可利用的资源有限或缺乏等不利环境条件下，生物某个(些)性状所发生的可塑性变化有助于提高其存活或繁殖，从而可提高其适合度。这种可塑性体现了生物的一种“主动”适应环境变化的能力，它受遗传控制，可以稳定遗传，并可在选择压作用下发生遗传变异而进化。

非适应性可塑性(non - adaptive plasticity)，指性状的变化不引起适合度提高，甚至反而可能对生物自身有害，降低其适合度。例如，对西班牙马德里的一些处于森林底层的树种〔夏栎(*Quercus robur*)、比利牛斯栎(*Q. pyrenaica*)、长白松(*Pinus sylvestris*)和海岸松(*P. pinaster*)〕的研究发现，在其苗期，若在遮光条件下对光表现出较高的可塑性时，会导致很高的死亡率。这是因为，由于它们处于森林的底层，高的表型可塑性(如增加植株高度)，其植株高度也达不到上层植株高度而获取更多的光照，因此只会浪费有限的资源。非适应性可塑性是有限资源条件下生物的一种“被动”反应，不能进化，故不能使生物达到一种适应性。在特定环境条件下所观察到的生物表型变化，实际上是生物主动和被动反应的综合结果。

在植物中，根据可塑性提高适合性的具体方式，表型可塑性可分为以下几种：①生活史可塑性是指与生长、繁殖、营养分配等相关的一些生活史性状可随环境的变化而变化。例如，当环境条件不适合时，有的外来植物生长会加快，生活史缩短，开花时间提早，营养分配朝着有利于繁殖的方向变化。②发育可塑性是指生物一些解剖学特征的可塑性，如植株大小，叶的导管面积和表皮层厚度，根的结构，种子大小等。③功能特性可塑性是指与利用资源能力相关的一些性状的可塑性。例如，在土壤养分、水分条件较差的条件下，植物的根系会伸长或增粗，根长度与整个植株长度之比提高，以提高利用养分和水分的能力。又如，在遮阴条件下，有些植物的节间和叶片会伸长，以提高利用光照的能力。

显然，对可塑性进行分类时，并无严格的分类标准，通常依照所分析的内容而人为划分。而且，所划分的不同种可塑性往往是有交叉的，例如，发育可塑性的出现，可能与资源利用有关，故一定程度上也是功能特性可塑性的表现。

5.2.2 表型可塑性的影响因素

在很多情况下，生物的可塑性水平不如想象的那么高，这是因为，作为它们应对环境变化的一种反应方式，它的发生不仅本身需要有代价，而且还受到多种内在和生态因子的影响。对外来植物而言，产生影响的内在因子包括：可塑性相关的遗传学代价，资源分配策略，发育方面的制约，可塑性反应的滞后时间长短（从接触某环境条件到表型发生变化经历的时间长短）等；生态因子包括环境信号的可靠程度，非生物胁迫，竞争者、植食者状况等。

表型的可塑性程度与遗传变异程度有关，但两者并无必然的联系。尤其需强调的是，遗传变异程度较低时，表型可塑性不一定就小，这是因为，生物的许多重要表型是数量性状，由多个基因控制。例如，有学者对印度洋西南留尼汪岛上的一种入侵害虫普瘿蚊（*Procontarinia mangiferae*）研究发现，虽然它在当地的遗传多样性不高，但具有很高的表型可塑性，能适应多种不同的生态条件，在食性上表现为该瘿蚊既可取食芒果的花，又可取食幼叶，相比之下，当地同属的其他普瘿蚊，虽然具较高的遗传多样性，但只能取食花或幼叶其中之一。又如，空心莲子草（*Alternanthera philoxeroides*）原产南美洲，是一种恶性入侵植物，虽然他们原产在热带的水域中，但在入侵地主要依赖表型可塑性变异适应不同生境，并通过克隆生长进行快速繁殖和扩散，导致对不同水陆生境有广泛的适应性，且不同生境中生长的植株在形态结构上表现明显差异，目前在我国黄河以南各省区广泛分布。由于空心莲子草在入侵地能够在陆地上正常生活并扩散，故在我国的异名为喜旱莲子草[10]。

同时具有高水平表型可塑性和遗传分化能力的物种，更可能快速适应复杂多变的环境。世界公认的恶性入侵杂草之一的豚草（*Ambrosia artemisiifolia*）遗传分化能力强，欧洲入侵种群与北美种群相比，由于遗传分化，欧洲入侵种群的生长和繁殖能力增强，同时由于豚草具有高水平的表型可塑性，对多样化的异质生境适应能力较强，有利于欧洲豚草的入侵和扩散[11]。

5.2.3 表型可塑性在生物入侵中的作用

关于表型可塑性与生物入侵的关系，多数认识来自植物，据统计全球约有50%入侵植物的入侵能力与表型可塑性相关。很多研究表明，表型可塑性有助于外来种适应多地区不同的环境条件，或者适应某一地区环境条件的变化，从而对其入侵和定殖十分有利。但是，两者的关系并无固定的模式，对一种物种入侵起促进作用的表型可塑性，对另一物种可能无益，甚至有害。在对同一物种而言，表型可塑性所起作用大小则可能会随空间和时间的变化而变化。

研究发现，一些具有表型可塑性的外来种能在多种环境条件下维持较高的适合度，尤其是当环境条件不甚适合时，能表现出较强的适应能力。相比之下，不具有表型可塑性的植物，只能适应较窄幅度的环境条件，当遇到不良的环境条件时，其适应度即显著下降。另有研究表明，即使在环境条件比较适宜的条件下，一些外来种会在表型上发生可塑性变化，以快速利用现有资源，提高适合度，从而提高种群密度，促进入侵。不过，并不是表型可塑性水平越高，适合度的提高幅度就一定大。这是因为可塑性反应中有一些是非适应性的，并非所有性状的变化均会引起适合度提高。而有一些生物，通过其表型可塑性既能在不良环境中维持适合度，又能在适宜环境中提高适合度，即兼具上述前两种情况。

在入侵植物中，此类例子比比皆是。如最近入侵我国西藏的印加孔雀草（*Tagetes minuta*），研究表明，印加孔雀草种群各构件生物量因不同生境而存在差异，表明该物种的生物量积累具较大的可调节性和表型可塑性。所以，印加孔雀草的表型可塑性可加强其对异质环境的适应性和耐受性，在一定程度上增加了其入侵能力。此外，印加孔雀草各构件中花果的表型可塑性最高，这更加有利于其繁殖，为其扩散入侵至新生境提供了条件[12]。又如，入侵植物豚草具有较强的水肥利用能力以及生长繁殖能力，可以通过优先抢占水分、养分以及光照等资源，占据多样化的生境。当豚草受到盐度胁迫时，其通过改变生物量分配来适应干旱胁迫和盐胁迫环境；在高氮环境下，豚草能产生更大的生物量和单株叶面积；而在缺氮环境下，豚草生长受限，将资源更多地分配给繁殖器官，有利于其繁殖和扩散[11]。而入侵到夏威夷的墨西哥白蜡树（*Fraxinus uhdei*），当地的气候条件与原产地基本相似，但是，它却能发生一些可塑性变化，即改变其落叶量和碳水化合物储存量，以此来增强其生存能力。

在入侵动物中，表型可塑性也已有一些发现。外来动物为了适应捕食性天敌的胁迫，能在形态、结构或者行为上表现出一定的可塑性。例如，入侵到美国淡水生态系统的水蚤（*Daphnia lumholtzi*），为了防御本地天敌蓝鳃太阳鱼（*Lepomis macrochirus*）的捕食，其外部形态会发生适应性变化，形成较长的头刺和尾刺；而且，这两个结构均具有显著的可塑性，在野外，其长度可随季节出现变化，而在室内长期饲养后，长度则会显著缩短，并且环境温度可诱导其伸长[13]。

还有研究表明，沙漠蝗(*Schistocerca gregaria*)是属于密度依赖型的表型可塑性，它有群居型、散居型及过渡型等多种表型，群居型和散居型蝗虫在形态、生理和行为上有较大差异，尤其是行为差异可以在短时间内发生转变。散居型蝗虫在环境因素的影响下转变为群居型，群居型蝗虫大规模迁飞是导致蝗灾暴发的主要原因[14]。又如，入侵到美国俄勒冈州南部的克氏原螯虾(*Procambarus clarkia*)，其行为具明显的可塑性：与一种本地信号螯虾(*P. leniusculus*)处在一起时，克氏原螯虾能改变自身对隐蔽场所的占用行为，使其利用隐蔽场所的能力与信号螯虾"势均力敌"；而在单独存在时，克氏原螯虾则没有这一行为的可塑性。综合以上表型可塑性与生物入侵的关系，需指出的是，外来种表型可塑性与适合度的关系可随时间出现变化。有人认为，表型可塑性若对入侵起作用，主要发生在入侵的早期阶段(如定殖阶段)，即刚进入到某地而遇到新的环境条件之时；而在定殖后的种群扩张阶段，原本具可塑性的性状经选择之后，不再发生遗传上的变化，表型趋于稳定，失去可塑性，不再对适合度起作用。尤其是，当资源有限或者存在环境胁迫时，随着时间的推移，外来种维持高适合度的能力可能会快速下降。此外，不同性状之间往往是相互联系的，它们组成一个个功能单元，在生物生长、发育和抵御不良环境的过程中发挥重要作用。

5.2.4 表型可塑性的进化

像其他性状一样，表型可塑性可受到自然选择作用的影响，并由此发生适应性进化。对进入新环境的外来种而言，如果某一性状的可塑性有利于提高适合度，那么，该性状可通过对当地相关环境因子的反应(即被选择之后)表现出来，并经过多个世代后，获得比来源地种群更高水平的表型可塑性，由此获得进化。这种表型特征最初由于环境影响而产生，通过自然选择作用转变成由基因型控制，即使在缺乏开始所必需的环境影响时，该表型也能形成的过程，称之为遗传同化(genetic assimilation)。例如，德鲁·希亚特(Drew Hiatt)等检测了入侵杂草白茅(*Imperata cylindrica*)的12个种群的可塑性变化，并确定了该入侵杂草比6个共存于美国东南部的本地物种具有更强的可塑性。表明可塑性水平在入侵过程中得到了提高[15]。

5.3 适应性进化

外来种的适应性进化是指外来种进入新环境后，在一些环境压力的选择作用下，遗传结构发生改变，使生长发育、繁殖或者生理性状朝着有利于提高该物种适应性的方向进化。适应性进化的动力来自所处环境条件的改变而导致的选择压力(如天敌)的变化。

对外来种进化的研究，始于20世纪中期，当时主要从发展农业生产的角度出发，以杂草为对象开展研究，如对野生萝卜(*Raphanus sativus*)、玫瑰车轴草(*Trifolium hirtum*)、牻牛儿苗属(*Erodium*)植物进化的研究。20 世纪 70 年代初,根据 20 多年的研究,学者认为适应性变化是生物入侵的一个重要生物学过程。从 20 世纪 90 年代后期开始,有关外来种适应性进化的报道逐渐增多。尤其是,进化生物学、分子遗传学、数量遗传学等学科的发展,以及各种组学技术、生物信息技术的发展和成熟,极大推进了此领域的研究,涌现出大量的有关外来种遗传结构、适应性进化及其生态学效应的研究案例,极大地推动了生物入侵研究的发展。

5.3.1 入侵种的适应性进化类型

入侵种进入新的生境中,一开始自然选择通过胁迫作用,加压于它的生理耐受力和散布能力导致其产生适应。入侵种在新环境的选择压力下产生适应,适应包括对环境梯度如温度、光周期、气候或者其他定居者如竞争者、捕食者以及被捕食者所作出的响应,形态、生理、物候以及可塑性改变。下面列举一些例子加以说明。

5.3.1.1 耐受范围

生物在环境接近其最适范围才有可能生殖。随着条件进一步偏离最适范围,生物虽然依旧能生长,但是其生殖能力受到胁迫。入侵种进入一个新的生境,刚开始也许环境条件并不在它的最适范围内,但是入侵种能更快地对环境作出响应,调整到最适范围。在入侵植物扩张过程中,植物高度、叶的性状可发生明显变化。其中以植株高度的变化最为普遍,表现为在干旱、土壤营养水平低的地区植株通常变矮;也有一些物种在叶生物量、叶片面积等性状上发生了变化。有关入侵种对环境梯度作出进化的响应研究很多,而形态渐变群是基因和可塑性对外界环境梯度的响应结果。例如,入侵植物荠(*Capsella bursa-pastoris*)不同的生态型,在开花期有着惊人的差异,即在炎热沙漠地区开花较早,而在沿海红杉区、有雪森林地带则开花明显较迟,表现出很强的趋异适应[16]。

5.3.1.2 种间竞争

一旦进入新的生境,种间互作对入侵种也会造成很大的竞争压力。例如,入侵美国中西部耕地的恶性杂草苘麻(*Abutilon theophrasti*)为了与土著植物竞争光照,已根据所竞争的植物种类进化形成不同的生长策略:在大豆(*Glycine max*)田里,该植物通过茎秆的可塑性增长使植株高度超越大豆从而占据竞争优势,以此获得更多光照;而在玉米田里,由于苘麻很难超越玉米植株高度,采用茎秆可塑性增长最终只能是徒劳,也不可能会被选择,故在生活史后期主要通过其他一些机制来适应。又如,在华盛顿州奥林匹亚及其周边地区,原产欧亚的豆科植物金雀儿(*Cytisus scoparius*)的花瓣横幅宽度表现出强烈的变异,横幅宽度从 17~25 mm 不等,这比在瓜达拉马山脉的种群发现的差异更大,在那里即使沿着 600 m 的海拔差,横幅宽度也仅从 18~22 mm 不等。而在英格兰,花的大小从 16~20 mm 不等。金雀儿可以通过这种高遗传变异后的适应性进化,使得其可以与几种不同的本地植物竞争传粉者，增加其在入侵环境中生态位宽度的扩张[17]。

基于种间的相互影响，不仅入侵种可发生进化，入侵地的本地种也可发生进化。以植物为例，学者总结了以往报道的53个研究案例，发现当与入侵植物处于竞争状态时，本地植物的生长或繁殖能力会普遍提高，即在入侵植物施加的选择压力作用下能发生适应性进化[18]。

5.3.1.3 生物量分配

受天敌解脱等因素影响，入侵过程中植物常发生资源利用策略上的适应性进化。例如，紫茎泽兰已发生叶氮分配策略上的进化，与原产地（墨西哥）种群相比，许多入侵地（如中国和印度）种群降低了叶氮向细胞壁（防御系统）的分配比例，而把更多的叶氮分配到光合机构以提高光合能力和光合氮利用效率，即提高对资源的捕获和利用效率。又如，以白花蝇子草（*Silene latifolia*）为研究对象，有关研究采集了8个本地种群和8个入侵种群，由此发现，相对于本地种群，入侵种群的抗性显著降低，表型增强，使得其能够在入侵地更快地进行繁殖和扩散，这在很大程度上可以归因于适应性进化[19]。

外来种竞争力增强进化假说（evolution of increased competitive ability，EICA）即描述此类进化。但是，对入侵植物中是否普遍存在EICA现象，还有许多争论。有学者认为它是普遍存在的，一个重要证据是，在排除天敌因子的情况下，许多入侵植物确实能通过资源配置转变，使入侵地种群的生长量高于原产地种群。但是，也有人认为EICA并不是普遍存在的。例如，对以往有关EICA的研究案例进行了分析，发现许多植物在入侵过程中防御水平并未下降，或者生长、繁殖和竞争能力并未增强，抑或即使同时发生防御水平下降和竞争力增强，两者的变化不一定存在相关性。

5.3.2 入侵种适应性进化的机制

外来种适应性进化最主要的遗传基础来自种群中存在的遗传变异（genetic variation），即只要存在遗传变异，在环境选择压的作用下外来种的遗传结构就有可能发生变化，由此促使某些性状发生变化，达到对环境的适应。除了遗传变异，还有其他一些途径可促使外来种发生适应性进化。例如，遗传瓶颈效应（genetic bottleneck effect）、杂交（hybridization）和遗传渐渗（introgression）、多倍体化（polyploidization）、表观遗传（epigenetic），这些生物学过程均能引起种群遗传结构发生变化，从而使进化发生。为了更好地了解有助于入侵成功的适应和进化过程，以下相关概念需要我们了解。

基因流（gene flow）：指个体从一个种群迁入到另一种群，或者从一个种群迁出，然后参与交配繁殖，导致种群间的基因流动，基因流可造成种群中的基因频率发生变化，是一种定向的进化力量。

遗传负荷（genetic load）：指生物群体中由于有害等位基因的存在而使群体适合度下

降的现象。

遗传漂变(genetic drift):指由于种群太小而引起的基因频率随机增减甚至丢失的现象。

上位效应(epistatic effects):指影响同一性状的两对非等位基因中的一对基因(显性或隐性)掩盖另一对显性基因的作用时,所表现出的一种遗传效应。其中的掩盖者称为上位基因,被掩盖者称为下位基因。

多倍体(polyploid):指具有3个或3个以上染色体组的细胞或个体。按其来源可分为同源多倍体和异源多倍体。同源多倍体,是由同一物种的染色体组加倍所形成的细胞或个体。异源多倍体,是由两个或两个以上的不相同物种杂交,其杂种的染色体组经染色体加倍形成的多倍体。

5.3.2.1 遗传变异

对外来种,初始传入个体的遗传呈现多样性,或者说它们中存在的遗传变异,是在自然选择作用下获得进化的基础。显然,当传入的个体数量较大时,有利于遗传多样性的提高,进化的潜力相对较大,并且有可能发生快速进化;相比之下,当传入的个体数量较小时,受种群遗传瓶颈的影响,定殖后的种群可能只源于少数几个个体,基因型单一,这种情况下种群的遗传变异程度低,进化的潜力比较有限。

在自然情况下,传入种群的遗传多样性通常只占来源地种群的一小部分,其中一些稀少的等位基因尤为缺乏。而且,在定殖后的种群发展过程中,在阿利效应、外来种本身繁殖特性等因素的制约下,遗传多样性还有可能随时间进一步下降,其中那些稀少的等位基因甚至还会丢失。因为这些原因,与来源地相比,传入种群的遗传多样性往往要低一些。例如,入侵杂草花蔺(*Butomus umbellatus*)原产地(欧洲)和引入地(北美洲)种群的遗传多样性存在很大差异,前者可检测到47个基因型,而后者则只检测到6个[1]。

但是,情况并非都如此,有一些外来种在入侵地的遗传多样性并不低于来源地种群,甚至还会高一些,并且,还有可能出现一些来源地种群中不存在的遗传组分。出现这种现象的一个重要原因是,在历史上,有些外来种向某地的传入曾发生过多次,而且传入个体的来源地可能互不相同,这样,在传入地有可能汇集起多个来源地的遗传物质,从而表现出很高的遗传多样性。例如,在生物防治实践中,天敌往往被多次引入和释放,遗传多样性相对较高,与来源地种群相比多样性下降较少,尤其是当所引入的种群来源于多个不同地区时,释放地种群的遗传多样性有可能高于各来源地,从而使天敌的快速进化成为可能。

类似情况也出现在其他许多人为引入的物种中,如园艺植物、宠物等。例如,对从欧洲引入到北美洲的虉草(*Phalaris arundinacea*)研究发现,虽然两地85%的等位基因是相同的,但它们的多位点基因型(等位基因组合)存在很大差异:在北美种群的多位点基因型中,其中只有1.5%能在欧洲种群中检测到,另外98.5%是在引入之后才产生的,即引入后遗传多样性发生了显著变化[1]。因此,对某一外来种而言,如果初始传入个体的遗传结构不同,或者传入后在多种因子影响下其遗传结构的变化动态不同,其种群的进化潜力、进化过程就会不同。也正如此,不同外来种之间会表现出不同的进化时间尺度,进化快慢不一样。

另外,需指出的是,具备一定的遗传多样性是外来种进化的基础,但这不是实现进化的充分条件。这是因为,进化能否发生,实现程度有多大,还受外来种自身和环境条件多种因子的影响。例如,一些外来种生长发育缓慢,种群数量易受极端环境条件(如水淹、冰冻、火)的影响而急剧下降,它们的进化存在不确定性,其遗传多样性也有可能迅速下降,由此降低甚至丧失进化潜力。又如,原先分别处于不同环境条件下的两个种群,通过空间扩张而在某地相遇后,有可能导致两者之间发生较高水平的基因流,由此扰乱各种群原有的遗传结构,这种情况下,各种群原来的进化轨迹有可能被中断,或者被制约,从而阻碍外来种对环境条件的进一步适应。同时,需注意的是遗传变异也不是外来种进化的必要条件。这是因为在遗传变异程度很低的情况下,可通过上位效应等过程中的变异来提高遗传多样性,从而为选择提供遗传基础。

5.3.2.2 遗传瓶颈

理论上,在种群遇到一个瓶颈时,其加性遗传变异会快速减少,从而可在较大程度上降低其适应性进化的潜力。但同时,理论和实验研究均发现,种群瓶颈可能会带来另外一些效应,这些效应有助于减少遗传变异的丢失。其中一种情况是,瓶颈的个体经近亲繁殖后,导致遗传漂变,一些原先频率较低的隐性等位基因有可能提高频率,从而提高遗传变异。另外一种情况是,在经过瓶颈的个体中,一些上位变异或显性变异会向加性变异转变。这两种情况均有助于提高遗传多样性,因此可提高进化的潜力。

例如,有关澳大利亚 7 个不同地区孔雀鱼(*Poecilia reticulata*)的遗传多样性的报道显示,各地的遗传多样性均相当低,只能检测到一种线粒体 DNA 单倍体,等位基因多样性、杂合性均显著低于来源地野生种群。那么,为何在遗传多样性如此之低的情况下,孔雀鱼还能在当地成功地成为一种入侵种? 进一步研究发现,其中的一个重要原因是该鱼在入侵过程中曾遭受过种群瓶颈效应,受此影响,种群中的加性遗传变异不仅没下降,反而明显提高,从而促进了进化,使其成为一种成功的入侵种。

另外一个例子发现于金丝桃(*Hypericum canariense*)中。它是一种观赏植物,原产于加那利群岛,因花朵多、大而艳丽而广受欢迎,已在全世界范围内广泛引种和栽培。因为这个原因,它在某些地区已发展成为一种入侵性物种。然而这种植物从加那利群岛向美国夏威夷群岛的毛伊岛、加利福尼亚州圣地亚哥和圣马地奥的传入过程中,曾经遭受种群瓶颈效应(来源地面积仅 2000 km^2 左右),导致 45% 的杂合性丢失,遗传多样性显著下降[1]。尽管如此,各传入地种群的适合度并未下降,反而生长得更快一些,开花时间表现出随纬度升高而推迟的特征变化,存活能力和生殖力也有提高,表现出快速的适应性进化能力。

5.3.2.3 杂交和渐渗

杂交是植物有性生殖的重要过程,在其进化和物种形成的过程中具有重要的作用。通常,杂交是指遗传上具有差异的群体之间或具有不同基因型的个体之间进行有性交配的过程。杂交可以发生在不同物种的个体之间,即种间杂交;也可以发生在同一物种的不同群体或同一群体的个体之间,即种内杂交。种内杂交是 自然界中最常见的现象之一,即使是最严格的自花授粉植物(如大豆),也会有一定频率的杂交事件发生。种间杂交发生的概率相对较低,在动物中发生的概率约为 10%,而在植物中发生的概率约为 25%。而遗传渐渗是指基因或遗传物质通过群体中的杂交个体与其亲本个体之间的不断回交而导致基因在群体或个体之间转移和传递的过程,它是物种形成和适应性进化的一个非常重要的遗传机制。通过杂交和遗传渐渗这一连续的过程,杂种与其亲本将会在个体的遗传基础和群体的遗传多样性水平上发生变化[20]。

杂交可通过以下机制对入侵产生影响。一种途径是,使杂交后代获得杂种优势。获得杂种优势的后代,其适合度提高,表现出比亲代个体生长速度快、个体体积(生物量)增大等特征。而且,杂种优势在杂交后的第一代中就会出现。因此,理论上,杂交后的第一代就有可能表现出强于其亲代的入侵性。例如,研究表明弗氏黑杨(*Populus fremontii*)和窄叶杨(*P. angustifolia*)的杂交使后代同时获得了父母本的适合度优势而适应不同的生态环境;杂交起源的加州野生萝卜也因为比其亲本栽培萝卜和野萝卜(*R. raphanistrum*)具有更强的适应能力和更高的适合度而在美国加利福尼亚成为严重的入侵种[20]。但是,另一方面,在杂种的以后世代中,受重组、杂合性下降等因素的影响,杂种优势的作用会逐渐失去。从长远来看,通过杂交这条途径来影响进化的程度比较有限。另一种途径是,通过杂交-渐渗这一过程,两个亲本的等位基因产生重组,从而可提高遗传变异程度,使外来种获得提高适合度的潜力,还可以减轻入侵种群体在定居早期的遗传负荷。外来种在自然传入或人为引种到新的生境初期,均面临着由遗传瓶颈所导致的沉重的遗传负荷。而许多研究结果表明,外来种通过与入侵地本地种的杂交,可以克服自交不亲和性,降低遗传瓶颈和遗传负荷,增强入侵能力。例如,豆梨(*Pyrus calleryana*)是一种原产于我国的园林树种,由于它本身的自交不亲和性,所以在原产地的危害并不大,但是这个树种却在美国成为入侵种,其可能的原因就是来自中国的不同群体之间产生了杂交,从而降低了自交不亲和性。因此,相对于上述杂种优势而言,重组对外来种入侵性的影响更大,是促使外来种快速进化的重要机制。

另外,对某些物种,杂交可改变后代的生殖方式,从而影响到入侵。例如,互花米草,它在 20 世纪 70 年代中期被引入到美国加利福尼亚州旧金山湾后,它和当地的土著物种叶米草(*S. foliosa*)发生杂交,虽然杂交后代的前面几个世代是自交不亲和,且高度近交衰退,但是随着世代数的增加,杂种后代自交亲和的能力显著提高,而且近交衰退水平也下降,这些生殖方式的改变,对杂种后代入侵性的形成起到了很大的促进作用。以上是杂交影响外来种进化及入侵性的典型案例,此方面的案例主要来自外来植物,在其他生物中也有所发现,但比较少见。

杂草入侵农田生态系统的进化和适应过程也与生物入侵的过程非常相似。但比较特殊的情况是,许多入侵进入农田生态系统中的杂草是栽培作物的近缘种,会与其伴生栽培作物品种发生频繁的杂交和渐渗,从而导致这些杂草在不同的农业生态环境下与栽培作物协同进化。许多田间杂草是经外来种与本地种之间的天然杂交而产生的。例如,入侵稻田的恶性杂草之一杂草稻(*Oryza sativa*),其中一部分就是栽培稻与入侵稻田的野生稻经天然杂交而形成的[21]。

在米草属中,许多植物之间可发生杂交,生成的杂种具很强的入侵性。在加利福尼亚旧金山湾,引入的互花米草与本地的叶米草杂交后,生成加利福尼亚杂种(图5.2)[22],该杂种的植株要大于各亲本,且具更高的生长速率,能产生更多的花序、花粉和种子,因此适合度高、扩张能力强,具有很强的入侵性。因此,杂交被认为是米草属强入侵性形成的一个主要因素。

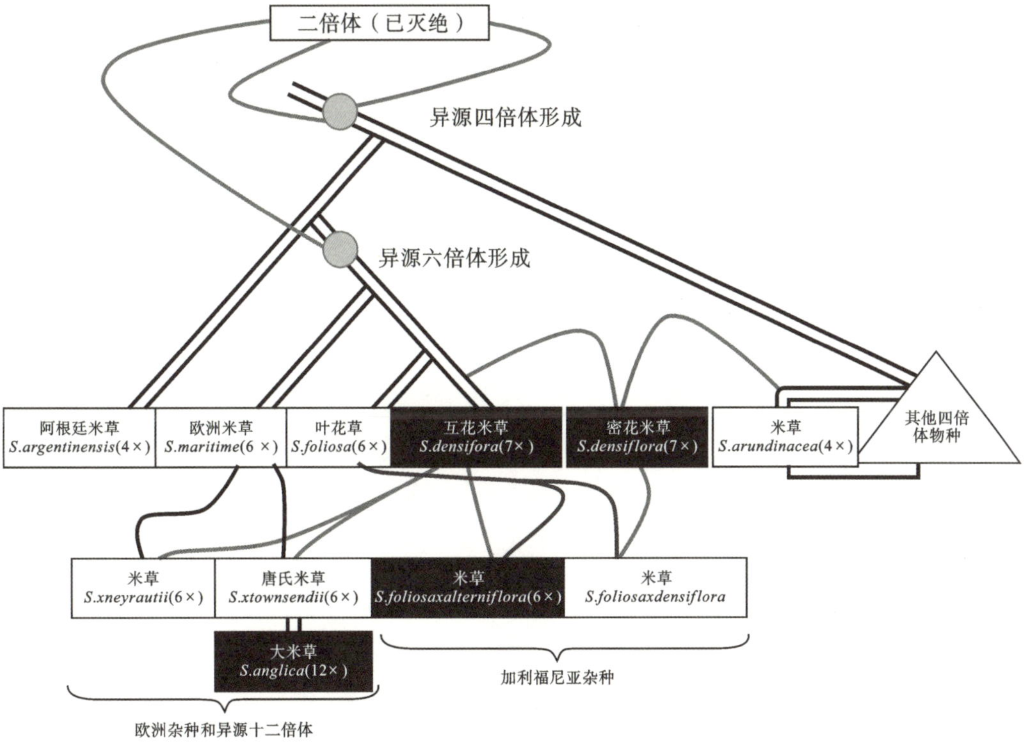

图5.2 米草属植物系统发育过程中的分化(直线)及相互联系(曲线)

注:黑色填充框示具入侵性的物种。

又如,意大利蜜蜂(*Apis mellifera*)的非洲亚种(*Apis mellifera scutellata*)于1956年从南非引入到巴西,用于同当地的意大利蜜蜂其他亚种(欧洲蜜蜂)杂交,以提高蜂群的酿蜜能力和适应性。但是引入不久，该非洲亚种即出现于自然条件下，发展成为所谓的“非洲化蜜蜂”，成为当前南美洲、中美洲及美国南部许多地方一种入侵性强、危害巨大的昆虫。关于“非洲化蜜蜂”的形成过程，曾有过很多争论，不过，越来越多的证据表明，它是非洲亚种和美洲当地欧洲蜜蜂杂交的结果。据报道，与欧洲蜜蜂相比，“非洲化蜜蜂”对环境条件的适应能力较强、繁殖较快、攻击性更强、防卫性更强，也更难于管理和饲养，由此能在野外和养殖场均能建立种群，并能取代欧洲蜜蜂。显然，“非洲化蜜蜂”之所以具备这些特性，是跟前面的不同亚种间的杂交分不开的。

对入侵动物沙氏变色蜥(*Anolis sagrei*)研究发现，在美国东南部佛罗里达、路易斯安那、得克萨斯以及大开曼岛等地，该蜥蜴的许多特征存在不同程度地理间差异，包括单体型频率、个体大小、趾垫瓣的数量以及体形。遗传学分析表明，之所以不同种群间的形态特征不同，是因为它们中的每个种群均源自2~5个明显不同的地区，当这些不同来源地的种群在一个地方混合后，可能发生了杂交，由此导致形态上的变化[1]。

5.3.2.4 多倍体化

在植物中，许多物种存在多倍体，尤其是一些入侵种，经常可在其入侵地发现倍数高的种群，或者新异源多倍体。例如，在米草属植物中，多倍体的存在十分普遍，有四倍体、六倍体、十二倍体，还可能存在非整倍体。

杂交是多倍体形成的主要途径。两个倍数水平较低的类群，杂交后可形成一些倍数较高的个体；或者两个不同的物种通过杂交，并随后发生基因组加倍，可形成新异源多倍体(图5.3)。

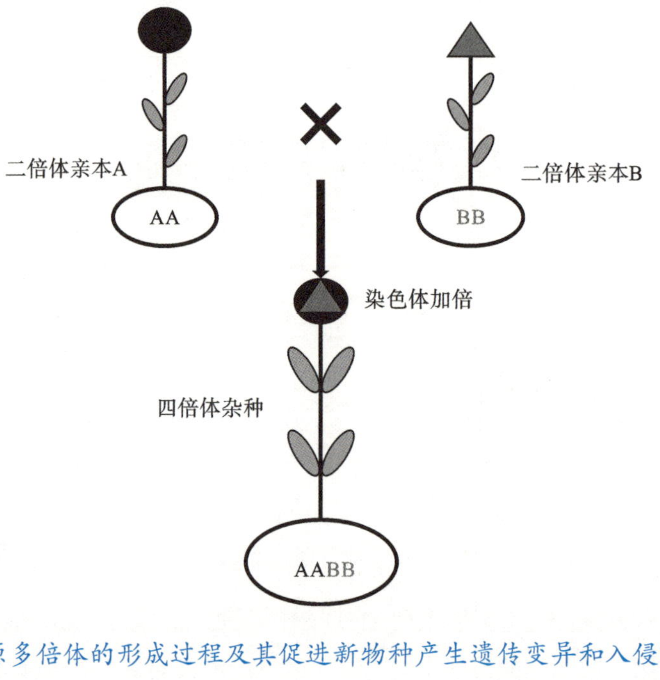

图5.3 异源多倍体的形成过程及其促进新物种产生遗传变异和入侵能力的图示

为何多倍体化能促进外来种进化？主要有以下原因。第一，与倍数低者相比，多倍体化后的个体其杂合性升高，近交衰退程度下降，故其适合度往往较高，竞争力较强。第二，多倍体具较高的遗传多样性，从而有利于进化；对异源多倍体物种，多倍体源自不同种群，故具有更高的遗传变异，对进化十分有利。第三，通过多倍体化，植物有可能恢复有性生殖；或反之，即在无合适配子的情况下能进化形成无性生殖；生殖方式变化后，会进一步对进化产生影响。全球有案可查的成功入侵的外来植物中，许多都是多倍体物种。例如，在北美成功入侵的两种婆罗门属植物（*Tragopogon mirus* 和 *T. miscellus*）、在英国泛滥的两种千里光属植物（*Senecio cambrensis* 和 *S. eboracencis*）以及在中欧形成入侵的碎米荠属植物（*Cardamine schulzii*）等。成功入侵我国的多倍体物种中，加拿大一枝黄花是其中的典例。加拿大一枝黄花在北美的原生范围内，以三种细胞型出现，即：二倍体（$2n=18$）、四倍体（$2n=36$）和六倍体（$2n=54$）。虽然有明确的证据表明我国曾多次引入加拿大一枝黄花，但在我国只发现了四倍体和六倍体，二倍体迄今为止在中国没有被记录在案。有研究表明，在原生区，本地六倍体比本地二倍体和四倍体更具竞争力。虽然四倍体植物在无性繁殖能力或生长速度方面与二倍体植物没有显著差异，但其比二倍体植物略高，根茎伸展更有效。多倍体化导致的竞争力进化可能是加拿大一枝黄花在北美范围扩大的原因，这种竞争能力的预先分化或许是加拿大一枝黄花成功入侵我国的基础[23]。

正因为多倍体化能促进适应性进化，它被认为是影响植物入侵性大小的一个重要因素。经过基因组倍增，植物的遗传组成以及形态学、生理学和生态学特征经一个或者少数世代之后即可发生显著变化，其中，一些多倍体能够在剧烈变动的环境中存活下来，并经过选择而获得进化，成为成功的入侵种。

5.3.2.5 表观遗传

越来越多的证据表明，即使在没有遗传变异的情况下，与生态相关性状的遗传变异也可以通过一系列表观遗传机制产生。此外，最近的研究表明，自然群体中的表观遗传变异可以独立于遗传变异，在某些情况下，环境诱导的表观遗传变异可能会遗传给后代。而表观遗传是指基因表达中的多种变化，这种变化在细胞分裂的过程中，有时甚至是在隔代遗传中保持稳定，但是不涉及基本 DNA 的改变[24]。表观遗传修饰手段主要包括 DNA 甲基化（DNA methylation）、组蛋白共价修饰（histone modification）、染色质重塑（chromatin remodeling）、基因印记（genomic imprinting）和 RNA 干扰（RNA interference）等五种，其中 DNA 甲基化是最重要的表观遗传修饰方式之一，也是目前机制研究最为透彻的表观遗传过程。DNA 甲基化是指在不改变 DNA 双螺旋序列的基础上，在 DNA 甲基转移酶的催化下将甲基转移到 DNA 分子中胞嘧啶残基上的过程（图 5.4）。DNA 甲基化存在器官、组织和发育时段的时空特异性，即不同器官、同一器官不同发育阶段之间的 DNA

甲基化模式和水平不同[25]。

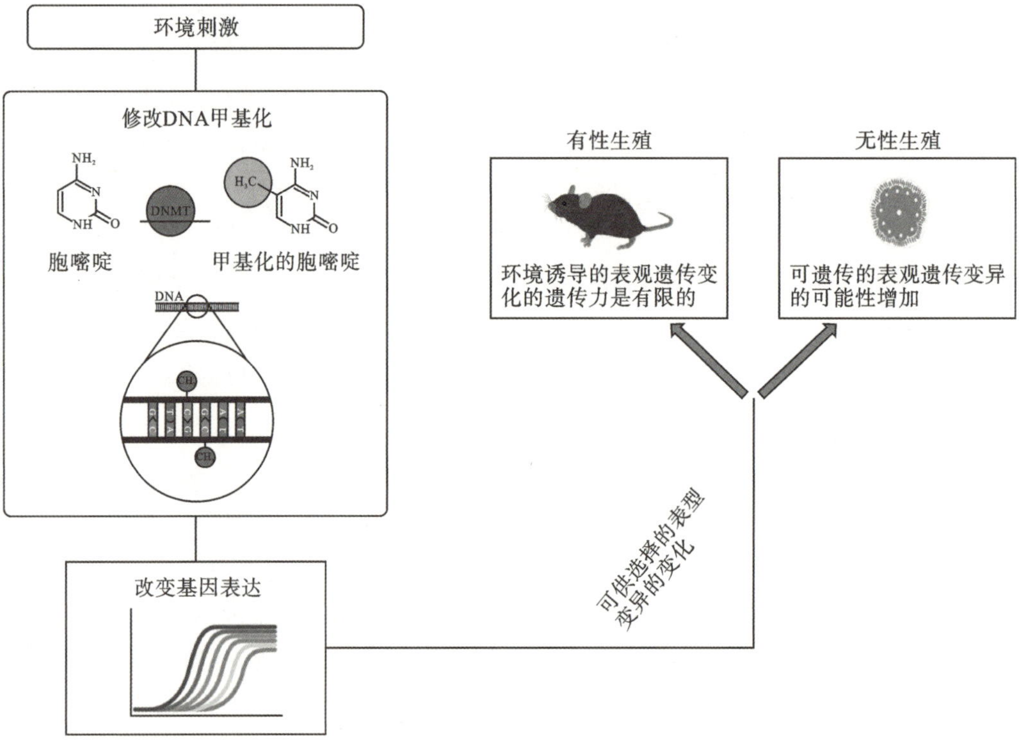

图 5.4　示 DNA 甲基化过程以及遗传的可能性

随着科技的发展,人们逐步发现,表观遗传过程可能介导适应性表型可塑性,并在一定的时间尺度上提供可遗传变异,在入侵物种的成功中发挥重要作用。与本地种群相比,遗传多样性降低的外来种群往往表现出更多的 DNA 甲基化变异,这可能在最需要的时候创造表型多样性。最近的数据表明,DNA 甲基化可以通过表型可塑性和遗传变异,特别是通过扩大生态位和克隆繁殖,促进外来物种快速适应。例如,有研究者比较了维管束植物早熟禾(*Poa annua*)两个种群的 DNA 甲基化和遗传多样性。当比较入侵种群(南极洲)和本土种群(波兰)时,发现入侵南极种群的遗传多样性水平较低,但表观遗传多样性水平高于波兰种群。在这种情况下,表观遗传变异水平的增加可能是由于极地环境中的环境压力。又如,基因相同的西洋蒲公英在一代中暴露于多种环境应激条件(盐胁迫、营养胁迫、化学诱导的食草动物和病原体防御),随后的后代在普通的无应激条件下生长[25]。尽管给予一定的压力会导致一代和后代之间的 DNA 甲基化出现一些差异,但在一代中,个体之间的 DNA 甲基化变异也普遍显著增加。这表明,压力诱导的表观遗传变异可能会在物种最需要时产生可遗传变异,从而在不利条件下增强进化潜力。

高水平的表观遗传多样性可能是一种避险策略,是表型可塑性的基础,允许物种利用更广泛的生态位。然而,表观遗传多样性是否能提高入侵成功率仍有待确定。表观遗传和遗传因素都可能影响入侵性和适应性,了解两者对外来种的影响对于我们研究生物入侵至关重要。

5.3.2.6 不同进化途径的发生时间

上述途径在入侵过程的不同阶段发挥作用。其中,遗传变异和表观遗传在入侵的各个阶段均可能起作用,而其他类型的适应性变化则主要出现某一个或几个过程中。瓶颈效应主要在传入和定殖阶段起作用;多倍体化主要在入侵的早期起作用;杂交和渐渗主要在定殖和扩散过程中起重要作用。不论哪种途径,均可引起外来种的遗传结构随时间和空间发生较大变化,为进化提供丰富的遗传基础。

5.3.3 入侵种适应性进化与本地种的互作

入侵种对新的生物环境和非生物环境的适应性进化,使该物种自身能够成功定居并扩散的同时,对与它发生关系的其他物种和环境也产生多种影响。

入侵种的适应性进化完成期间以及拓展后,本地物种也会对它的入侵产生一定的响应。例如,北美的一种土著昆虫(*Jadera hematoloma*),在面对一些可食外来植物的入侵时,它作出了吸管长度和摄食选择上的适应性进化。在美国中南部,外来植物种子比土著植物种子的体积大,这种昆虫的吸管出现延长的进化;但在佛罗里达,外来植物种子的体积小,则出现了完全相反的情况,即其吸管缩短[16]。除这种情况外,大部分入侵种适应性进化与本地种的互作,都是以本地种生态位被替代甚至本地种被入侵种通过竞争排斥导致灭绝。

5.3.4 进化对入侵种种群增长的影响

大量研究表明,适应性进化在外来种成功入侵的过程中起重要作用。据分析,在不发生进化的情况下,外来种传入后会趋于灭绝;而发生进化时,种群则会在传入一定时间之后快速增长。其中的一个重要机制是,如果不发生进化,传入种群遭受阿利效应的阈值不变,而发生进化则有利于降低阿利效应阈值,从而可减轻该效应对种群定殖的影响。

5.4 适应性进化和表型可塑性对生物入侵的作用比较

和其他性状类似,表型可塑性可受到自然选择的影响,并由此发生适应性进化;而且,表型可塑性的进化过程,必定会涉及到遗传结构和相关性状的变化。因此,表型可塑性与适应性进化这两个外来种的重要特性,并不是排斥而是相互渗透的。故而,在外来种入侵的过程中,它们通常共同发挥作用。

另一方面,这两种机制对入侵所起作用的大小是有一定差异的,差异程度受到许多因素的影响。下面对其中的影响因素做介绍,以说明各机制主要在什么情况下起作用。

5.4.1 入侵地生境条件

资源水平:当原产地资源水平较低,而入侵地的资源与前者相当或者有所提高时,外来种在入侵地的资源分配有可能从防御转到生长或繁殖,从而发生 EICA 等适应性进化。反之,如果原发生地资源丰富水平较高,而入侵地资源匮乏,则外来种较高的防御水平仍有可能受到选择,这样即使在天敌压力释放的条件下,资源分配仍有可能向增加防御投入的方向进化,而不太可能从防御转到生长或繁殖,不易发生 EICA 等适应性进化。

竞争者状况:当传入地的竞争者状况不同时,外来植物有可能采取不同的竞争策略。上文有关种间关系适应性进化的内容中,描述的苘麻在大豆、玉米地的不同表现,就是一个很好的例子。

生境扰动水平:被干扰的环境往往具有多变性、不可预测性以及高度异质性等特点,在这样的环境中,表型可塑性是一个非常有利的性状。因此,在被干扰的生境中,入侵植物大多具有较高的表型可塑性。

5.4.2 生殖方式

在植物中,生殖方式与入侵性紧密相关,绝大多数入侵植物都具有一定的无性繁殖能力。对无性繁殖者,入侵地种群的遗传多样性一般较低,因此,它们将表型可塑性作为主要的入侵机制。

5.4.3 引入次数

在仅传入一次或少数几次的情况下,种群中以单个基因型为主,这样,在入侵早期外来种一般采用表型可塑性作为主要的适应机制。而经多次或长时间传入的物种,入侵地群体有可能积累起较高的遗传多样性,这种情况下,适应性进化的潜力较大。

5.4.4 入侵时滞长短

表型可塑性可使入侵植物快速适应入侵地的新环境,快速实现种群的建立与增长,因此,那些入侵时滞短的物种,即引入之后很快就暴发的物种,其入侵可能主要依赖于表型可塑性。相比之下,入侵时滞长者,因具备足够的进化时间,在物理适应、资源分配适应上有较大可能实现适应性进化。

5.4.5 入侵阶段

在不同入侵阶段,两种机制的相对重要性不一样。由于表型可塑性直接发生在个体水平上,能够立刻表现出来,因此,在入侵的初期阶段,表型可塑性是入侵植物采用的主要机制。而对适应性进化机制而言,由于植物发生进化改变通常需要经历较长的时间,因此,该入侵机制大多发生在种群增长与扩散阶段,是入侵后期的主要作用机制。

(杨国庆)

参考文献

[1] 万方浩,侯有明,蒋明星,等. 入侵生物学[M]. 北京:科学出版社,2015.

[2] 严云志. 抚仙湖外来鱼类生活史对策的适应性进化研究[D]. 武汉:中国科学院大学(中国科学院水生生物研究所),2005.

[3] PYŠEK P,RICHARDSON D M. Traits associated with invasiveness in alien plants: where do we stand? [J]. Biol Invasions,2007,193: 97 - 125.

[4] MARGHERITA G,PETR P. Early bird catches the worm:germination as a critical step in plant invasion[J]. Biol Invasions,2017 ,19:1056 - 1058.

[5] 梁浩林,郑亚萍,姜朝阳,等. 低光下薇甘菊茎的伸长特征及其生理基础[J]. 热带亚热带植物学报,2020,30(1):70 - 74.

[6] 郝建华. 部分菊科入侵种的有性繁殖特征与入侵性的关系[D]. 南京:南京农业大学,2008.

[7] 孙士国. 入侵植物的繁殖策略以及对本土植物繁殖的影响[J]. 生物多样性,2018,26(5):459.

[8] 欧阳旭. 入侵种西部食蚊鱼生活史变异、演化机制和捕食性研究[D]. 西安:西北农林科技大学,2019.

[9] WANG DP,LIU X. Behavioral innovation promotes alien bird invasions[J]. Innovation,2021,2(4):1 -4.

[10] 田德锋,李耕耘,张文驹. 喜旱莲子草气候生态位的特征及在入侵过程中的变化[J]. 复旦学报(自然科学版),2022,61(2):1 -9.

[11] 熊韫琦,赵彩云. 表型可塑性与外来植物的成功入侵[J]. 生态学杂志,2020,39(11):3853 - 3864.

[12] 仇晓玉,徐知远,土艳丽. 入侵植物印加孔雀草在不同生境的种群构件生物量及其分配特征[J]. 广西植物,2021,41(3):448 - 450.

[13] DZIALOWSKI A R,LENNON J T,O'BRIEN W J,et al. Predator - induced phenotypic plasticity in the exotic cladoceran[J]. Freshw Biol,2003,48:1593 - 1602.

[14] 高书晶,郭娜,王宁,等. 飞蝗表型可塑性研究进展[J]. 中国草地学报,2021,43(1):104 - 106.

[15] HIATT D , FLORY S L. Populations of a widespread invader and co - occurring native species vary in phenotypic plasticity [J]. New phytologist,2020,225: 584 - 594.

[16] 邓雄,杨期和,叶万辉,等.生物入侵的适应性进化及其影响[J].中山大学学报(自然科学版),2003,42:204-208.

[17] CRISTÓBAL B,ALEJANDRA S,KARINA Y,et al. Interactions between Invasive Monk Parakeets (*Myiopsitta monachus*) and Other Bird Species during Nesting Seasons in Santiago,Chile[J]. Animals,2019,9:923-925.

[18] ODUOR A M O. Evolutionary responses of native plant species to invasive plants[J]. New Phytol,200:986-992.

[19] SCHRIEBER K , WOLF S , WYPIOR C,et al. Adaptive and non-adaptive evolution of trait means and genetic trait correlations for herbivory resistance and performance in an invasive plant[J]. Oikos,2017,126: 572-574.

[20] 卢宝荣,夏辉,汪魏,等.天然杂交与遗传渐渗对植物入侵性的影响[J].生物多样性,2010,18(6):577-587.

[21] Buhk C T A. Hybridisation boosts the invasion of an alien species complex:Insights into future invasiveness[J]. Plant ecology,2015,17:274-283.

[22] AINOUCHE M L,FORTUNE P M,SALMON A,et al. Hybridization,polyploidy and invasion: Lessons from *Spartina* (Poaceae)[J]. Biol Invasions,2009,11:1159-1173.

[23] CHENG J L,YANG X H,XUE L F,et al. Polyploidization contributes to evolution of competitive ability:a long term common garden study on the invasive Solidago canadensis in China[J]. Oikos,2020,129(5):700-705.

[24] 张思宇,全志星,田佳源,等.入侵植物黄顶菊不同器官和不同发育阶段DNA表观遗传多样性变化特征[J].农业资源与环境学报,2019,26(3):368-374.

[25] HAWES N A,FIDLER A E,TREMBLAY L A,et al. Understanding the role of DNA methylation in successful biological invasions: a review[J]. Biol Invasions,2018,20: 2285-2300.

第 6 章
生态系统的可入侵性

近百年来,生态学家从观察、推测到应用生态实验和模拟模型去检验生物入侵的一般规律,试图解释为什么有些生态系统有更多的外来种、有的地方更易遭受生物入侵的危害等问题,即生态系统的可侵入性问题。外来物种的成功入侵不仅依赖于物种本身的生活史特征,也与被入侵生态系统的特征和群落对入侵种的易感性有关。群落的可侵入性也称为易感性,受包括地区气候、干扰水平、生态系统对入侵的抗性、本地种的竞争能力以及抗干扰能力等多种因素的影响。影响可侵入性的因素,归纳起来主要包括入侵过程、入侵种特征、本地种和生态系统对入侵的抵抗性三个方面。

国内外学者对"什么原因或者机制导致了外来生物的成功入侵"问题给出的一些生态学解释,提出了一些假说,本章节中我们将对生态可入侵性各种假说的提出背景、理论依据及解释现象进行介绍。

6.1 多样性抗阻假说

"多样性抗阻假说"(diversity resistance hypothesis)也称"物种丰富度假说"(species richness hypothesis)。该假说由英国生态学家查尔斯·埃尔顿(Charies Elton)于 1958 年在其出版的《动植物入侵生态学》一书中提出。埃尔顿发现"相比于物种丰富度高的生物群落,物种单一的植物和动物群落的平衡更容易被打破,因此更容易被外来物种入侵。物种丰富度低的生态系统,如海岛或者单一作物的农田,对于其他物种的入侵表现出高度的脆弱性。"因此,埃尔顿提出了群落的可入侵性与本地物种多样性之间存在负相关性的观点,即物种多样性高的生态系统比多样性低者对外来种入侵的抵御性更高[1]。这一理论从生态系统稳定性的角度出发，认为在外来种入侵的初期阶段，本地生态系统的高物种多样性所产生的抵御性往往能阻止外来种的进入，使其在有限的空间和资源条件下很难进入入侵的中后期阶段，如扩张和扩散。

6.1.1 物种多样性与群落可入侵性的关系

关于多样性抗阻假说，研究者普遍认同的机制为物种多样性越丰富，资源的利用也越充分，因此为新物种留下的资源空间就越小。此外，物种多样性程度越高的群落有更大的概率包含对外来种有强烈影响的物种，例如入侵物种的捕食者或者竞争者，因而表现出对入侵物种更强的抗阻能力。

物种丰富度对可入侵性影响已经被大量的研究检验，得出了明确的结果。生物多样性抗阻假说的大部分证据，如负相关关系，主要来自采用各种各样的条件支撑的小尺度研究。研究者通常采用多样性稳定模型分析群落的可入侵性。一些学者应用 Lotka - Volterra 的竞争理论模型分析群落系统的动力学和相互作用。将所有物种的种间和种内的两两相互作用定义为群落矩阵的元素，用不同大小的矩阵表示不同多样性的群落。对每个群落矩阵进行局部稳定性分析，剔除不稳定群落。局部稳定的群落被新物种入侵后，该新物种将矩阵分别扩展一行和一列，其中的元素是入侵者与每一个本地物种的相互作用。实验结果表明，入侵物种的群落比例随着多样性的增加而下降。即使是与本地物种竞争力相当的入侵种，在更多样化的群落中，也有物种无法成功入侵。

其他研究者同样基于 Lotka - Volterra 模型开展研究，他们首先建立一个物种库，明确所有物种的相互作用。然后，新的物种被随机放入最初建立的群落中用于模拟入侵过程。当新的物种在生态系统中拥有正的平衡丰度时，代表该物种入侵成功。这个过程被重复了数百次，每一次成功的入侵都会产生一个新的平衡。研究发现，随时间的推移，新物种的成功入侵比率下降，可以解释为物种多样性增强了群落的稳定性，使群落的可入侵性降低。例如，在美国明尼苏达州的实验表明[2]，通过在同一区域不断添加不同本地植物的种子，并当区域中植物种类增至一定数量后，区域中定殖的新的植物种类不断减少。此外，为了更精确地验证生物群落物种多样性对外来种入侵的抵御力。研究人员在美国明尼苏达州锡达河岸草地上选取了 147 块 3 m × 3 m 的区域进行实验，每个区域分别放入 1 种、2 种、4 种、6 种、8 种、12 种和 24 种本地种，然后在这些区域中加入同样数量的外来种。经过两年观察发现，本地种数量多的地块中能够成功定殖的外来种数量明显少于本地种数量少的区域，而含有 24 种本地种的区域中，外来种的覆盖面积比含有 1 种本地种的区域要少 90% 以上，证实了物种丰富度高有利于增强陆地生态系统对外来种的抵御能力。

在沿海水生生态系统方面，调查发现，入侵种拟菊海鞘（*Botrylloides diegensis*）在与 4 种本地种乳突皮海鞘（*Molgula manhattensis*）、玻璃海鞘（*Ciona intestinalis*）、史氏菊海鞘

(*Botryllus schlosseri*)和隐槽苔虫属生物(*Cryptosula pallasiana*)的竞争过程中,若群落的物种多样性高,则拟菊海鞘的存活率明显下降;反之,若人为降低系统中的本地物种数量,则可提高该入侵性海鞘的存活率和分布范围[3](图 6.1)。此外,有研究者通过 Meta 分析发现,海洋中的本地生产者通常无法通过竞争来抵御外来生产者的入侵,除非本地群落拥有很丰富的物种多样性,但这种多样性抗阻效应在海洋系统中弱于陆地系统[4]。

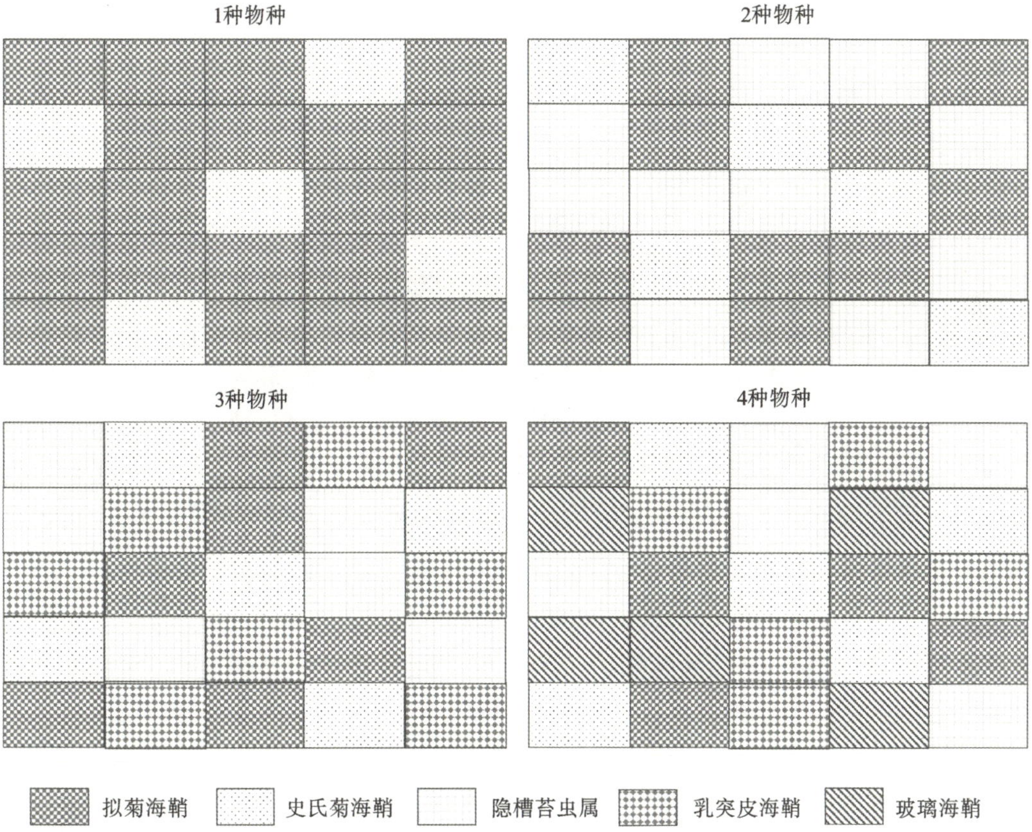

图 6.1　生物多样性对入侵种拟菊海鞘影响的实验平面图

注:图中显示了本地物种,乳突皮海鞘、玻璃海鞘、史氏菊海鞘和隐槽苔虫属生物和入侵物种拟菊海鞘的随机排列和分布方式。

而另一些研究则显示出了物种多样性和可入侵性之间的正相关关系。这种差异主要是由于观察的尺度造成的,并可通过协同外部因素解释。在大尺度上,那些有利于本地物种保持高丰富度的非生物因素,如气候、环境本底或栖息地等,同样也有利于外来入侵的动植物区系[5]。也就是说,对本地物种有益的条件同样对外来物种存在益处。

例如,有调查证实,美国西北部物种丰富的沿河地带比物种多样性低的高地森林更容易被入侵,其中加利福尼亚州物种丰富的地区比物种多样性低的地区更容易被入侵。

又如,在加利福尼亚州河岸边缘的植物群落中,本地薹草(*Carex nudata*)所形成的草丛可为其他 60 多种植物提供很好的生存基质,其中包括 3 种入侵植物丝路蓟(*Cirsium arvense*)、大车前(*Plantago major*)和匍茎剪股颖(*Agrostis stolonifera*),表明本地某些物种的存在反而有利于外来种的入侵,提高系统的可入侵性。

埃尔顿的假设基于这样一个理论概念,即在多样性较低的群落中,种内相互作用较弱,存在更多的空余生态位。群落中物种的贫乏导致资源的消耗减少,产生更多的空余资源。因此,生物多样性较低的群落较物种丰富度高的群落更容易被外来生物入侵。在竞争驱动物种灭绝占主导的环境中,存在资源互补或空间限制,特别是小范围内可能存在物种之间的相互作用。这种情况下可以预测出生物多样性与生态系统可入侵性之间存在负相关性。然而,仅考虑竞争性相互作用似乎不能对一些生物入侵模式进行解释。因为只有少数“超级入侵生物”竞争力远高于共存的本地物种。基于 79 个本地和入侵物种之间竞争的案例研究发现,入侵物种在统计上并没有表现出比本地物种更强的竞争优势,影响入侵物种和本地物种竞争力表现的关键因素是生存环境。此外,当将外来物种和本地种同时暴露于 55 种资源可得性和干扰机制存在差异的不同条件下时,本地物种至少在某些生长条件下的一些关键表现要优于外来物种[6]。竞争预测模型和野外实验已证实,多样性越高,初级生产力越高。这种关系既是抽样效应的结果,也是生态位分化效应的结果。在较高的多样性条件下,有限的资源会得到更充分的利用。因此,造成多样性更加丰富的群落具有低可入侵性的原因是由于这些群落中可利用的资源同样较少。

高物种丰富度的群落一般出现在气候、土壤和地形异质性较高的生境中。外来物种同样也更可能入侵异质性更高的生境,而非异质性较低的生境。如果高物种多样性的生态环境表现出了较低的入侵抵抗力,则可用于解释在广阔的空间尺度上观察到的生物多样性和生态系统可入侵性的正相关关系。在更精细的生态学尺度及恒定的外部条件下,预测出物种多样性与生态系统的可入侵性呈负相关函数。而更大尺度条件下得到的正相关关系是综合一系列负关系数据的结果,其中每个负相关关系来自不同的外部条件。由于本地植物多样性是生境多样性的一个替代变量,因此在大多数大规模研究中发现,外来植物多样性和本地植物多样性之间存在正相关关系。

大多数探索物种多样性对生态系统可入侵性影响的研究仅关注物种数量,但群落组成和物种识别已被证明对于解释观察到的影响非常重要。这可能不是由于丰富度本身,而是由于关键物种压倒性的影响。研究者发现,与物种丰富度本身相比,物种识别在确定入侵物种的数量和入侵生物的总生物量方面更为重要。更丰富的物种组成则更有可能存在能够阻止外来生物的物种。此外,模拟模型表明,本地物种丰富度的调节过程对物种丰富度梯度水平的可入侵性模式有着至关重要的影响,且多样性－可入侵性关系取决于物种库的大小。这表明,该领域的研究重点应从考虑物种丰富度作为一个综合变量转向识别重要物种以及共存机制。

物种丰富度可能是一个过于宽泛的因素，因此无法解释群落可入侵性的差异。干扰、养分有效性、气候和繁殖体压力等其他因素同样与物种丰富度相关，对入侵物种和本地物种产生不同的影响。它们可以以多种方式影响物种丰富度和可入侵性之间的关系。一般来说，在受干扰的环境中，非生物因素比生物因素更为关键，是可入侵性的决定因素。最近的研究也发现，生物抗阻在确定外来物种建立的地理格局中几乎没有得到普遍支持，但已经发现了气候起主导作用的证据。在更大的空间尺度上促进入侵的一个已知因素是资源的可用性，这有时比物种丰富度更能解释入侵性的差异。如果单独考虑资源供给和本地物种多样性，似乎对入侵抗阻力有相反的影响，关键问题是这些因素如何相互作用来调节群落的入侵性。为了更好地理解物种丰富度和可入侵性之间的关系，物种丰富度必须在原位操纵，以便将其影响与共变因素分开。由于很难扩展生物多样性操纵实验的结果，以证明自然界中的多样性群落天生就比物种贫乏的群落更具入侵性，因此获得更全面的情况变得更加复杂。此外，相关的大规模观察性研究没有控制已知与多样性共变的外部因素，这些外部因素也可能影响生态系统的入侵性，如繁殖压力、干扰、资源可用性和消费者。另一方面，实验研究基本上通过忽略某些因素来控制一些变量，这限制了我们对多样性如何与在更广阔空间尺度上变化的过程相互作用的理解。

6.1.2　影响物种多样性与群落可入侵性关系的其他因素

6.1.2.1　物种特性

物种多样性抵抗入侵主要通过两种机制：互补效应和选择效应。互补效应机制认为物种间主要通过生态位互补和互利关系，使群落能够更充分的利用资源。而选择效应机制主要指物种多样性越高的群落，含有竞争能力强物种的概率越高，对外来物种的竞争排除作用也越强。在均匀度较高时，群落中每个物种均发挥一定作用，物种间互补效应将会得到充分体现。而在许多人工和自然草地群落中，物种均匀度经常较低，群落功能主要由一个或几个优势物种决定，其他物种在群落中发挥相对较小的作用。因此，选择效应在抵抗外来物种入侵中起到了重要的作用，而群落抵抗外来物种入侵主要由优势物种的特性决定。一些研究发现，物种多样性高的群落常常被竞争能力弱的物种统治，导致群落具有较低的抵抗入侵能力，并称为负选择效应。因此，优势物种抵抗入侵能力的强或弱，将决定物种多样性与群落可入侵性的关系。互补效应机制主要是物种多样性通过种间资源互补利用达到充分利用资源的目的，进而减少外来物种利用资源的可能性。因此，只有物种间功能特性存在差异才能减少生态位重叠，使得物种越丰富的群落资源互补利用越充分。当物种具有相似的功能特性时，物种多样性的增加并不一定导致功能多样性的增加。因此，物种多样性与群落可入侵性的复杂关系可能是由于物种间特性差异不同，导致物种多样性抵抗入侵能力发生变化造成的。

6.1.2.2 种间关系变化

种间竞争是决定群落组成和结构的主要因素，本地物种与外来入侵物种间主要存在生态位竞争。但是，群落的组成和结构应该同时受到种间竞争和互利作用的影响。本地物种和外来入侵物种间同样存在着互利作用，从而促进了外来物种入侵。在对英国东北部沿海荒地的研究中发现，在环境胁迫低和高的两个区域，本地物种间分别主要存在竞争和互利关系，更重要的发现是本地物种与外来入侵物种间同样分别主要存在竞争和互利关系。因此，种间关系不同将对本地群落抵抗外来物种入侵产生不同的影响，本地物种种间关系和本地物种与外来入侵物种种间关系对环境变化很可能存在相似的反应，这可能是环境等因素对物种多样性与群落可入侵性关系影响的一个重要的潜在机制。关于竞争和互利种间关系转化的研究，目前主要集中在环境胁迫梯度假说上，该学说认为随着环境胁迫程度的增加，种间关系将由竞争转向互利。有研究者认为，种间互利作用可能会改变以前以资源竞争为基础的入侵预测理论，使目前已有的物种多样性与入侵关系的解释机制更完全和丰富。在极端环境下，本地物种与外来物种间主要存在互利作用而不是竞争作用，导致物种多样性 - 入侵之间呈现正相关关系，而植物、动物和微生物间的互利作用，也使得物种丰富地区受到较多外来物种的入侵。除了对本地群落抗入侵能力产生影响，种间关系变化对本地群落物种多样性同样可产生重要影响。以资源竞争为主要种间关系的群落，其物种共存主要建立在生态位分化等机制上，本地群落的物种多样性受到资源的限制。随着种间互利作用的增多，在有限的资源条件下，本地群落可以容纳更多的物种，这可能是物种丰富的自然群落的一个重要形成机制。因此，种间关系变化对本地群落物种多样性的影响也可能对物种多样性与群落可入侵性的关系产生影响。

6.1.2.3 群落构建机制

群落构建机制不同将会导致物种多样性 - 入侵关系的变化。关于群落构建目前主要有生态位理论和中性理论两种截然不同的解释机制。生态位理论认为，种间生态位分化等确定性因素在群落构建中占主导地位，物种多样性高的群落，占有生态位越多，受到入侵的可能性越小。而中性理论认为，扩散和随机作用等非确定性因素是群落构建的主要决定因素，物种入侵决定于群落中繁殖体的迁入、迁出速率。基于中性理论的模型预测群落物种多样性与群落可入侵性将呈现正相关关系。目前，生态学家开始预测生态位理论和中性理论在群落构建中可能同时发挥作用。在干扰较少，物种组成较稳定的群落环境中，生态位分化等确定性因素在群落构建中可能起主导作用；而在干扰频繁，物种更新变化较快的群落环境中，扩散和随机作用等非确定性因素在群落构建中可能起主导作用。因此，在不同的群落环境中，由于构建机制的不同，也可能导致物种多样性与群落可入侵性关系发生变化。

6.2　可用资源波动假说

6.2.1　可用资源与生态系统可入侵性的关系

虽然很多假说来解释为什么有的群落被入侵的概率比较大，但是许多实验得出的结果并不一致，而且缺乏一个普遍统一的关于群落入侵性的理论。M. A. 戴维斯（M. A. Davis）等[7]在 2000 年提出了外来植物入侵的资源波动假说（fluctuating resources hypothesis），该假说认为当一个植物群落中没有被利用的资源总量增加的时候，这个植物群落被入侵的敏感度就会提高（图 6.2）。该理论是建立在一个简单的假设上，即入侵植物必须获得一定的可利用资源，如光照、营养和水分，当外来植物在不需要与本地植物通过激烈竞争就能获得这些资源的情况下较易入侵成功。

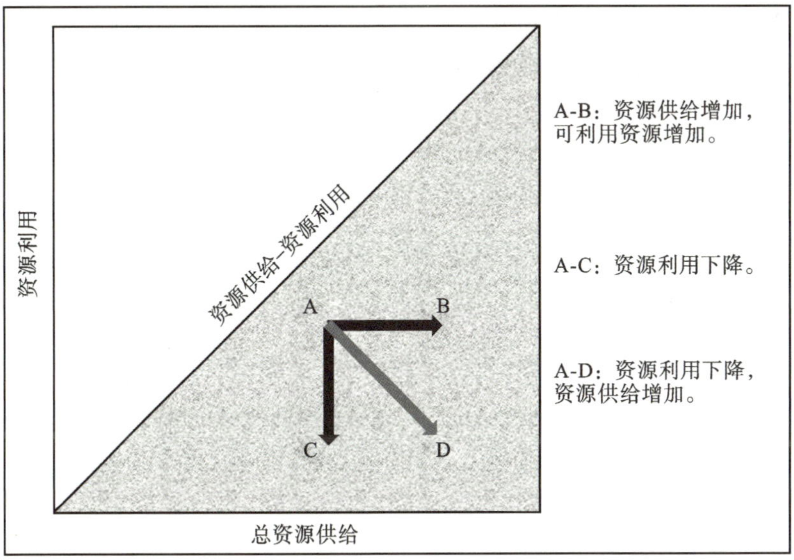

图 6.2　可利用资源波动与群落可入侵性的关系

在这个假设的基础下，任何能增加群落中限制资源的因素都会增加这个群落被入侵的敏感度。环境中可利用资源的增加主要有两个渠道：一种是群落中原生植被对已有资源的利用下降，另一种是群落中资源供给的速度大于原生植被对资源的消耗速度。原生植被对资源利用的下降可以有多种因素导致，如干扰可以伤害或者破坏一些原生植被，降低对生境中光照、水分以及营养的吸收；放牧或者害虫暴发而引起的过度牧食，或者原生植被之间的大范围疾病都可以降低原生植被对资源的吸收利用。而雨量充沛的年度（增加水分供应），富营养化（增加营养）或者对树冠的去除（增加林下植被的光照）都可以增加群落中总的资源供给。无论是原生植被对资源获取的降低或者是群落中总营养的增加都可以给入侵植物提供更多的可利用性资源,这时群落对入侵尤为敏感。资源波动假说的一个重要的推论就是群落对入侵的敏感程度不是静态的或者一成不变的,而是随着时间的变化而波动的。该理论认为,将群落的某些入侵特征看成固有特性是不正确的,而认为只要群落中未被利用的资源产生波动,许多群落的被入侵性每年都会发生变化,甚至在一年当中也会发生变化。这就意味着当有偶然事件发生时,入侵就可能发生。

资源波动假说提出了以下几点预测:①环境中无论是因为外部资源定期的输入,还是原生生物释放导致的资源增加,都会使此环境比资源供给稳定的环境更容易遭受入侵。②突然增加环境限制性资源的供给,或者降低对限制性资源的吸收,都会增加环境的入侵敏感性。③干扰以及病虫害的暴发引起资源供给增加,或者原生植被所占资源减少,而导致资源可利用性增加会加剧对环境的入侵。④当增加资源供给与原生植被最终占有或者再占有这些资源的间隔期比较长的时候,会增加环境对入侵的敏感性。⑤当牧食者被引入到群落,尤其是营养比较丰富的群落时,群落对入侵的敏感度会增加。⑥群落的物种多样性与其对入侵的敏感程度没有必要性联系。⑦群落的平均生产力与其对入侵的敏感程度没有相关性。

资源波动假说整合了包含牧食、资源、干扰、全球变化等多方面因素,得到了其他一些假说的支持,如干扰假说认为,干扰在促进外来种的入侵中起主要作用,干扰可以消除或者减少外来植物的竞争者的盖度或者活力,或者增加生境的营养可利用性,从而促进入侵。无论是干扰增加了资源(如洪水带来营养),或者由于干扰引起原生植被的死亡或活力降低,导致其对资源吸收、利用的降低,都会引起资源可利用性的增加而增加入侵性。天敌逃逸假说也在一定程度上支持资源波动假说,如天敌逃逸假说认为本地广食性天敌会偏向取食本地植物,这就降低了群落中本地植物对资源的吸收,增加了环境中的资源,从而促进外来植物的入侵。全球变化对外来种入侵影响的论述中认为,气候变化、氮沉降、人类活动引起的使生境片段化以及对扰动规律的改变都促进了入侵。事实上,上面的这些因素都属于增加环境中的资源可利用性或者干扰作用,都可以通过资源波动假说来解释。另外,其他的一些野外调查和室内实验都发现增加群落中的资源,如氮磷营养、水分等都可以增加群落对入侵的敏感性。

6.2.2 生物性可用资源与可入侵性的关系

6.2.2.1 寄主植物

对植食性外来昆虫来说,本地寄主植物的丰富度是影响其入侵定殖的一个主要因子。在我国,入侵害虫苹果蠹蛾(*Cydia pomonella*)在新疆和甘肃等地的大暴发与当地具有大量适合该虫取食的植物有关,如野生苹果、本地苹果、沙果和香梨等。美国东部的稻水象甲(*Lissorhoptrus oryzophilus*)原以沼泽地禾本科、莎草科等植物为食,而随着后来美国水稻种植面积的增加,该虫沿密西西比河流域逐步扩散,加重危害。原产于欧洲的浅黄根瘤象(*Sitona lepidus*)入侵新西兰后,由于当地广泛存在一种十分适宜的寄主植物白车轴草(*Trifolium repens*),以致短短数年内该虫的种群密度即达到英国本地的 10 倍。相反,没有合适的寄主,入侵昆虫则很难生存。例如,同样是由欧洲入侵到新西兰的平圆根瘤象(*Sitona discoideus*),它主要以紫花苜蓿为食,而在新西兰南部岛屿的坎特布里平原苜蓿种植区相互隔离,且面积小,只占整个生境植被覆盖率的 0.3%,导致该害虫在入侵扩散中绝大多数个体死亡。

6.2.2.2 偏利或互利物种

很多研究表明,入侵种之间或入侵种与本地种之间可发生协同互作,由此产生有利于对方的可用资源促进入侵。例如,在美国夏威夷等地,入侵种黑喉红臀鹎(*Pycnonotus cafer*)可促进米氏野牡丹(*Miconia calvescens*)、马缨丹(*Lantana camara*)等入侵植物种子的扩散。又如,一些具固氮能力的入侵植物传入后,会显著增加土壤中可利用性氮的含量,改变氮循环,为另外一些外来植物的入侵提供可用资源。此外,一些协同物种可通过对本地栖境的影响而促进外来种的入侵,如彭土杜鹃(*Rhododendron ponticum*)在爱尔兰的大暴发,与入侵种梅花鹿日本亚种(*Cervus nippon aplodontus*)种群迅速扩张导致的栖境变化有直接联系。该梅花鹿大量取食本地植物后,本地植物对资源的消耗减少,从而使彭土杜鹃能获得更多的可用资源。在微生物协同作用方面,有研究证实它们能对一些入侵种较本地种有偏利作用。例如,我国重要的入侵害虫 B 型烟粉虱在双生病毒侵染的植物上持续取食,导致产卵量显著增加、寿命明显延长;本地烟粉虱虽也可同样高效地传毒,但在双生病毒侵染的植株上持续取食,对其生殖和存活未产生有利影响。又如,本地松树上黑根小蠹(*Hylastes parallelus*)的伴生真菌(*Leptographium procerum*)能降低油松抗虫性,并诱导油松产生入侵昆虫红脂大小蠹 (*Dendroctonus valens*)的聚集化合物,由此促进红脂大小蠹的入侵扩张。

6.2.2.3 天敌

有研究者建立了由植物生活史特性预测特定食草动物限制本地植物繁衍能力的数学模型,成功解释了几种天敌(食草动物和病原体)对植物的控制作用。外来植物在入侵地一般都比原产地植株个体更大、繁殖体更多且寿命更长,被引入到入侵地的专食食性天敌也会出现类似的状况,导致其对外来植物的控制能力超过原产地。研究表明,不是所有的外来植物都逃避了天敌牧食,而且即使逃避了天敌,也不是所有的植物都能将天敌逃逸转变为植物种群性能的增加。一般造成外来植物入侵失败有以下原因:①被入侵地的气候条件不能使外来植物产生足够多的繁殖体,从而利用天敌逃逸的优势;②即使天敌对本地植物的影响大于外来植物,但是因为本地植物更适应当地的环境,其竞争能力在天敌作用下依旧大于外来植物;③由于外来植物在原产地已经能很好地防御其专食性天敌,所以其专食性天敌对调节控制作用不明显。与天敌逃逸假说认为本地广食性天敌对外来植物影响较小相反,有研究认为本地的广食性天敌对外来植物的入侵有阻碍作用。有研究发现本地食草动物的牧食,对外来植物的个体性能以及建群都有明显的负作用。外来植物缺乏与本地广食性天敌共同的进化历程,缺乏了来自本地广食性天敌的选择压力,因此在防御本地广食性天敌的策略和效果上不及本地植物,导致本地广食性天敌会优先选择取食外来植物。也有一些研究结果发现,与本地植物相比,本地广食性牧食者会优先取食外来植物,因此当外来植物在与入侵地的本地植物竞争时,本地广食性天敌的加入会削弱外来植物的竞争能力,导致其在与本地植物的竞争中处于劣势,从而阻止其入侵。此外,有研究显示在入侵植物的新生境范围内引入原有天敌,入侵状况并没有得到改善。天敌逃避假说确定的一个前提是食草动物对本地植物影响的数量级别程度如何。如果食草动物对本地植物数量无明显影响,那么就没有理由认为外来植物会因此受益而摆脱天敌。相对于多年生植物,通过依靠种子再生的一年生植物容易受到食草动物干扰,降低种子产量。这样的外来植物可能因为在入侵地逃避了专食性天敌而获得巨大的竞争优势。多年生的或种子储存期很长的植物相对较少受到食草动物的干扰,它们无论作为本地植物还是作为入侵植物都能迅速繁衍种群。

6.2.3 非生物性可用资源与可入侵性的关系

6.2.3.1 营养成分

土壤肥沃或贫瘠影响植物的生长和群落的物种构成。一般认为,较高的土壤养分可利用性(无论是自然状况还是人为活动造成的)与外来植物成功入侵本地植物群落呈正相关关系。该结论已被大量针对草地生态系统进行的养分添加实验所验证。研究表明,土壤中氮含量的增加会提高入侵植物的生物量和竞争能力,从而加速入侵植物的蔓延。通过往土壤里加碳,可以降低土壤中的无机氮含量,从而抑制入侵杂草的生长。湿地生态系统恢复实验表明,当土壤无机氮含量降低到 30 mg/kg 以下,可以抑制玉带草的入侵,从而建立本地苔草群落。与土壤氮含量作用类似,土壤的磷含量的增加也会增加入侵植物的竞争优势,使得其在种间竞争中获胜。

6.2.3.2 水分

对于引起小麦茎锈病、黑锈病或谷物锈病的小麦锈菌(*Puccinia graminis*)来说,该病原菌在非洲、亚洲和中东地区的入侵和蔓延除受到风的影响外,也受到降水的显著影响。小麦锈菌的夏孢子和春孢子会在接触自由水时萌发。此外,在区域孢子传播中,雨水是孢子有效沉积的必要条件。因此,降水的增加和更湿润的环境有助于茎锈病的入侵和发展,因为许多真菌不仅需要雨水来完成孢子沉积,也需要湿润的条件来完成孢子萌发。

相反，干旱可能会减少病原体的传播，但也会带来作物产量方面的问题。

甘蓝瘿蚊(*Contarinia nasturtii*)是欧洲和西南亚一些国家和地区十字花科蔬菜上的主要害虫，尤其是生长在黏土土壤中的害虫。一项关于这种入侵昆虫在北美西部分布和丰度的研究表明，高于平均水平的降水量可能是其快速传播的重要因素。此外，红火蚁(*Solenopsis invicta*)是一种对湿度敏感的昆虫，因此降水频率和分布可能在红火蚁的传播中发挥重要作用。干旱和洪水等极端气候也同样会影响外来昆虫的入侵。例如，洪水可能对土栖昆虫产生严重的负面影响，而干旱可能会增加植物中的碳水化合物浓度，使寄主植物对昆虫更有吸引力。

水分是植物生长和决定植株最终大小的重要因素。美国农业部位于柯林斯堡的国家遗传资源保护实验室的研究结果表明，降雪的增加会加剧草原生态系统中外来杂草的入侵。在植物水平上，降水和可用水量的变化都可能影响与农业相关的杂草的入侵过程。因为降水时间和数量的变化可能会改变入侵杂草的一些生物学因素，包括种子萌发、植株大小、种子产量和水媒种子的分布等。而在群落层面，极端降水很可能有利于入侵杂草和作物之间的竞争，从而对作物生产力产生负面影响。对美国加利福尼亚州北部多年生草原连续20年的研究发现，在大量的降雨发生后，当地入侵性杂草旱雀麦(*Bromus tectorum*)的数量显著增加，而冬季降雨增多会极大地促进当地另一种入侵植物黄矢车菊(*Centaurea solstitialis*)的发生。又如，在北美洲混合型草原上，在降水较少的冬季受入侵物种的影响很少，若期间降雪增加，此类草原被铺散矢车菊(*Centaurea diffusa*)、达耳马提亚柳穿鱼(*Linaria dalmatia*)和满天星(*Gypsophila paniculata*)入侵定殖的概率增加。总体来说，增加水分可提高生态系统的可入侵性。

此外，有些外来种可通过利用本地种难以利用的水分资源而成功入侵。例如，在美国加利福尼亚州水资源缺乏的草地群落中，本地种很难存活，物种多样性低，而矢车菊(*Centaurea cyanus*)却能凭借其发达的根系吸收距土壤表层60 cm以下的水资源，从而使其在该区域内成功定殖。

6.2.3.3 光照

光是植物生长最重要的生态因子之一。植物对光的捕获和利用能力是其能否适应环境并在种间竞争中获胜的决定性因素。特别在森林生态系统中，光照被认为是“最重要的单一限制性资源”。有些森林林冠层的光照转化到林下地面层只剩下不到1%的光辐照。林冠层透光率的多少，影响植物的生存。森林植被幼苗低光环境下会展现出种间差异。因此，对光资源的竞争可以解释群落的结构特征和外来物种入侵的成功与否。在灌木对森林的入侵研究时发现，由于森林上层稀疏，引起林内光资源可利用性增加，继而加大了森林的可入侵性。对在美国造成严重入侵的日本小檗(*Berberis thunbergii*)的研究发现，日本小檗种群增长与光照条件密切相关，光资源可利用性的多少会影响其生物量积累，进而影响其对本地植物的抑制程度，即当光资源可利用性增高时，日本小檗对本地群落的入侵程度明显增加。光照也是外来植物主要的可用资源之一。当本地植物生物量很高时，到达地面的光照很少，这时不耐阴的外来种很难生存；但是，当森林上层较为稀疏时，下层的可用光增多，有利于灌木植物的入侵。

6.2.3.4 CO_2

CO_2的增加一般不会直接影响植物病害对宿主的可入侵性，但植物宿主本身可能会对不断上升的 CO_2浓度做出反应。由 CO_2诱导产生的宿主生理的变化可能以难以预测的方式改变宿主与病原体的相互作用。葛麻姆（*Pueraria montana* var. *lobata*）是一种豆科藤本植物，主要分布在美国东南部，为亚洲大豆锈病的替代宿主。已经有研究证实，大气中 CO_2含量的上升会直接刺激葛麻姆使其冠层增加，从而捕获更多的亚洲大豆锈菌孢子，使病原体传播和分布更广。在叶片水平上，CO_2诱导的气孔孔径减小可以减少抑制气孔的病原菌［如黄单胞菌属（*Xanthomonas*）］的感染。黄单胞菌属与许多入侵性病原体有关。CO_2诱导叶表面的特征变化，如表皮蜡质或叶片厚度增加，也可以减少通过直接渗透方式感染宿主的病原体的发病率。相反，CO_2诱导的气孔孔径变化可以增加叶片含水量，进而促进一些叶片病原菌的生长。而 CO_2对光合作用的刺激可以增加叶片产生碳水化合物，并促进病原菌的生长和产孢。在植物群落水平上，CO_2诱导的植物密度和高度的增加可能会增加作物冠层内的湿度，从而促进入侵病原真菌的生长和产孢。

与病原体一样，入侵节肢动物更有可能受到 CO_2对寄主植物代谢的直接生理效应的影响。CO_2诱导的植物叶片代谢变化可能包括碳氮比增加、防御（化感）化合物浓度改变、碳水化合物和纤维含量变化以及水分含量增加。在植株水平上，植物体型和物候的变化会影响开花时间、开花量以及花粉产量。在群落层面，植物竞争可能会随着物种数量或物种多样性的变化而改变。总体来说，这些变化可能通过改变昆虫的取食行为或改变植物的防御来改变入侵昆虫与宿主之间的相互作用。例如，以吸取叶片汁液为生的入侵昆虫，可能会受到 CO_2上升导致的叶片质量变化的影响。而对于入侵螨虫来说，表皮或叶片厚度的增加会增加它们侵染宿主的难度。CO_2也会导致非结构性碳水化合物的增加。取食韧皮部的入侵性蚜虫，如桃粉大尾蚜（*Hyalopterus pruni*）和俄罗斯小麦蚜（*Diuraphis noxia*）可能对 CO_2诱导的叶片质量变化反应较低。

已经有研究表明，大气中 CO_2浓度的增加能显著刺激数百种植物的生长和发育。鉴于植物光合作用和生长受到 CO_2上升的刺激，越来越多的研究开始量化入侵物种对 CO_2浓度增加的反应。例如，被列为北美第一大入侵农艺杂草的加拿大蓟（*Cirsium arvense*）在 CO_2浓度增加的情况下表现出强劲的生长势头，表现出约 70% 的增长率。中国南方 3 种入侵植物薇甘菊（*Mikania micrantha*）、南美蟛蜞菊（*Sphagneticola trilobata*）和五爪金龙（*Ipomoea cairica*）在 CO_2浓度升高后光合速率平均增加 67.1%，总生物量平均提高 70.

3%，相比之下，这两个指标在伴生土著植物鸡矢藤、蟛蜞菊（*Wedelia chinensis*）和厚藤（*Ipomoea pescaprae*）中只分别平均上升24.8%和30.5%。CO_2浓度升高后，一些入侵植物的种子数量增加，同时单粒种子的质量下降。例如，红雀麦（*Bromus rubens*）在CO_2浓度升高后其种子质量有所下降，但种子数增加了近3倍。对于利用风媒方式进行传播的入侵植物而言，种子质量下降有利于种子远距离传播，从而促进种群扩散。此外，大气CO_2浓度升高可间接促进其他可用资源的增加。在较高CO_2浓度下，植物气孔的张开度缩小或部分关闭，导致蒸腾作用减弱、水分散失减少，由此促进土壤湿度的提高。对入侵至美国西部的腺牧豆树（*Prosopis glandulosa*）研究发现，其种群成功定殖和扩张的一个重要原因是CO_2浓度升高导致当地植被的土壤水分流失减少，由此缓解了新入侵地水分对该植物幼苗生长的限制。

6.2.3.5 温度

温度是许多外来入侵病原体生长和产孢的关键因素。例如，由玉蜀尾胞菌（*Cercospora zeaemaydis*）引起的玉米尾孢菌叶斑病，在高湿且温度高达27 ℃时，病害的扩张呈指数增长。此外，冬季是造成入侵病原体死亡率的一个重要因素，一般情况下，冬季的低温会造成超过99%的病原体种群死亡。但如果被入侵地冬季的温度偏高，可能会更利于外来植物病害的入侵。

温度是昆虫发育的主要调控因子。若入侵地的环境温度适宜入侵昆虫的生长发育，那么入侵昆虫能在入侵地更容易的建立种群。此外，温度在入侵昆虫向北迁移中发挥着重要作用。气候变暖可能增加它们的地理分布以及和增强它们的越冬能力。对一些蚜虫种类的分析表明，冬季温度每升高1 ℃，蚜虫的春季迁移时间就会提前2周。入侵昆虫的范围扩大也取决于寄主植物对温度的敏感性，而且很可能是具物种特异性的。温度扩大了入侵昆虫的活动范围，这可能会使它们与更远地方的寄主物种接触，从而增加入侵和扩散的可能性。

温度是影响入侵植物生物学的主要非生物变量。气温上升有利于入侵植物向高纬度地区扩散。美国南部暖季作物的许多最严重的入侵植物都源于热带或温暖地区。例如，入侵杂草筒轴茅（*Rottboellia cochinchensis*）与路易斯安那州甘蔗产量显著下降有关。此外，该入侵种在玉米、棉花、大豆、高粱和水稻生态系统中也具有很强的竞争力。筒轴茅能够在平均温度升高3 ℃的情况下，生物量和叶面积分别增加88%和68%。相反，温度的上升可能也会对高温敏感的入侵物种产生显著影响，限制其往气温更高的南方地区蔓延。

6.3 生态系统干扰假说

生物多样性的破坏甚至丧失已经成为全世界上主要的环境问题，生物多样性丧失的原因主要有基因多样性的丧失和生态系统遭到破坏等,而这些都是由于干扰所导致的。目前,即使是最稳定的群落也不处于平衡状态,只要是发生次生演替的地方都会受到干扰的影响。一些学者们认为,干扰并不是破坏生态系统的主要原因,但过度的干扰往往会导致本地群落的稳定性下降,降低系统原有的生物抗性,从而助长外来种的入侵。

6.3.1 干扰的定义和分类

生态学中的干扰被认为是在相对较短的时间内发生的强烈的环境压力事件,并在受影响的生态系统中引起较大的环境变化。通过造成生态系统破坏或生物死亡,从而影响生态系统的结构和功能,进而影响生态系统的可入侵性。干扰对生态系统影响取决于其强度和频率、干扰斑块的空间分布(或空间格局)和大小以及干扰的规模(空间范围)。

根据干扰的起因,干扰可分为自然干扰和人为干扰两种。常见的非生物性自然干扰有火灾、台风、暴雪、洪水、地震、干旱等。此外还有动物危害和病虫害等生物性自然干扰。

根据干扰的性质,干扰又可分为破坏性干扰和增益性干扰。大多数自然干扰和人为干扰会导致生态系统正常结构的破坏,生态平衡的失调和生态功能的退化。有些干扰是人类经营利用自然生态的正常活动,如人们在森林生态系统中合理采伐、修枝、人工更新和低产、低效林分改造等,它可以促进森林的发育和繁衍、延续森林生态功能的发挥。

6.3.2 干扰与生物入侵的相关性

在自然干扰方面,全球气候变化改变着植物生长的环境,因而必定会对外来物种的入侵过程造成影响。在全球气候变化背景下研究外来物种的可入侵性,对未来制定入侵植物防控政策显得尤为重要。气候变化可能会通过以下三个方面影响外来入侵植物:①如果气候变化可能使生态环境更适合外来种的生长,这将扩大外来种的分布区域;②气候变化会影响本地种和外来种的种间竞争,特别是有可能会有利于 C4 植物的生长;③极端天气可能会造成很多已建群物种的死亡而产生更多林隙,从而增加了群落对外来种入侵的易感程度。

与全球气候变化相比,自然灾害对本地生态系统可入侵性的影响有时更为直接和快速。有时一场严重的风暴,会造成树木的死亡,产生大的林隙,使林内的光照、温度、水分等环境因子进行重新分配,进而影响生态系统的可入侵性[8]。而风倒等可以产生大量的倒木,从而影响林下植被、枯落物、土壤养分等理化性质等发生变化,也会对生态系统的可入侵性产生影响。有时,入侵种也能通过大风的作用快速传播。例如,在 1992 年美国佛罗里达州的飓风安德鲁过后,非本地葡萄藤被大风刮断后被飓风携带到全州的整个范围并广泛传播。2005 年卡特里娜飓风过后,风暴掀起的浪潮改变了海洋中的群落结构,增加了当地海洋生态系统的可入侵性。而 2008 年奥马尔飓风造成大量的沉积物掩埋了原生海草床,导致外来入侵海草的种群建立。

洪水也可能成为干扰因素,对水生生态系统的可入侵性产生影响。洪水对水生生态系统造成的物理变化可以为外来物种的定殖、传播和扩散创造机会。例如,研究发现在实验操作的周期性持续洪水和干旱事件中,侵入性虉草(*Phalaris arundinacea*)和宽叶香蒲(*Typha latifolia*)的生长速度超过了其他多年生本地和非本地物种。

高温有时也是一种影响生态系统的可入侵性的干扰因素。在持续高温的条件下,本地物种可能会出现大面积死亡,如果此时外来入侵物种能够忍受更高的温度或更快地占用因本地种死亡而产生的资源,则能够提高入侵的概率。例如,在新西兰的一个海洋沿海生态系统中,出现了比年最高温度高出 7 ℃的极端天气,这导致本地贻贝的死亡率远高于外来的贻贝物种,从而增加了本地贻贝群落对外来贻贝入侵的易感程度。

火也常是外来种入侵的一个重要促进因子,在森林中经常有小强度的自然火发生,偶尔也会发生覆盖面积大、强度高的自然火。自然火灾可以去除植物的冠层和较厚的落叶层,增加可利用光和提高土壤短期肥力,从而增加群落的可入侵性。例如,对美国内华达山脉南部的针叶林研究发现,对当地进行一定程度的火烧处理后,土壤中氮和钾的含量显著升高,几年内处理区域中外来植物的种类、植株密度、覆盖度均出现不同程度的增加(与不进行火烧处理相比),而且在重度火烧处理条件下,这种变化趋势愈加明显。相比之下,未经火烧的针叶林中则很少受到外来种的入侵。

另外,自然火还有利于耐火物种对易燃火区域的入侵,而耐火物种的进入增加了燃火物质的累积,反馈之后导致更大规模更频繁的自然火,巩固了耐火物种的优势地位。例如,入侵美国的旱雀麦(*Bromus tectorum*),由于它的快速繁殖和大面积传播,明显增加了入侵地自然火发生的频率和强度,促进了它的进一步扩张。

人类对自然进行的改造或生态建设的同时,不可避免地会对生态系统产生一定程度的干扰,如烧荒种地、森林砍伐、放牧、农田施肥、修建大坝、道路、土地利用结构改变等,都在无形中促进了一些外来种的传播和入侵定殖。此外,人类会在交通运输过程中存在携带新物种进入生态系统的可能性,增加了生态系统的被入侵风险。

农业生产的影响:农业生产与生物入侵有着密不可分的关系。一些生活在农业生态系统中的动物、植物和微生物严重降低了农产品的质量和/或数量,而对农业生产有巨大影响的病虫害往往都是外来入侵生物。它们能够利用栽培作物或动物提供的资源进行定殖和传播。在没有捕食者和寄生者的情况下,入侵物种的种群经常会出现爆炸性增长,对相关的农作物和驯养动物造成严重后果。例如,马铃薯晚疫病菌(*Phytophthora infestans*)于 1843 年从美国传入欧洲,侵入了欧洲的大片耕地,是 19 世纪中叶爱尔兰大饥荒的原因。另一个著名的例子是葡萄根瘤蚜(*Daktulosphaira vitifoliae*),它是一种全球性的葡萄害虫。其被引入法国波尔多地区后几乎摧毁了当地的葡萄园,并在 19 世纪下半叶传播到整个欧洲。同样地,地中海果蝇(*Ceratitis capitata*)是原产于非洲的水果作物的害虫。它在19世纪末和20世纪入侵美洲和澳大利亚,现在是世界上最具威胁性的农业害虫之一,对200多种栽培植物造成了严重影响。

农业或道路建设过程中对土壤的干扰促进了很多入侵种定殖。例如,入侵新西兰的藤本植物葡萄叶铁线莲(*Clematis vitalba*),其萌发明显受光照水平和土壤可用氮含量的影响,因此该外来种在土壤干扰严重的地方更容易成功入侵。还有一些物种,土壤干扰不但对其入侵无负面影响,反而有助于其繁殖体的传播,如空心莲子草(*Alternanthera philoxeroides*)、加拿大一枝黄花(*Solidago canadensis*)和凤眼莲(*Eichhornia crassipes*)等。因此,很多外来植物喜欢生活在人为干扰严重、群落结构比较简单的灌丛、草丛、疏林和人工林等区域。例如,薇甘菊(*Mikania micrantha*)、五爪金龙(*Ipomoea cairica*)、假臭草(*Praxeis cematidea*)等入侵种多分布于人为干扰明显的路边和弃荒地,而在发育良好、群落较复杂的次生林中则很难发现。

城市建设的影响:在城区扩大过程中,一些种植观赏植物的公共场所因为一些新品种的人为引入为许多外来种的定殖提供了繁殖体,而这些场所在人为干扰下具有充足的可用资源,导致非木地植物更容易在这些都市景观生境中形成和建立落。

自然资源开采的影响:在煤矿开采中,开采导致煤层沼气结构的改变,而这可影响空气质量、土壤、养分循环和生物的栖息地,且随之产生的水流会引起水可利用性发生改变,增加流经地土壤的盐度和改变土壤的化学成分与结构。因此,煤矿开采对当地生态系统的干扰可使这个地区对非本地种入侵更为敏感。

水利、交通等工程建设的影响:例如,三峡库区内有入侵种55种,三峡大坝的建设工程干扰了其周围生态系统,加剧了苏门白酒草(*Conyza sumatrensis*)、凤眼莲(*Eichhornia crassipes*)和空心莲子草(*Alternanthera philoxeroides*)等破坏性植物的入侵。南水北调工程为水生和半水生植物的扩散提供了便捷通道,如已经遍及南方各地20多年的空心莲子草有可能通过运河扩散到我国中部和北部。近期的调查还发现,该草已入侵黄河北岸地区,并有继续向北扩张的趋势,此外,西气东输工程和青藏铁路的建设也被认为有可能加速东部入侵种向西部的传播扩散。

干扰促进可入侵性的一个依据是,生态系统被干扰后物种多样性下降,竞争者或天敌减少,导致可供入侵种利用的资源相对增加。但是,近年来有学者指出,干扰不一定会导致本地种多样性下降。J. H. 康奈尔(J. H. Connell)等在1978年提出了中度干扰假说(intermediate disturbance hypothesis, IDH)这个概念,他认为中等程度的干扰能维持物种的高多样性(图6.3)[9]。他们通过对热带珊瑚的研究发现,在没有受到干扰的时候,物种多样性会慢慢降低,而通过增加干扰的频率,会使物种多样性维持在一个高水平上。中度干扰假说的一个重要假定就是物种丰富度在中等干扰水平时最大,其理论机制是:

在物种对干扰的忍受能力和它的竞争能力之间存在一个平衡，高竞争能力种被认为是最易受干扰影响的种，因此，在干扰强烈发生时，由于该类物种不能忍受而使丰富度降低，甚至在局部区域灭绝；如果干扰强度太小，则又由于优势种占据资源而排除弱的竞争种，使其丰富度也随之降低。这也就意味着只有当条件同时有利于竞争种和耐干扰种的中度干扰发生时，丰富度才能达到最高。

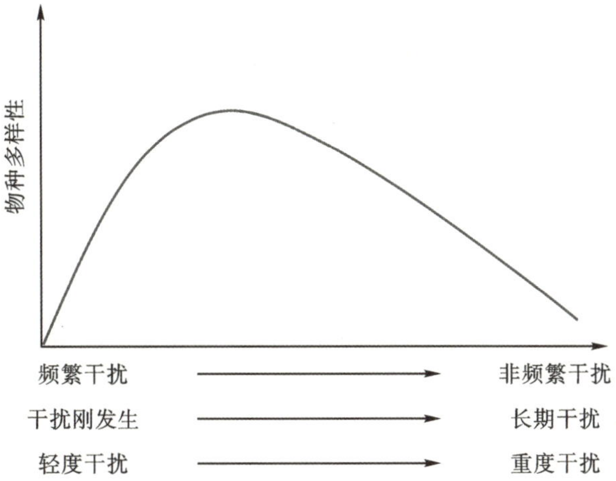

图 6.3　干扰与物种多样性的关系

现如今，全球生物多样性危机加剧，如何更好地理解人为干扰与生物之间的关系是必要的。当干扰强度设定在范围 0 ~ 100% 时，干扰强度达到 30% 左右时，加拿大北部的维管束植物的多样性达到一个最大值。在海洋底质为砾石的潮间带中，由于潮间带经常会受到海浪的影响，小的砾石受到海浪的干扰而移动的频率要比较大的砾石频繁，所以砾石的大小可以作为干扰的指标。将砾石表面的生物刮掉，为海藻的生殖提供了空的基质，结果显示，比较小的砾石只能支持群落演替早期出现的绿藻和藤壶；较大的砾石只能支持演替后期的红藻；而中等大小的砾石则可以支持最多样的藻类群落，所以证明了中度干扰下物种的多样性是最高的。因此，在分析干扰与可入侵性关系时，除需考虑干扰的强度外，还有必要对干扰的属性进行判断，即是否为破坏性干扰。

（王江峰　王　禹）

参考文献

[1] ELTON C S. The ecology of invasions by animals and plants[M]. Chicago: University of Chicago Press, 1958.

[2] KENNEDY T A, NAEEM S, HOWE K M, et al. Biodiversity as a barrier to ecological invasion[J]. Nature, 2002, 417(6889): 636 - 638.

[3] STACHOWICZ J J, WHITLATCH R B, OSMAN R W. Species diversity and invasion resistance in a marine ecosystem[J]. Science,1999,286(5444): 1577 -1579.

[4] KIMBRO D L,CHENG B S,GROSHOLZ E D,et al. Biotic resistance in marine environments[J]. Ecology letters,2013,16(6): 821 -833.

[5] LEVINE J M,D'ANTONIO C M. Elton revisited: a review of evidence linking diversity and invasibility[J]. Oikos,1999,87: 15 -26.

[6] DAEHLER C C. Performance comparisons of co - occurring native and alien invasive plants: implications for conservation and restoration[J]. Annual review of ecology evolution and systematics,2003,34(1): 183 -211.

[7] DAVIS M A,GRIME J P,THOMPSON K. Fluctuating resources in plant communities: a general theory of invasibility[J]. Journal of ecology,2000,88(3): 528 -534.

[8] DIEZ J M,D' ANTONIO C M,DUKES J S,et al. Will extreme climatic events facilitate biological invasions? [J]. Frontiers in ecology and the environment, 2012, 10 (5): 249 -257.

[9] CONNELL J H. Diversity in tropical rain forests and coral reefs: high diversity of trees and corals is maintained only in a nonequilibrium state[J]. Science,1978,199(4335): 1302 -1310.

第7章 全球环境变化与生物入侵

全球环境变化又叫全球变化(global change),是人类社会发展与自然演替单一或交互作用所形成的长时间、慢过程、大尺度、广范围、难恢复且具有较为深远与严重生态后果的陆地、海洋与大气的生物、物理及化学等变化。全球环境变化是多因素相互作用、相互影响的综合效应,以气候变化最为突出,主要包括全球变暖、大气氮沉降增加、酸雨、大气 CO_2浓度升高、栖息地斑块化、极端气候等等,其每一种变化又可能导致一系列次级或更次一级的变化。随着人类活动的频度与强度增加,全球环境变化日益剧烈,对地球生态系统的物种多样性及其分布产生了重要而深远的影响。

全球环境变化能直接影响入侵生物在某一特定区域的生存能力,同时也能改变它们与本地种的捕食、竞争、寄生等关系。对于生态系统而言,全球气候变化将使一些生态系统的抵抗力减弱、可入侵性增强,从而使外来种更容易入侵。对于入侵种和本地种的相互关系而言,全球气候变化可能会改变入侵种和本地种的竞争态势。首先,与长期适应本地环境的本地种相比,入侵种在引入、定殖、扩散等阶段经历了较为复杂的生境与气候条件,因此对于现有的环境变化所带来的新环境具有更快更高的适应性。其次,一些全球环境变化如氮沉降增加、降雨增加直接或间接地提高了区域资源可利用性,从而有利于外来植物成功入侵。因此,乘客理论认为全球环境变化导致外来生物原先不存在或者不适应的地域出现或演变为适于其生长的环境,即外来生物搭乘环境变化的快车(图7.1),从而适应新的生境,排挤本地种,降低生物多样性,改变原有生态系统,甚至引发严重的生态环境与社会经济问题[1]。

由生物入侵导致的原有生态系统结构/功能的改变,将会导致生态系统的生物地球化学循环过程以及温室气体排放的种类、过程、数量与速率的改变,从而反馈于全球气候变化。因此,生物入侵之于全球变化同样具有驱动作用,驱动(司机)理论认为生物入侵作为“外来”要素,参与本土化的固有过程所导致的生物、气候、地理等要素的系列变化(图7.1),从而激发气候环境的进一步变化。因此,生物入侵既是全球环境变化的因素之一,又是其重要的驱动因子,并将同其他全球变化因素一起左右整个地球的未来[2]。

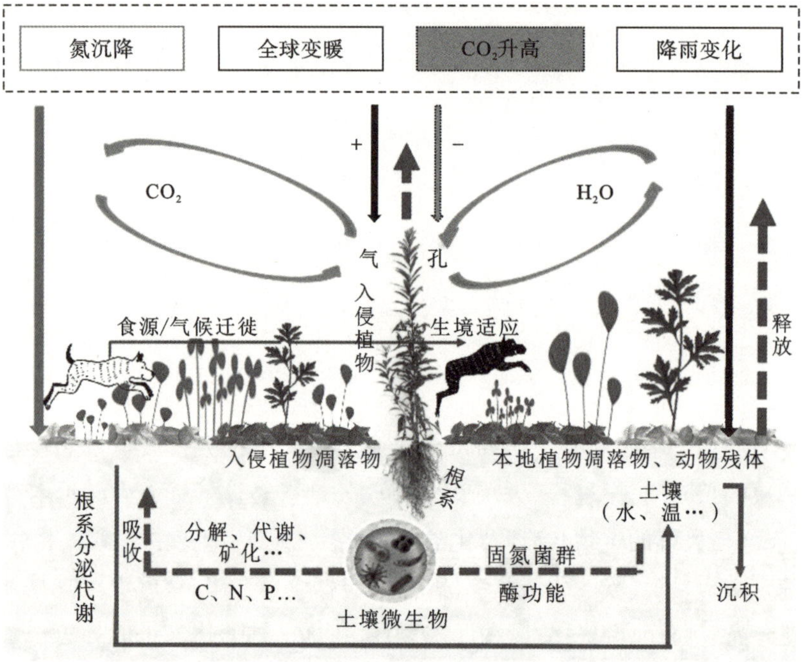

图 7.1　全球环境变化与生物入侵互馈

7.1　主要的全球环境变化因子

7.1.1　全球变暖

7.1.1.1　全球变暖的时空序列

全球变暖(global warming)是一种和自然有关的现象,主要是由于人类活动等产生的CO_2、CH_4等温室气体进入大气层,对来自太阳辐射的可见光具有较高的透过,而对地球反射出来的长波辐射具有高度的吸收性,这就使地表与低层大气之间形成“温室效应”,造成全球温度上升的气候变化现象。气候变暖是全球环境面临的重大挑战,联合国气候变化专门委员会第六次评估报告第一工作组报告《气候变化 2021:自然科学基础》[3]指出自 1850—1900 年以来,全球地表平均温度已上升约 1 ℃,并预计在未来几十年内全球升温将达到或超过 1.5 ℃(图 7.2)。从时间序列来讲,50 余年(1970 年以来)的全球变暖速率比近2000年来任何一个50年的增温速率都要大；最近10年(2011—2020年)的全球地表平均温度比1850—1900年高出1.09(0.95～1.20)℃，比2003—2012年增暖0.19(0.16～0.22)℃；这些数据说明全球温度仍处于上升阶段，全球变暖的趋势并未改变。当前，大气中温室气体CO_2、CH_4和N_2O浓度分别为410 μmol/mol、1866 μmol/mol与332 μmol/mol，较工业化革命前的1750年分别高出47%、159%与23%，特别是大气CO_2浓度达到过去200万年来的最高水平，比2011年时为过去80万年的最高水平向前推进了120万年[4]。因此，人类活动极有可能(>95%)是导致20世纪50年代以来全球大气、海洋、陆地气温升高的最重要因素[5]。

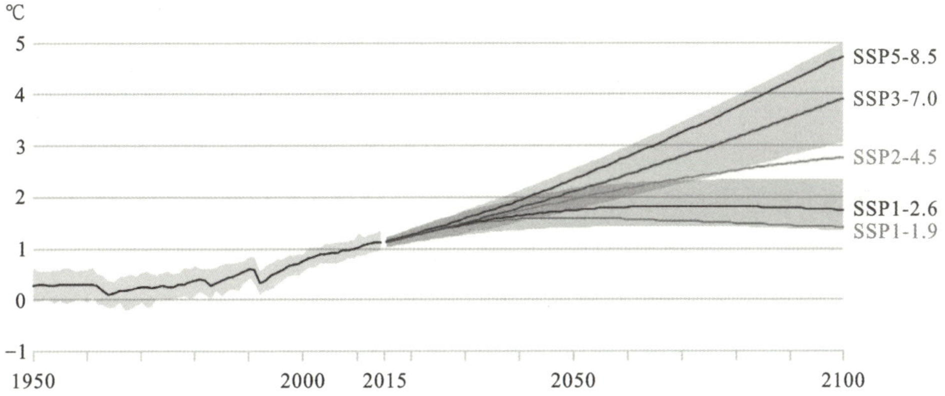

图7.2 全球地表温度相对变化及预测

注：相对于1850—1900年，其中SSP1－8.5代表温室气体排放由极低到极高的情景分段

从空间区域来讲，陆地增温幅度高于海洋，全球大部分陆地区域的极端高温(包括热浪)频率和强度增加，而极端低温(包括寒潮)频率和强度减弱。现在及未来的某段时间内，应对全球气候变化较为脆弱的南亚地区、中国南部和印度北部以及巴基斯坦将会是全球增温速度最快、幅度最高的区域。根据中国气象局发布《中国气候变化蓝皮书(2021)》[6]显示，1901—2020年，我国地表年均气温呈快速上升趋势，平均每10年升高0.15 ℃；近20年是20世纪初以来的最暖时期；1901年以来的10个最暖年份中，有9个均出现在21世纪。1961—2020年，我国各区域年平均气温呈一致性的上升趋势，平均每10年升高0.26 ℃；增高幅度远高于同期全球平均水平(0.15 ℃/10年)；且升温速率存在明显的区域差异，北方增温速率明显大于南方地区，西部地区大于东部地区；其中青藏地区增温速率最大，平均每10年升高0.36 ℃；华南和西南地区升温速率相对较慢，平均每10年分别升高0.18 ℃和0.17 ℃。1961—2020年，我国上空对流层气温呈显著上升趋势，而平流层下层(100 hPa)气温表现为下降趋势。

7.1.1.2 全球变暖的后果

全球气候变暖在一定程度上会增加粮食产量、减小人类热量排放以及有利于寒温带地区人口、经济和社会的发展。但是全球变暖往往会带来一系列灾难性的后果，如极地冰盖后退、高山冰川融化和雪线上升等，继而引发全球海平面的快速上升。研究表明，全球平均海平面从1901—2010年上升了190 mm，在1902—1990年期间平均上升速率每年为1.6 mm，而在1993—2012年期间的平均上升速率为每年3.3 mm；与1995—2014年相比，预计2100年全球平均海平面在中排放情景和高排放情景下分别上升0.44～0.76 m和0.63～1.01 m；2150年，在中排放和高排放情景下分别上升0.66～1.33 m和0.98～1.88 m；考虑到冰盖过程的不确定性，高排放情景下，2100年和2150年全球海平面上升幅度甚至可能达到2 m和5 m[3]。另外，全球气候变暖还会导致洪涝与干旱等极端事件频率增加、生态系统与农业生产稳定性下降和沿海地区城市安全以及人类健康风险加大等。

温度变化是物种灭绝的主要因素之一，部分研究认为，全球温度每增加1 ℃，就会造成全球至少10%的物种灭绝。同样，温度亦是限制物种生长、分布和繁衍及物候变化的主要因素之一，全球温度上升会导致植物的生长期延长（春季物候期提前、秋季物候期推迟）；植物地理分布整体向高纬度、高海拔地区迁移；动物冬眠时间缩短等。因此，全球变暖将对生物的分布与生长以及自然群落的结构和功能产生深远的影响[7]。

7.1.2 大气氮沉降

7.1.2.1 氮沉降的时空序列

氮循环（nitrogen cycle）主要通过自然（微生物固氮、豆科植物根瘤菌固氮、闪电固氮和动植物降解排放）和人为（垃圾填埋、农业施肥和工业哈勃－博施法合成）途径固氮。两种途径产生的氮通过各种途径如蒸发、热力效应等进入大气，在大气中发生反应转换、运移，又通过大气干、湿沉降重新回到地表生态系统，这一循环过程叫作全球氮循环。随着工业化、城市化以及农业现代化进程的加快，人类活动越来越频繁，排放到空气中的活性氮数量日益增多，导致越来越多的大气氮化合物沉降进入陆地、水生生态系统。氮湿沉降是通过降雨、雪、雾等方式向生态系统输入铵态氮、硝态氮等无机态氮和有机氮，主要来自化石燃料及生物体的燃烧，还有城市交通运输及火力发电供暖等设施的排放。氮干沉降是通过降尘和湍流方式输入活性氮，主要包括NO_2、NH_3、HNO_3及颗粒态NH_4^+、NO_3^-；主要受农业活动的影响，如农田施氮肥、畜牧养殖、垃圾填埋池、污水处理厂等。

21世纪初，全球固氮对陆地和海洋生态系统每年贡献了413 Tg（百万吨）的活性氮（Nr包括：氧化态，如NO_2、NO和N_2O等；还原态，如NH_3^-和NH_4^+），其中一半以上（每年210 Tg）由人为途径贡献，自然界海洋、陆地和闪电每年分别贡献140 Tg、58 Tg和5 Tg；另外，由人为哈勃－博施工业过程合成氮为每年120 Tg，是陆地表面自然合成固氮量63 Tg的近2倍。从时间上看，人为固定的活性氮在1860年约为15 Tg，1993年约为156 Tg，2010年约为210 Tg，总体处于高速增长态势，预计将在2100年增加到259 Tg。目前，从20世纪以来，全球范围的大气氮沉降呈快速增加态势，大约达到每年103 Tg，预计到2050年全球大气氮沉降量可能达到每年195 Tg，远远超出全球氮素临界负荷（每年100 Tg）。在不同区域不同时间段往往表现出不同的增加速率与沉降通量，局部差异化明显；欧洲和北美地区由于较早进行了工业革命，氮沉降在20世纪80年代达到峰值，平均为每年2～5 g/m^2，最高达到每年11.5 g/m^2。

在我国，伴随着社会经济的快速发展，氮肥生产和施用量及化石能源需求量的急剧增加，致使我国成为继西欧和北美之后的第三个全球氮沉降热点区域。在我国，人为活性氮排放由1980年的18.3 Tg增加至2010年的53.9 Tg，增幅2倍。其中，78%的人为排放活性氮又以（干、湿）氮沉降方式重新回到地球表面[5]。由于我国地域辽阔，因此氮沉降速率与通量的时空分布差异性亦很大。空间上，在21世纪初，大气氮沉降速率从东南沿海（每年1.77～3.18 g/m^2）向西北内陆（每年0.02～1.73 g/m^2）按递减的规律分布。时间上，总氮沉降量与沉降速率在20世纪60年代分别为每年2.75 Tg与0.31 g/m^2，到21世纪初，则分别为每年15.68 Tg与1.71 g/m^2，年均增长率分别约为2.33%和11.10%。近年来，随着经济结构的调整和环境保护措施的实施，我国的氮沉降总量及沉降模式也表现出了新的变化趋势：①全国氮沉降量快速增长的趋势得到遏制，氮沉降量逐渐趋于稳定，NH_4^+湿沉降量有所降低；②氮沉降模式发生转变，由以往的以湿沉降为主逐步转型为干、湿沉降并重的模式；③氮沉降形态发生转变，沉降物中NH_4^+/NO_3^-比值逐渐降低，NO_3^-比重持续升高[9]。总体上，当前我国氮沉降量依然处于较高水平，形势不容乐观，因此仍然需要高度关注。

7.1.2.2 氮沉降的后果

氮作为植物生长的必须营养元素之一，对植物生长与作物产量的提高往往起到积极有效的促进作用；但过量的氮沉降会引起一系列生态环境效应，严重影响陆地及水生生态系统的生产力和动植物以及微生物多样性，同时氮是作为污染源，又会导致水体富营养化、土壤酸化和温室气体N_2O排放等，严重危害环境生态安全与人体健康。国际上对大气氮沉降的研究始于1853年英国的洛桑站对氮沉降的测定，之后的美国、欧洲又相继建立起关于干湿氮沉降的生态监测网点网络。我国自20世纪70年代末才开始对大气氮沉降进行研究。目前关于氮沉降对林草地、水土和农田等生态体系的研究日益多样且深入，其主要研究方向可归结为：①氮沉降对地上植被系统结构和功能的影响；②氮沉降对地下土壤系统结构和功能的影响；③氮沉降对生源要素碳、氮、磷循环的影响。

7.1.3 降雨（酸雨）变化

7.1.3.1 降雨变化的时空序列

全球气候变暖导致大气持水量增加，水循环加快，全球总降雨量增加，不同地区的降雨均发生不同程度的变化；另一方面降水的时空分布不平衡的矛盾越发凸显；由此导致部分地区暴雨洪涝灾害频发，造成严重的水灾灾情；同时也有部分地区由于气候变暖，蒸发加剧，降雨减少，导致水资源匮乏，干旱问题严峻；这表明全球降雨量的多样性变化特征。1900—2010 年全球陆地年均降雨量大致在 621.20 mm；空间分布上，年均降雨量量级较高的地区主要分布在南纬 30°至北纬 30°，特别是南纬 20°至北纬 20°，尤其是中非西北、东南亚、东亚东部和南美洲南部地区，这些地区是全球主要的季风区、沿海地区和热带雨林地区；降雨量量级较低的地区主要集中在北非、南非、西亚、中亚、俄罗斯远东地区、北美洲西部、南美洲西部山脉地区、澳大利亚内陆和南极洲地区。其中超过 1500 mm 和 2000 mm 的地区分别占全球陆地总面积的 10.12% 和 6.20%，而低于 250 mm 和 500 mm的地区分别占全球陆地总面积的 37.40% 和 64.46%。全球年均降雨量最多和最少的区域是东南亚和撒哈拉，达 2425.15 mm 和 88.36 mm。从变化趋势上，1900—2010 年全球降雨量变化趋势呈现出不同的时空分布特征，全球陆地年均降雨量呈增加趋势的陆地地区占全球陆地总面积的 33.03%，主要零散分布在北纬 40°以北的欧亚大陆、北美洲西部、格陵兰、南美洲的东南部和亚马孙中北部、澳大利亚北部和南纬 0° ~20°的非洲地区，尤其是北半球高纬度地区增加趋势明显。而年均降雨量呈减少趋势的地区主要集中分布在赤道以北的非洲、以青藏高原为核心的亚洲大陆腹地、西亚、美国西部和环亚马孙周边地区，减少趋势的陆地地区面积占全球陆地总面积的 66.97%，因此全球降雨变化以减少趋势为主。然而，1950 年以来的观测记录表明降雨量在高纬度地区和热带地区呈现增加的趋势，而在原本比较干旱的副热带地区则呈现减少的趋势；高纬度地区大部分陆地区域每 10 年降雨量增加 0.5% ~1.0%；北纬 10° ~30°之间大部分陆地区域降雨量每 10 年减少了 0.3%；北纬 10°至南纬 10°之间的热带大陆地区降雨量每 10 年增加 0.2% ~0.3%[10]。自 1950 年以来北半球中纬度地区的降雨量也在明显上升。同时，全球陆地平均年降水的年代尺度变化主要是以 30 年左右的年代际周期振荡为主要特征，极端降水事件显著增加的区域可能多于显著减少的区域，但在趋势上具有很强的区域和次区域分布特征。

我国降雨变化总体上呈现南涝北旱，夏季多雨带位置北移，北方呈现西部降水增多、东部降水减少的空间分布格局。1961—2020 年，我国平均年降水量呈增加趋势，平均每 10 年增加 5.1 mm，且年代际变化特征明显。20 世纪 80—90 年代年降水量以偏多为主，21 世纪最初十年总体偏少，2012 年以来持续偏多。1961—2020 年，我国东北中北部、江淮至江南大部、青藏高原中北部、西北中部和西部年降水量呈增加趋势，而东北南部、华北东南部、黄淮大部、西南地区东部和南部、西北地区东南部年降水量呈减少趋势。21 世纪初以来，西北、东北和华北地区平均年降水量波动上升，华东和东北地区降水量年际波动幅度增大。2020 年，我国平均降水量为 694.8 mm，较常年值偏多 10.3%。1961—2020

年，我国平均年降水日数呈显著减少趋势，而年累计暴雨站日数呈增加趋势；2020年，我国年累计暴雨站日数较常年值偏多24.1%，为1961年以来第二多[6]。就全国而言，极端降水强度在增强，遭受极端降水的地区也在增加。利用不同气候模型在不同情景下预估的结果均一致表明：在全球变暖的背景下，未来中国绝大多数地区极端降水的强度和频次都存在显著增加的趋势。

7.1.3.2　降雨变化的后果

降雨作为全球气候带划分的重要依据，在很大程度上决定着全球大部分生物的分布与演化。任何微小的变动，都会深刻影响植物生活史对策、种群动态、群落变化、入侵恢复以及生态系统流，甚至对动物特有的生存及迁徙产生巨大的影响。同时，降雨所带来的水汽资源是一种调节生态系统过程的资源，如土壤内的扩散和跨生态系统边界的物质沥滤；对生物过程也有间接影响，如pH值的改变，养分有效性、土壤含氧量、土壤风化和矿物学。不可忽视的是，降水通常可以有效去除大气中的气溶胶颗粒、溶解气体污染物，但如果空气污染较严重，降水清除的大量气溶胶颗粒会携带硫酸根离子（SO_4^{2-}）与硝酸根离子（NO_3^-）等而改变降水的化学成分，形成酸雨，沉降至地面，可能导致土壤、湖泊严重酸化或碱化，抑制植物生长，改变区域气候等。根据我国《2020年全国生态环境质量简况》[11]显示，全国465个监测降水的城市（区、县）中，酸雨频率平均为10.3%，同比上升0.1%。全国降水pH年均值范围为4.39～8.43。其中，酸雨（降水pH年均值低于5.6）城市比例为15.7%，同比下降1.2%；较重酸雨（降水pH年均值低于5.0）城市比例为2.8%，同比下降1.7%；重酸雨（降水pH年均值低于4.5）城市比例为0.2%，同比下降0.2%。酸雨类型总体为硫酸型。全国出现酸雨的区域面积约为466000 km^2，占国土面积的4.8%，同比下降0.2%。主要分布在长江以南、云贵高原以东地区，包括浙江、上海的大部分地区、福建北部、江西中部、湖南中东部、广东中部、广西南部和重庆南部。

7.1.4　大气 CO_2 浓度升高

7.1.4.1　大气 CO_2 的时空序列

CO_2 是大气中最重要的人为排放的温室气体，它贡献了约65%的长寿命温室气体辐射强迫。全球 CO_2 浓度都呈现持续增长的趋势[3]（图7.3），不同气压高度的空间分布不同。近地表的 CO_2 浓度受下垫面影响明显，空间分布差异大，北半球近地面的 CO_2 浓度整体高于南半球。全球有4个高值中心，分别为东亚、西欧、美国东海岸，以及非洲中部地区。海拔越高，空间分布差异越小。近地表浓度空间差异高值区与人类 CO_2 排放相关关系显著，受人类活动影响明显。空间上，根据美国宇航局网站2002年9月—2016年11月全球对流层 CO_2 浓度显示：全球 CO_2 浓度高值区主要分布在北半球北纬30°～60°的中国北半部、欧洲地区、美国中东部到加拿大东南部，以及阿拉斯加等地区，形成一条 CO_2 浓度高值带贯穿整个北半球中高纬地区；低值中心主要出现在南纬 15°至北纬 15°，西经 140°向东至东经 100°的低纬地区，形成南半球低纬 CO_2浓度低值带，其中最小值出现在大西洋海域。根据 2021 年《世界能源统计年鉴》[12]显示：全球能源燃烧活动导致 CO_2排放量由 2010 年的 31291.4 Tg 持续增长至 2019 年 34356.6 Tg，年均增长率 1.4%；我国 CO_2排放量由 2010 年的 8145.8 Tg 持续增长至 2019 年 9810.5 Tg，年均增长率 2.4%。2020 年全球 CO_2排放量为 32284.1 Tg（新型冠状病毒感染流行的原因），其中，亚太地区排放量占 52%，其次为北美 16.6%，欧洲 11.1%，其他中东、非洲地区占比均在 10% 以下，而我国以 9899.3 Tg 的排放量占比 30.7%。随着工业的发展，全球大气 CO_2浓度不断上升，预计到 21 世纪中叶达到 550 μmol/mol，到 21 世纪末将超过 730 μmol/mol。

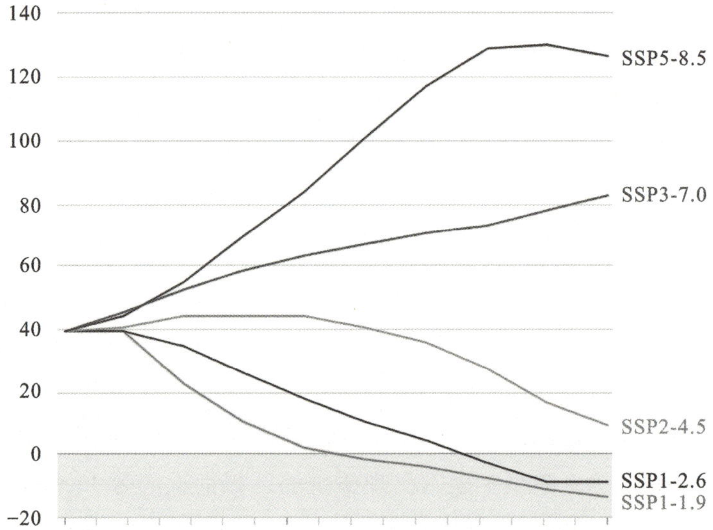

图 7.3　全球 CO_2年释放变化及预测

注：相对于 1850—1900 年，其中 SSP1－8.5 代表温室气体排放由极低到极高的情景分段，单位：10 亿吨/年[3]。

我国 CO_2浓度空间分布上呈现北高南低的非均匀特征，并在北纬 35°～45°附近的东北地区西南部、内蒙古西部、新疆地区东部和西部形成高值中心；低值中心出现在北纬 20°～30°的云南地区和北纬 30°附近的西藏地区（中国地面国际交换站气候资料 2003 年 1 月—2015 年 12 月月值数据集）。时间上，大气中温室气体 CO_2浓度为 410 μmol/mol，较工业化革命前的 1750 年 280 μmol/mol 分别高出 47%，特别是大气 CO_2浓度达到过去 200 万年来的最高水平，比 2011 年时为过去 80 万年的最高水平向前推进了 120 万年。我国 CO_2浓度年增长率较大的区域有新疆东北部、内蒙古中东部，以及河南、湖北、重庆、贵州、广东等地，其中心值均超过了每年 1.98 μmol/mol，青藏高原地区每年增长在 1.80 μmol/mol

以下。我国区域 CO_2浓度有明显的季节变化特征，其中 CO_2浓度最高值出现在春季，冬夏季次之，秋季最低，其季节变化特点与东亚地区风场的输送、我国降水量的清除和植被的吸收等有密切的联系。

7.1.4.2 CO_2升高的后果

大气中 CO_2浓度升高的“施肥效应”刺激植物光合作用和生产力，提高植物的水、养利用效率，并改变体内碳素与氮素的分配模式，总体上促进陆地植被的碳固定，但是生态系统的碳汇功能存在很大的争议，受水分、养分有效性等诸多因素制约。另一方面，CO_2作为主要的温室气体之一，不仅会导致全球变暖，作为人与动物的呼吸气体，还会形成一定的毒理效应，威胁生物安全。

7.1.5 其他

全球环境变化还包括臭氧层空洞导致的 UV－B 辐射增强、土地利用方式改变、微塑料、重金属等环境污染、海平面上升、景观破碎化、土地荒漠化、生态系统失衡等。这些变化是地球环境各个部分的相互作用和人与自然的相互作用，是物理、化学和生物过程相互作用的结果。全球环境变化会对区域环境构成深远影响，而区域环境问题有可能发展成全球环境问题。

全球环境变化是多种环境因子交互作用的结果，各因子变化并非独立发生，而是相互依赖、相互联动的，因此全球环境变化呈现出多元化、多样化、复杂化以及难以预测等特性，而这些特性往往是环境变化的常态化表现。

7.2 全球环境变化对生物入侵的影响

7.2.1 全球气候变暖对生物入侵的影响

7.2.1.1 全球气候变暖对植物入侵的影响

温度主要通过改变植物气孔导度、水分利用和根系呼吸以及土壤微生物、有机质等途径来影响植物生长与分布，进而改变种群建立、群落演替和外来植物的入侵进程。由于不同植物对温度变化具有一定的响应阈值，但其作用在很大程度上依赖于测量指标特征与相对竞争者，因此，增温之于入侵虽然存在争议但总体上倾向于促进入侵的观点[13]。争议方面，如温度提高能够增加入侵植物五爪金龙〔*Ipomoea cairica*（L.）Sweet〕的种子萌发率、地上生物量及繁殖能力，但对于入侵植物猫儿菊（*Hypochaeris radicata* L.）与狮齿菊（*Leontodon taraxacoides* L.），温度升高却抑制了其种子萌发与幼苗生长，甚至引起这两个入侵物种在澳大利亚北部草地的退化[14]。即便在同一地区，不同入侵植物往往会对相同温度的升高作出不同的响应,如在美国新英格兰地区,入侵植物紫叶小檗(*Berberis thunbergii* var. *atropurpurea* Chenault)会因其在高温背景下表现出较高的生长与萌发率而进一步扩张;反之,入侵植物蒜芥〔*Alliaria petiolata* (M. Bieb.) Cavara et Grande〕则会因其在高温背景下的不良生长导致入侵受阻[15]。同一入侵植物不同原产地对增温的响应同样表现出显著差异,如经过增温后的乌克兰、美国阿肯色州、加拿大等地区的多斑矢车菊的株高显著增加,而增温显著抑制美国马里兰州的多斑矢车菊的生长。与温度升高(+1.1 ℃)显著降低本地马唐〔*Digitaria sanguinalis* (L.) Scop.〕的生物量相比[16],入侵植物加拿大一枝黄花的生物量在增温(+1.8 ℃)条件下则表现为提高状态,表明入侵种较本地植物在增温条件下具有较强的定殖能力。

气候变暖可能促进外来物种从较暖的区域入侵到一个原本较冷(入侵种无法与本地种竞争)的地区。同样地,如果新环境中的(变暖)温度开始阻碍外来物种的竞争性能,它可能会抑制外来物种从较冷的本地范围扩张。一般来讲,气候变暖预计将增加外来种从温暖的南方成功入侵到北方的可能性,同时减缓入侵物种从北半球较冷的北方向南扩张的速度。某一特定的植物往往仅会在一个较小的温度范围内维持其最佳代谢。因此每个物种的生长与构件生物量分配策略对不同的温度变化往往会作出不同的响应,例如增温 1.6 ℃能够显著降低加拿大一枝黄花(*Solidago canadensis* L.)叶生物量占比,但却显著增加了茎与根生物量占比;增温使入侵植物北美车前草(*Plantago virainica* Willd.)的植株增高了 37.93%,但其根系生长却被抑制,对其总生物量并没有显著影响[17]。除此之外,增温还会影响植物对养分的吸收与分配,进而影响植物间对资源争夺的种间竞争。值得注意的是已有研究表明全球变暖对入侵植物秋季花期的物候序列具有延迟效应,这在很大程度上提高了入侵植物的生长周期,对于其应对环境变化策略具有重要影响。

7.2.1.2　全球气候变暖对入侵群落的影响

由于生态系统中不同区域间生物部分和非生物部分差异、不同植物物种或功能群植物对气温升高的响应存在种间特异性,气候变暖可能会改变植物群落物种数量和结构组成。已有大量研究发现,增温条件下,植物物种会因不适应变化的气候与竞争力低下而急剧地消失在生态系统中;但是增温通过增加枯草积累和加速土壤有机物及营养矿物质的分解速度而直接影响植物生长和发育,这将会导致目前营养受限制的群落的生产力增加,从而导致群落功能型转变。同时增温将会导致植物的氮、磷积累和种群密度增加,而且这种增加在增温幅度较大的高寒高纬度地区更加明显。在气候变暖条件下植物种类的地理分布区会改变,因此许多种类面临新生境或外来种入侵竞争的问题。入侵种空心莲子草〔*Alternanthera philoxeroides* (Mart.) Griseb.〕陆生群落稳定性随年均温上升而下降,水生群落稳定性则随年均温上升而上升,因此全球变暖背景下,应更加重视对空心莲子草及其他入侵群落的动态监测[18]。

7.2.1.3　全球气候变暖对动物入侵的影响

全球生物入侵的历史证明，快速发展的国际贸易直接导致了物种被携带到新的生态系统，而全球变暖却直接影响了物种成功定居并造成入侵危害。全球气候变暖可影响本地昆虫与入侵昆虫的组成和分布。在20世纪90年代，棉蜡蚧(*Pulvinaria floccifera* Westwood)种群不断向英国北部蔓延并扩大了其寄主范围，在瑞典；该物种最初只在温室中出现，但现在已经发展为一个重要的入侵昆虫。红火蚁(*Solenopsis invicta* Buren)对极端高温有较强的忍耐性，而低温则成为红火蚁能否成功入侵的关键因素，研究表明入侵种红火蚁可以在我国19省区的47个市、县(地区)生存，其中在温湿度较高、降雨量较多的华南地区最适宜生存。在红火蚁越冬北界临界低温问题上，大多数学者认为以月平均最低气温(-17.8 ℃)的等温线来预测红火蚁的潜在地理分布，而红火蚁的温度极限分布气温为-12.2 ℃，土壤10 cm深，温度为4 ℃。显然，温度升高变暖将更加有利于其向更高海拔、更北方向扩散[19]。类似地，全球冬季气候变暖提高了松异舟蛾(*Thaumetopoea pityocampa*)在欧洲南部部分地区松树上越冬的存活率，扩展了它们在欧洲的地理发生区域。研究者通过对中国大陆、英国和美国入侵昆虫定居速度与气温升高数据分析表明：二者呈显著正相关关系，且大气温度每升高1 ℃，入侵物种的数量每10年增加5种[20]。值得注意的是，全球气候变暖还可能通过影响迁徙途径、新陈代谢及食物链来影响大型脊椎动物等对新生境的入侵。

7.2.2　氮沉降对生物入侵的影响

7.2.2.1　氮沉降对植物入侵的影响

一般而言，资源丰富的生境较资源匮乏的生境更容易受外来物种的入侵，若入侵物种具有较高的资源利用率或较低的资源需求量，则仍有可能入侵资源相对匮乏的生境。不同植物对大气氮沉降的响应存在巨大差异，全球氮沉降往往有利于嗜氮植物的生长扩散，但是对于氮需求量较小的植物则有可能使其在群落中逐步退化甚至消亡，而入侵植物往往比本地植物更加嗜氮。因此，氮沉降的急剧增加在影响全球整体效应的同时也加速了入侵植物的扩散与入侵风险，包括更多物种的入侵及潜在的入侵植物在更多地区的入侵风险。氮沉降可通过改变入侵植物资源获取和利用的能力提升其竞争力，亦可改变入侵地土壤微生物群落(特别是土壤氮循环相关微生物、丛枝菌根真菌等)结构与功能，进而影响土壤氮素可利用水平来影响其竞争力。氮素作为植物生长重要的营养元素，氮沉降增加在很大程度上会提高土壤可利用氮的含量，从而缓解土壤氮限制，提高植物生产力和改变植物根茎叶的生物量分配及其碳、氮再分配；反之，生境中氮浓度过高，则会对植物生长产生一定的毒理效应，改变叶片中与光合作用有关的酶活性与浓度，从而阻碍植物光合作用的进行。例如，相对于对照组和低沉降组，中等水平的氮沉降(每周

0.72 g/m^2)下入侵植物刺苍耳(*Xanthium spinosum* Linn.)幼苗的主根伸长、株高增高、叶片数增多、基径加粗、刺增多;高氮沉降(每周 2.88 g/m^2)下,幼苗的株高、叶片数、基径、刺数和生物量均显著下降;表明中等水平的氮沉降能在一定程度上促进刺苍耳的幼苗生长,提高其潜在的入侵危害性,但高水平氮沉降下则不利于入侵[21]。与入侵种相比,本地植物对氮沉降的响应往往存在巨大差异,如氮沉降增加显著提高入侵植物加拿大一枝黄花在贫营养环境下的根系占比,而本地共生植物艾草(*Artemisia argyi* Levl. et Van)的根系占比则呈下降趋势[22]。氮沉降还会改变入侵与本地植物之间的种间关系,如氮添加使加拿大一枝黄花从磷匮乏环境中更多地获取可用性磷,从而使其在与本地植物多裂叶翅果菊(*Pterocypsela laciniata*)竞争中产生更强的抑制效应[23]。

不同植物的氮形态利用策略不同,相对于小分子有机氮,大多数植物偏好吸收利用土壤中的无机氮;而且,不同植物对不同形态无机氮的吸收利用能力也有差异,有些植物偏好吸收利用土壤中的 NO_3^-,而另一些植物则偏好利用土壤中的 NH_4^+。外来植物的氮形态偏好必然会影响其在土壤氮形态时空异质性环境中的入侵表达与分布,也会影响全球变化背景下其入侵能力的演化。偏好 NO_3^- 的外来入侵植物反枝苋(*Amaranthus retroflexus* L.)能在叶片中积累较高浓度的 NO_3^-(高达30%),既能提高天敌防御能力,又能作为渗透调节物质提高其抗旱能力,促进其入侵性。偏好 NH_{4+} 的入侵植物加拿大一枝黄花、黄顶菊〔*Flaveria bidentis* (L.) Kuntze.〕、南美蟛蜞菊〔*Sphagneticola trilobata* (L.) Prusk〕、飞机草(*Eupatorium odoratum* L.)和紫茎泽兰〔*Ageratina adenophora* (Spreng.) R. M. King et H. Rob.〕等均能提高土壤 NH_4^+ 含量,抑制氨化过程而降低土壤 NO_3^- 含量,这不仅有利于其自身生长,同时还能抑制偏好 NO_3^- 的本地植物的生长,从而促进其入侵。与此相应,这些偏好 NH_4^+ 的外来入侵植物在我国经常大面积暴发。总体上,全球氮沉降增加,可以提高土壤氮有效性,促进外来植物的入侵性。从氮形态上看,目前大气沉降氮中 NH_4^+ 多于 NO_3^-,有利于偏好 NH_4^+ 的外来植物入侵;但大气沉降氮中 NO_3^- 的比例逐年上升,未来可能有利于偏好 NO_3^- 的外来植物入侵[24]。

7.2.2.2 氮沉降对入侵群落的影响

许多陆地生态系统的相关研究表明:氮沉降降低了生物多样性,尤其是过量的氮沉降。一方面是因为氮沉降引起的土壤酸化加剧和相关盐基阳离子可利用性的降低导致的补充机制;另一方面生态系统受氮限制的程度得到缓解导致地上净初级生产增加,加速了对地上资源(光等)的竞争排斥机制。不可忽视的是,氮沉降增加,导致外来植物入侵,继而导致区域生物多样性锐减、生态系统稳定性降低、生态安全难以保障。

7.2.2.3 氮沉降对动物入侵的影响

氮沉降通过两种方式影响土壤动物结构和功能:一是氮素添加后土壤溶液离子浓度

增加，例如 NH_4^+ 作为蛋白质代谢的废物会对土壤动物产生直接的毒害作用；另一种是氮素添加后将会改变植物群落组成、土壤理化环境（如酸化）等间接的影响土壤动物的组成和结构。研究表明氮沉降增加后对土壤线虫产生直接的抑制效应，影响土壤线虫的多度和多样性[25]。氮沉降对动物入侵的研究相对较少，目前所知的主要是氮沉降改变外来植物入侵，继而对土壤动物群落结构或部分食草昆虫、动物产生间接影响。在加拿大一枝黄花入侵群落中，氮水平与优势类群寡毛纲、蜘蛛目、线虫纲及蜱螨目密度等具有显著的正向相关性。另外菌根共生入侵植物在入侵过程中可能携带原有的特殊微生物种，在氮沉降促进入侵植物成功入侵的同时，伴有部分微生物入侵，但研究尚少。

7.2.3　降雨变化对生物入侵的影响

7.2.3.1　降雨变化对植物入侵的影响

随着全球降雨空间异质性与季节波动增大，全球降水格局正发生着剧烈变化变化，这将直接改变土壤的含水量，进而影响土壤的温度、结构和养分含量，最终导致植物的形态、结构和生理生态特性发生变化。在模拟不同降雨水平条件下，发现随着土壤水分的减少，入侵植物飞机草的叶绿素含量、生物量、净光合速率、气孔导度、胞间 CO_2 摩尔分数、光饱和点等指标都呈现出下降趋势，但是其根冠比与水分利用率均有所提高，表明飞机草对土壤水分胁迫有一定的适应能力。然而，入侵植物与本地植物对不同水平降雨的生态生理响应存在显著差异，如在不同降雨水平下，入侵植物豚草（*Ambrosia artemisiifolia* L.）的株高、分枝数量、茎占比与比叶面积均显著高于本地植物肖梵天花（*Urena lobata* Linn）；而根生物量比与根冠比显著低于肖梵天花。与飞机草类似，入侵植物豚草的分枝数量、叶片数、总叶面积、根茎叶器官生物量、总生物量以及平均相对生长速率、净同化速率等指标均在中等降雨（每年 1200 mm）处理期获得最大值，降雨量减少或增加均导致上述指标下降，尤以降雨量减少为甚；而肖梵天花的相应指标以及株高均随降雨量上升显著增加并在中等降雨（每年 1800 mm）处理下获得最大值。总体来看入侵植物飞机草与豚草的生长情况均在低降雨（水分）条件下表现最差，虽然不至于对入侵植物的生长起到完全抑制的作用，但也会显著影响其生长，降低竞争力，限制入侵植物向降雨量较少的地区入侵[26]。另外，由于水分胁迫对飞机草的生长有明显抑制作用，因此，在我国南方入侵区域地利用季节性干旱时期，对入侵植物飞机草与豚草进行人工拔除可防止其进一步扩散。

7.2.3.2　酸雨对植物入侵的影响

酸雨破坏植物叶表面的蜡质和角质层，损害植物的表皮结构，使叶片出现伤斑和坏死，干扰保护原细胞的正常功能，使酸性物质通过气孔或表皮扩散进入植物细胞使之中毒。同时酸雨还可以降低光合速率与激活植物抗氧化系统而影响植物正常生长发育。

但是酸雨在一定程度上增加土壤和水体的氮素,从而有利于营养利用效率高的入侵植物的成功入侵;其次,酸雨导致植物的内源激素以及化感作用发生改变,使适应力和耐受力强的外来植物在本地植物竞争中处于相对优势而成为入侵种;另外,酸雨也可能通过改变土壤微生物群落结构,影响本地植物的生长而促使外来植物成功入侵。总体上,由于外来植物与本地植物生态适应力和耐受力的差异,导致了外来植物在酸雨条件下的入侵蔓延。例如在模拟酸雨实验研究中,本地植物华泽兰(*Eupatorium chinense* Linn.)、鸡矢藤〔*Paederia scandens* (Lour.) Merr.〕均受到了不同程度的损伤,而入侵植物空心莲子草仅在 pH 2.5 水平下出现影响,其他浓度下并未表现明显变化[27]。

7.2.3.3 降雨变化对入侵群落的影响

随着全球环境变化,全球生物群落正在发生剧烈变化,不同生境入侵群落对降雨变化的响应不同,如入侵植物空心莲子草陆生群落稳定性随年均降雨量上升而下降,而其水生群落稳定性沿着环境梯度变化呈现出与陆生相反的格局。受到降水限制的生物群落,如苔原和稀树草原,对于降雨变化的强烈影响可能更为敏感。在热带,稀树草原木本植物入侵与降水增长具有线性关系[28]。另外,降雨还可以通过调节全球水汽分布不均,从而影响全球植被带分布。

7.2.3.4 降雨变化对动物入侵的影响

环境湿度包括大气湿度和土壤湿度,是入侵昆虫种群发生的一个重要气候因子。湿度对蔗扁蛾〔*Opogona sacchari* (Bojer)〕的生长发育影响极大,相对湿度 RH >80% 最适合蔗扁蛾卵的孵化,RH <60% 不利于卵的孵化,RH <39% 卵则无法孵化。另外,蔗扁蛾虽喜潮湿环境,但过多的降水对其种群繁殖不利,同时降水还影响蔗扁蛾的飞行、交尾及产卵等行为。降雨量是影响入侵动物生存的重要因素,如干旱条件能降低红火蚁在许多地区生存的可能性,在年降雨量少于 510 mm 的地区甚至不适合红火蚁生存。另外苹果蠹蛾(*Cydia pomonella*)的地理分布还与其生长季节月平均降水量密切相关,在北半球,每年的6—9 月月平均降水量大于 150 mm,会引起初孵幼虫的大量死亡,苹果蠹蛾也很难生存。因此全年降水量大,且一般集中在 6—9 月的渤海湾苹果产区,很少有苹果蠹蛾的入侵[19]。

7.2.4 CO_2 升高对生物入侵的影响

7.2.4.1 CO_2 升高对植物入侵的影响

植物可能通过改变生理特性、物候、基因组成或地理分布等对全球 CO_2 浓度升高作出响应。由于植物的光合途径与固 C 途径不同,且这些不同的生化途径会随着大气 CO_2 浓度的不同而发生改变[29]。已有研究表明,C3 植物较 C4 植物具有更高的竞争力,因此 C4 为主的植物群落易于被 C3 植物入侵,甚至取代。大量研究证明,大气 CO_2 浓度升高可通过提高一些入侵植物的资源利用率、生长速率、生物量、繁殖能力及环境适应能力等直接影响其入侵竞争能力;还可以通过改变土壤水分和营养等资源的可利用性,间接影响外来植物的生长繁殖,进而影响其成功入侵。对比研究发现,在CO_2浓度升高条件下,入侵植物飞机草的总生物量、株高、基径、分枝数和总叶面积分别增加了92%、41%、60%、325%和148%,高于本地植物异叶泽兰(*Eupatorium heterophyllum* DC.)的32%、14%、30%、64%和79%,使得飞机草生长优势得到进一步提高[30]。在环境CO_2浓度下,入侵植物瘤突苍耳(*Xanthium strumarium* L.)可在较短的时间内获得较高的菌根侵染率,而本地种苍耳和金盏银盘则需要较长时间才能获得较高的菌根侵染率,这有利于瘤突苍耳养分吸收,促进入侵;在CO_2浓度提高条件下,3种植物菌根侵染率均有所升高,尽管瘤突苍耳升高的幅度较低,但也表明它能快速获得较高的菌根侵染率。从生理角度来看,CO_2浓度升高常常伴随植物气孔的张开度缩小或部分关闭,导致蒸腾作用降低,从而减少了水分散失,因此土壤湿度得到了提高[31]。木本植物腺牧豆树(*Prosopis glandulosa*)能够成功入侵美国西南部草原的原因之一,正是由于CO_2浓度升高减少了草地土壤水分流失,增加了土壤湿度,从而缓解了生态系统中水分对入侵植物幼苗生长的限制。

7.2.4.2 CO_2升高对入侵群落的影响

大气CO_2增高的背景条件下,对CO_2更加敏感的物种会逐渐成为系统的优势成分,对群落动态产生影响[32]。在降雨丰沛的年份,CO_2浓度升高能够提高沙漠系统入侵植物群落的初级生产量,同时,入侵群落物种的均匀度(E)和Shannon - Wiener多样性指数(H)增加;而在降雨偏少的年份,E和H不受CO_2影响,这种差异主要依赖于群落中两种入侵种(一种C3,另一种为C4植物)在不同水分条件下对CO_2的响应,通过与其他物种的种间联系,影响入侵群落的组成和结构。对亚热带不同林地植物的研究表明,CO_2浓度持续升高,使阳生性的植物占据群落的时间更长,而不太有利于中生性和耐荫性植物种类的生长和发展,群落向顶级阶段演替的时间会更长,延缓了自然演替的进程。相对于演替后期趋于完善且物种丰富的群落组织结构,缓慢演替进程中的植物群落结构相对简单,因此可能更易增加群落的可入侵性。

7.2.4.3 CO_2升高对动物入侵的影响

CO_2是植物光合作用的主要来源,CO_2浓度的升高不仅直接影响植物的生长发育,同时也直接或间接(通过植物)影响植食性昆虫的生长繁殖。例如,高CO_2浓度下,亚洲玉米螟〔*Ostrinia furnacalis*(Guenée)〕幼虫发育历期和蛹历期显著延长,死亡率降低,蛹重减少;西花蓟马(*Frankliniella occidentalis*)在高CO_2浓度下,发育历期显著缩短,死亡率降低,产卵期延长;在CO_2浓度持续升高的环境下,草地贪夜蛾(*Spodoptera frugiperda*)幼虫发育历期,尤其是6龄幼虫发育历期显著延长,导致该虫的危害周期增长,从而加大对农作物的破坏。此外,产卵期延长及平均单雌产卵量的增大也可能导致该虫的大暴发。综上,CO_2浓度升高主要通过延长发育周期或产卵期,提高产卵量与存活率来促进有害昆虫的入侵[19]。

7.2.5 多因素交互对生物入侵的影响

虽然单个环境驱动因子产生了高度可变的结果,但一定范围和条件下,总体上似乎更有利于入侵对本地植物的竞争,这也与其他全球变化驱动因子关系密切。由于全球环境各因子之间相互作用的复杂网络,使得很难依据单一因素变动的结果来推断多因子交互对本地物种和入侵物种之间的竞争结果产生什么样的影响。越来越多的证据表明:多个因子往往是同时发生、联动或协同的,主要全球变化驱动因子之间的高阶效应都会影响生物相互作用。例如 CO_2 浓度升高对植物抗高温危害有一定的补偿作用,水分胁迫亦在一定程度上减弱"CO_2施肥效应",CO_2浓度升高的效应在一定程度上被氮限制,水-氮与温-氮交互又会对入侵植物产生较单一因子更显著的促进效应(图 7.4)[33-34]。关于更高阶三重、四重乃至更多重因素的交互作用于植物入侵的研究尚不多见,在未来需要进一步加强近自然状态复杂交互环境下的入侵植物学研究,亦是维持当前生态安全及应对未来气候变化的关键环节。

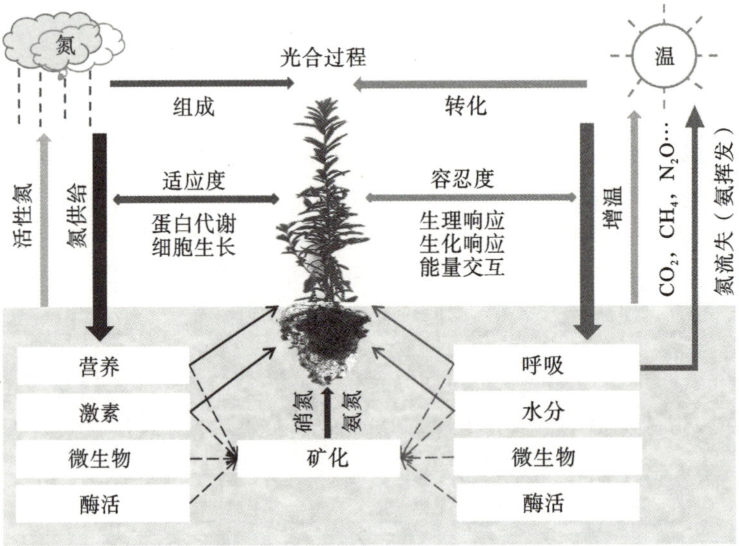

图 7.4 温-氮交互作用于入侵植物加拿大一枝黄花

7.3 生物入侵对全球环境变化的反馈

生物入侵是全球变化的重要组成部分,它不仅严重威胁着土著生态系统的完整性和生物多样性,还会改变被入侵地环境的物理、化学以及生态系统过程;从而深刻地反馈于全球其他环境因子的变化。

7.3.1 生物入侵与碳循环

7.3.1.1 碳循环

自然条件下,土壤碳(soil carbon)主要来自动植物的残体及代谢产物,其中植物残体和根系分泌物占绝大部分。由于不同植物具有不同的初级生产力和碳分配策略,所以输入土壤中碳的数量和质量存在很大差别。作为土壤碳主要来源的动植物残体,一旦进入土壤,就会在物理、化学、生物作用下形成有机质与腐殖质并发生迁移转化。土壤碳输出的主要途径是微生物的呼吸作用,但这与温度、水分等环境因素又密切相关(图 7.5)。

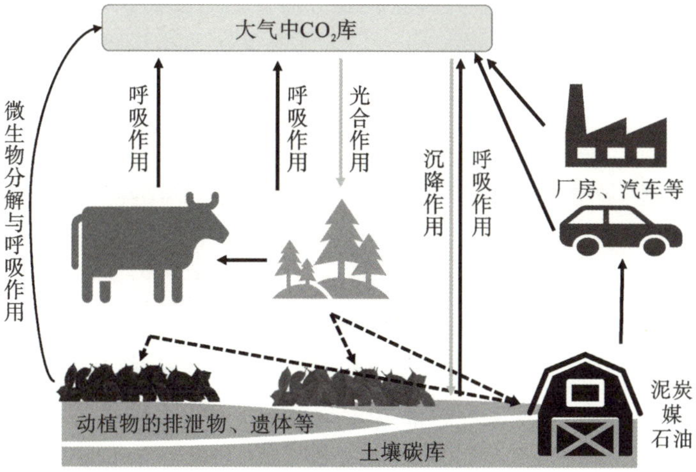

图 7.5 碳循环简意图

7.3.1.2 生物入侵对碳流(碳源 - 分解 - 输出)的影响

土壤碳的最主要来源是植物残体及其分泌物,因此植物的光合作用可以很大程度上间接影响土壤碳输入。外来植物种的光合作用速率通常高于本地种,这可能与其较高的叶面积、光合速率、养分利用效率和较低的光抑制、叶构建成本有关,较强光合作用能力和较高的生长速率正是入侵植物快速生长暴发的原因之一。“天敌释放假说”认为,在新生境中,外来种不再有天敌压制,通常会减少向木质素、纤维素、丹宁等防御物质的资源和能量分配,增加叶面积、叶氮浓度,有效地提高光合作用,这不仅增强了外来种的竞争能力,同时也增加生态系统的碳输入。相反,资源向防御物质(如木质素、单宁等具有防御功能的二次化合物)的分配会减少资源向光合机构的分配,减弱光合作用能力,但这却可能增加植物对食草动物的抵御,保留更多的叶片,增加光合作用的碳积累。生态系统净初级生产是植物通过光合作用固定大气中的碳进入到生态系统的净输入。众多的研究都表明植物入侵改变了被入侵生态系统的地上净初级生产,但是对植物入侵是否影响生态系统地下净初级生产的研究较少。另外,由于外来植物在入侵进程中历经更复杂的气候地理屏障,因此对于变化的本土环境具有较本土植物更优越的适应性。当温度较高时,植物的蒸腾速率也相应较高,从而容易造成水分限制,外来 C4 植物能够提高光合作用的水分利用效率,使之在与土著 C3 植物竞争中取得优势,改变入侵地植物群落的结构,提高群落整体的光合作用效率,增加了生态系统的碳输入[32, 35-36]。

在生态系统过程中凋落物分解是联结植物和土壤碳、氮循环的重要纽带。外来种通常有着较高的凋落物质量(如较高的 N 含量,较低的 C/N 比和木质素、丹宁浓度),而高质量的凋落物一般分解较快,而且还能提供高品质的资源,刺激土壤生物,促进凋落物的分解。因此入侵植物的地表凋落物分解速率显著高于土著植物,必然会使入侵生态系统的地表凋落物分解速率加快,同时分解过程还可能受土壤动物、pH 等要素的影响[37]。

土壤呼吸是根系、微生物呼吸的总称,是生态系统碳丧失的重要途径;土壤呼吸主要取决于底物的数量和品质、土壤生物群落和土壤环境。研究表明入侵木本植物下土壤的呼吸速率显著低于草地土壤的呼吸速率,这意味着外来木本植物的入侵减少了被入侵生态系统土壤的碳丧失,这可能是由于入侵木本植物形成稠密的林冠,降低了林内土壤温度,从而导致土壤呼吸速率的下降。还有研究表明外来植物日本小檗(*Berberis thunbergii* DC.)、火树(*Myrica faya*)、柔枝莠竹〔*Microstegium vimineum* (Trin.) A. Camus〕入侵提高了蚯蚓(*Pheretima*)群落的生长,而较高的蚯蚓密度改善了土壤质地和 pH,导致了土壤微生物活性的增强,促进了土壤呼吸[38]。化感作用是一些外来种的“新式武器”,外来种凋落物或根系分泌物中的化感物质会对部分微生物群落产生抑制作用,破坏原有的植物-微生物关系,引起微生物群落结构和功能的演替,改变土壤呼吸速率。

7.3.1.3 生物入侵对碳库的影响

与土著植物相比,入侵植物常常表现出生长迅速、个体高大和种群密度高等特点,导致入侵植物往往比土著植物具有更高的生物量。所以,植物入侵对生态系统植物碳库(carbon pool)的影响,总体来看呈增大的趋势。虽然凋落物库大小还受分解速率的影响,但是植物入侵影响净初级生产和生物量的大小,也同样会影响凋落物碳库大小。在 13 项植物入侵的案例中,只有 6 项研究的入侵植物凋落物量显著地比土著植物高,而有 5 项研究的入侵植物凋落物量显著地比土著植物的低,其余的 2 项研究中入侵植物与土著植物之间没有表现出明显差异[39]。土壤碳库占陆地生态系统碳库中的最大分量,与植物组成的变化有着密切的关系。但植物入侵对土壤碳库的影响有两种不同的看法,即一种观点认为植物入侵降低了土壤碳库,另一种观点认为植物入侵增大了土壤碳库。

7.3.1.4 生物入侵对碳释放的影响

大型水生植物,如凤眼莲〔*Eichhornia crassipes* (Mart.) Solms〕,是热带水生系统中主要的入侵生物之一,它们在改变水与大气之间的气体交换包括温室气体排放方面可能起着重要的作用。研究表明凤眼莲群落附近的 CO_2 和 CH_4 排放量比开放水域减少了 57%。

然而,在这两个区域的水中,碳矿化率没有明显的差异。因此凤眼莲和其他漂浮的大型植物的入侵有可能改变温室气体排放,这一过程可能与区域的碳预算有关[40]。滨海盐沼对全球气候变化敏感,可在减缓全球气候变化方面发挥重要作用。研究表明开放水域、裸潮滩和芦苇沼泽、碱蓬沼泽和互花米草沼泽每年的 CH_4 排放量分别为 281 kg/km^2、416 kg/km^2、488 kg/km^2、1079 kg/km^2 和 1698 kg/km^2,表明互花米草的入侵使 CH_4 排放量增加 505%。互花米草沼泽土壤固碳速率为每年 3.16×10^5 kg/km^2,是本地植物沼泽土壤固碳速率的 2.63～8.78 倍;同时互花米草沼泽 CO_2 的增温潜力为每年 -1.13×10^6 kg/km^2,显著低于其他沼泽地,因此,尽管互花米草的入侵促进了 CH_4 的排放,但它可以有效缓解中国沿海地区大气中 CO_2 的增加。上述研究表明,互花米草入侵可以通过增加碳储存、降低 CO_2 排放来减缓全球变暖的进程[41]。

7.3.2　生物入侵对氮循环

7.3.2.1　氮循环

自然条件下,土壤氮的最主要来源是生物固氮作用(nitrogen fixation)。大气中虽然存在大量的分子态氮,但不能被植物直接利用,只有经过生物固氮作用,将其转化为有机氮化合物后,才能进入土壤,参与生物循环过程,其转化过程主要包括溶解态有机氮的氨化过程与氨态氮的硝化作用。土壤氮的损失途径很多,包括氨挥发、硝化反硝化过程中的气态氮损失、淋溶、火灾等(图 7.6)。

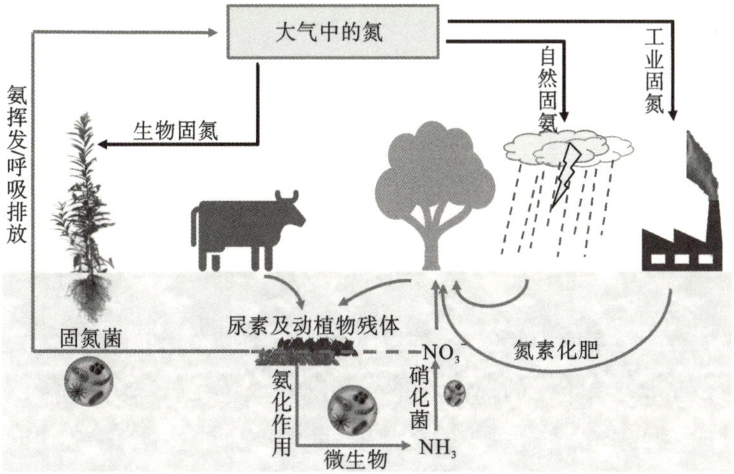

图 7.6　氮循环简意图

7.3.2.2　生物入侵对氮流(固氮－矿化－输出)的影响

固氮作用是自然生态系统最主要的氮输入途径。外来种与固氮菌的互助机制使其能够获取和利用大气中的氮,这种特殊的氮获取途径不仅使外来种在与本地种的竞争中取得优势，也显著增加了生态系统的氮输入，改善入侵地的氮贫瘠状况。与生态系统净初级生产相对应的氮流过程，主要包括植物的氮吸收和凋落物氮的固持、微生物的固氮等。外来种火树〔*Delonix regia*（Boj.）Raf.〕入侵夏威夷氮贫瘠的火山岩，给这个生态系统引入了固氮作用，造成了被入侵地土壤氮含量的升高。一项综述研究表明：相对无入侵区域，植物入侵区域土壤总氮、铵态氮、硝态氮、无机氮、微生物生物量氮含量显著增加，增幅分别为(50±14)%、(60±24)%、(470±115)%、(69±25)%、(54±20)%，并且植物入侵对温带地区土壤硝态氮含量的影响高于亚热带地区。固氮植物入侵对土壤总氮、铵态氮和无机氮含量的影响高于非固氮植物，木本植物和常绿植物入侵后土壤总氮的积累高于草本和落叶植物。然而，不同生活型植物入侵后土壤铵态氮含量的增幅均低于土壤硝态氮，且发现土壤硝态氮含量的增幅随固氮入侵植物占比增加呈线性增长[35-36, 42]。

凋落物氮的矿化作用伴随着凋落物的分解同时进行。通常而言，凋落物中的氮、磷、钾等养分含量越高，分解速率越快；木质素、丹宁、酚类等次生物质含量越高，其分解速率越慢。外来植物与本地植物凋落物的养分和次生物质含量存在差异时，必定会影响生态系统凋落物的分解速率。一般来讲，植物入侵会使生态系统凋落物降解速率、土壤氮净硝化速率、土壤氮净矿化速率加快。凋落物养分含量高的外来植物入侵凋落物质量低的生态系统时，会造成凋落物分解的激发效应，即通过可利用养分的输入刺激微生物，导致其数量增加、活性增强，从而能够利用难分解的凋落物，促进整个系统中凋落物的分解。另外入侵植物 C/N 等直接或间接地改变区域凋落物的矿化与分解的过程与进程。土壤微生物是陆地生态系统的主要分解者，美国西部半干旱地区的外来植物旱雀麦（*Bromus tectorum* L.）土壤中的硝化细菌数量大，导致其硝化速率显著高于本地植物。另外，外来植物的入侵也会改变土壤动物区系，从而通过其破碎凋落物和改善土壤环境促进凋落物的分解。例如长江入海口的外来植物互花米草的凋落物可以有效地刺激线虫群落的生长，加快凋落物分解；同样，土壤动物还可以通过食物链调节微生物群落，间接影响土壤的氮循环过程。

外来植物可以改变土壤中氮素形态及其比例，影响反硝化和淋溶过程。土壤中氮素的存在形态与其在生态系统中的保持和流失紧密相关。由于外来植物的引入而造成硝化作用增强时，很容易造成生态系统的氮损失；而硝态氮的异化还原作用只有结合植物和微生物对铵态氮的吸收偏好时，才具有保持氮素的意义。所以，硝态氮和铵态氮的相对比例及其转化过程在外来植物影响生态系统氮损失的过程中具有重要意义。此外，外来植物也可能通过改变火灾的频度和严重性，影响生态系统的氮损失。土壤氮素可利用性的季节波动和植物吸收氮素的季节变化的非同步性也可能导致土壤氮库变化，例如，在氮素可利用性高而植物吸收能力低的季节，氮素很可能从生态系统中随降水等流失。

在美国西部半干旱地区,外来草本植物旱雀麦秋季枯萎,氮素吸收停止,土壤硝态氮浓度显著提高,这很可能导致旱雀麦土壤氮素在秋季大量损失。

7.3.2.3 生物入侵对氮库的影响

前人对入侵植物的氮浓度做了大量的研究,形成了较为普遍的观点,即入侵植物具有较本地植物更高的氮浓度。将植物生物量和氮浓度综合起来考虑就会发现,入侵植物氮库往往比土著植物氮库高。但植物对土壤氮库的影响较为复杂,因为土壤氮库的变化不仅与植物有关,而且与土壤微生物有关。具有或不具有固氮能力的入侵植物都可能提高土壤的氮库。

7.3.2.4 生物入侵对氮释放的影响

从入侵植物对温室气体 N_2O 排放的影响研究来看,开放水域、裸潮滩、碱蓬草沼泽区和芦苇沼泽区年 N_2O 排放量分别为 24 kg/km^2、38 kg/km^2、56 kg/km^2 和 -25 kg/km^2,互花米草沼泽区年 N_2O 排放量为 -51 kg/km^2;表明外来植物入侵可有效缓解中国沿海地区大气 N_2O 的增加[41]。

7.3.3 生物入侵对食物网(营养级)的影响

食物网(food web)是生态系统中多种生物及其营养关系的网络,反映了不同生物间复杂的营养关系以及生态系统中物质循环和能量流动的过程。本地生态系统的生产者 - 初级消费者 - 次级消费者之间的关系是通过长期的协同演化而来。这种稳固的三级营养关系是生态系统平衡的基础,对其中任何一个营养级生物的影响和干扰都会沿食物链传递,从而诱发更高、更广域的变化。

7.3.3.1 生物入侵对食物网的营养路径影响

入侵植物作为一个入侵地的新成员,会直接与本地植物竞争资源,从而改变本地植物的营养和防御物质组成。入侵植物同样也会通过吸引或者驱避本地植食性昆虫的方式改变本地植物的被取食压力,从而间接地影响本地植物。第三营养级的捕食者和寄生者也会受到入侵植物的直接影响,例如入侵植物可以为捕食者和寄生者提供栖息地,入侵植物的气味也会干扰部分捕食者和寄生者寻找寄主的能力,这种影响也会通过食物链传递到本地植物。所以外来入侵植物可以通过对不同营养级生物的干扰来影响本地的生产者。与此对应,入侵植物又可通过两种不同的营养作用途径影响食物网中的捕食 - 被捕食营养关系,途径一是入侵植物能够直接进入土著食物网,除了土著植物受到影响外,食物网其他组成部分没有变化;途径二是入侵植物取代土著植物后不能够按照原来的路径进入食物网,而是产生新的食物网结构[43]。这两种途径的影响虽然具有相反的作用,但是在一个系统中这两者往往同时发生,且都是外来入侵植物通过与本地植物(初级生产者)相互作用而直接影响食物网[43]。例如入侵植物北美白珠树(*Gaultheria shallon*)

能够被土著鳞翅目草食者尺蛾科的狭翅小花尺蛾(*Eupithecia nanata*)和枯叶蛾科的灰袋枯叶蛾(*Macrothylacia rubi*)等取食利用,按照原能量流通路径进入到土著食物网中;但另一方面,夜蛾科的烈夜蛾(*Lycophotia porphaea*)等因不能取食该植物,缺少食物资源离开了入侵区域[44]。此外,北美白珠树还吸引外来鳞翅目的汉马夜蛾(*Autographa gamma*)、安夜蛾(*Lacanobia w-latinum*)以及膜翅目广腰亚目昆虫的取食,产生了新的食物网流通路径[44]。

7.3.3.2 生物入侵对食物网的非营养路径影响

入侵植物还可以通过第三种途径,即自身属性或者改变物理环境导致食物网中各级消费者的种群密度和行为活动等发生变化,进而影响土著群落结构和物种组成,最终影响食物网结构的途径,即非营养作用。从形态学来讲,入侵植物的形态特征如植株高度、盖度、枝叶结构等等都会影响到消费者的行为,通过一系列直接或间接的作用改变食物网结构。例如,在北美西部草原,斑点矢车菊的入侵为织网蜘蛛提供了适合结网的生境,蜘蛛网比原先扩大2.9~4.0倍,这意味着蜘蛛能够捕食更多的猎物,进而通过下行效应影响昆虫食物网的物种组成[45]。从理化特征来讲,入侵植物能够通过物理、化学甚至是分泌等非营养作用来改变周围环境特点,引起周围生境中土壤、水分、光照等的变化,进而造成土著生物群落结构的变化。如在长江口盐沼湿地,入侵植物互花米草生境比土著植物芦苇生境具有更高的土壤含水量和更低的光照强度,有效地缓解了土著消费者无齿相手蟹(*Chiromantes dehaani*)的失水胁迫,从而使得无齿相手蟹的丰度与生物量在互花米草生境中显著高于芦苇生境[46]。从传粉角度来讲(对本地植食性昆虫影响),入侵植物可以通过改变传粉昆虫和土著植物之间的关系进而影响食物网结构,但植物入侵往往造成本地植物退化,因此对于专食性昆虫具有不利影响。最后,第四种途径,即外来入侵植物还可以通过影响捕食性和寄生性昆虫作用于整个食物网,由于涉及复杂的植物-昆虫-天敌相互关系,研究偏少,入侵植物对本地植物和植食性昆虫的影响,势必会沿食物链传递到更高营养级。捕食性昆虫和寄生性昆虫常常依赖寄主的气味来搜寻和识别寄主,外来入侵植物的挥发性物质作为本地生态系统内全新的信号物质,也会直接干扰捕食性和寄生性昆虫的寄主识别,从而吸引或驱避捕食性和寄生性昆虫。

本地生态系统的不同营养级的生产者-初级消费者-次级消费者都会受到外来入侵植物直接和间接的干扰。从沿食物链的物质流动、化学物质级联与信号物质传递三个层次来研究外来入侵植物如何介入本地三级营养关系以及干扰调控的机制,能够清晰地解析外来植物干扰和影响本地生物的主要路径。通过对入侵植物与本地不同营养级生物关系的分析,发现外来入侵植物干扰本地食物网(三级营养)关系的4种途径,主要分为:①入侵植物直接进入土著食物网;②入侵植物取代土著植物产生新的食物网结构;③入侵植物的非营养作用途径;④外来入侵植物对次级消费者的诱导途径。反之,食物网的复杂性与稳定性也能够影响植物入侵的成功率,甚至能够抑制入侵植物的扩张[47]。

7.3.4 生物入侵对生态系统的影响

生态系统是由生物群落及其生存环境共同组成的动态平衡系统,是生态学研究的基本单位,也是环境生物学研究的核心领域。生物群落由存在于自然界一定范围或区域内并互相依存的一定种类的动物、植物、微生物组成。入侵性生物能迅速改变生态系统功能,对其造成多方面损害[48]。

7.3.4.1 生物入侵对植物群落的影响

生物多样性是维持生态系统能量流动、物质循环和信息传递的重要环节,也是人类赖以生存的物质基础。相较于本土种而言,大多数入侵物种生态幅较宽、生态适应性和繁殖能力强,其可通过提高形态、生理、发育等表型可塑性、调节自身氮素、生物量等资源分配和种间竞争作用等方式大量排挤本土生物,生物入侵已成为继生境破坏之后造成全球生物多样性丧失的第二大因素。随着空心莲子草入侵盖度的增加,Shannon - Wiener 指数和 Simpson 指数呈现“先上升后下降”的趋势,且与空心莲子草生物量之间呈显著的负向拟合关系。不止如此,入侵群落稳定性亦随空心莲子草根冠比及 Pielou 指数的增加而下降。类似地,黄顶菊入侵抑制了 4 种本地植物的光合效率,减少了其生物量的积累,导致本地植物群落的 Simpson 多样性指数、Shannon - Wiener 多样性指数、Pielou 均匀度指数和 Margalef 丰富度指数等生物多样性水平降低。同时中度与重度入侵对植物群落多样性影响较大,轻度入侵地植物群落多样性的影响不大[49]。可以看出,入侵植物能够显著削弱区域物种多样性并导致本土植物群落稳定性遭受破坏,应制定合理的防治措施以遏制其入侵蔓延。

除植物外,外来动物松材线虫(*Bursaphelenchus xylophilus*)入侵 34 年后,经过多年的森林生态建设及森林的自然演替,紫金山原为松林的植物群落现已基本演替为以紫弹朴(*Celtis biondii* Pamp.)、冬青(*Ilex chinensis* Sims)等树种为主的阔叶林,以马尾松(*Pinus massoniana* Lamb.)、紫弹朴等为主的针阔混交林和以马尾松、枫香(*Liquidambar formosana* Hance)等为主的马尾松林,当前 3 种植被群落仍处于被地带性混交森林植被群落逐渐替代的不同演替阶段[50]。3 种植被群落乔木层主要树种相互间具有相关性,这种相关性与马尾松重要值的消长密切关联,马尾松重要值的消长受到松材线虫病的影响外,还受到植树造林、直播造林、森林抚育等人为因素的影响。

7.3.4.2 生物入侵对动物群落的影响

外来生物的入侵增加了生境的复杂性,对区域动物的影响也是多方面的,主要包括群落结构、时空动态、多样性等。引种到黄河三角洲进行养殖的泥螺〔*Bullacta exarata* (Philippi,1848)〕,在养殖过程中由于出现逃逸现象,使得适应力极强的泥螺在自然生境内快速繁殖和扩散，短时间内即成为黄河三角洲区域滩涂地的优势种，对本地传统贝类的生存产生极大威胁；同时其体表能分泌一种毒素黏液，导致其他贝类缺氧窒息死亡，降低滩涂地生物多样性，严重破坏黄河三角洲的生态平衡[51]。

互花米草及其腐败后的碎屑是多种底栖动物的重要食源之一。因此，互花米草入侵通过上行效应改变了底栖生物的食源组成，进而可能影响到黄河三角洲湿地食物网结构。进一步调研发现，大型底栖无脊椎动物的多样性指数在东营海星贝类养殖场样区和无棣岔尖样区的入侵区站点与对照区站点之间，无明显差异；但在小清河口样区，入侵区底栖动物多样性指数低于对照区。类似地，互花米草入侵后，三沙湾底栖动物群落优势物种变化显著，双齿围沙蚕〔*Perinereis aibuhitensis*（Grube，1878）〕数量迅速增加，降低了原有大型底栖动物群落结构的稳定性。表明外来植物入侵后，对大型底栖动物的群落结构和多样性产生了不同程度的影响，需要加强防控[52]。不止如此，互花米草入侵使部分鸟类栖息地破碎，不利于水鸟的觅食、筑巢和繁殖，致使美国旧金山海湾湿地鸟类的栖息地面积减少了33%，而在美国威拉帕湾，互花米草扩张导致鸻鹬类的数量在10年间减少了67%[53]。

7.3.4.3 生物入侵对微生物群落的影响

土壤微生物（soil microorganism）直接参与凋落物分解、根系养分吸收等土壤生态系统过程，其多样性改变对植物生长发育以及生态系统功能和稳定性有着重要影响。一般情况下，较高的土壤微生物多样性可增强土壤的生态功能及植物对营养获取和利用的效率。外来植物在入侵过程中会改变原有生境的土壤微生物群落结构和多样性，打破入侵地的土壤生态平衡，影响入侵地植物群落的生长和群落更替，使外来植物实现进一步的入侵。例如互花米草改变了入侵地的土壤微生物群落特征，显著提高了土壤中革兰氏阳性细菌、真菌的含量，降低了革兰氏阴性细菌、放线菌的含量，降低了土壤微生物群落多样性指数，从而有利于互花米草的生长，进而实现进一步入侵[54]。多项研究表明，外来植物薇甘菊、黄顶菊、空心莲子草、苏门白酒草等外来植物入侵地土壤微生物碳与微生物氮显著高于未入侵地，因此外来植物的入侵可能使土壤系统微生物活性提高，从而对土壤系统碳氮转化等起到积极的作用，而外来植物在资源丰富的情境下更易入侵。固氮菌作为植物获取氮源的重要功能菌种，受物种类型差异的影响明显。研究表明入侵植物刺苋主要改变土壤固氮菌的群落组成而非 α 多样性，类似地，入侵植物加拿大一枝黄花凋落物降解主要改变土壤固氮菌的 β 多样性而非 α 多样性，这一结果可为阐明入侵植物成功入侵与固氮菌群之间的关系奠定坚实的理论支撑[55]。

7.3.4.4 生物入侵对生态系统结构的影响

外来物种的暴发还会引起入侵地生境的极大改变，导致本土生物不再适宜生存，破坏生态系统的结构和功能，严重影响群落生态系统的稳定性。例如，作为饲料引入中国的凤眼莲，目前广泛分布于黄河流域，其以较强的繁殖能力和逆境适应能力，可以快速扩繁甚至覆盖整个池塘、湖泊等水生生境，从而形成致密的草垫，遮挡光线，并过度消耗水体内氧气和养分，增强了水体的酸性，改变了水体的理化性质，从而严重影响水体中的其他植物和动物的生存，而动植物的大量死亡又为病原体的滋生提供了适宜场所，从而使得水质恶化，水生生态系统彻底失衡。从根本上讲，外来植物入侵是否影响生态系统过程取决于入侵植物与土著植物在生理生态特性（草本和木本植物，固氮和非固氮植物，C3 和 C4 植物等）及利用有效资源能力方面的差异性。例如，固氮能力的差异会影响到土壤氮循环。然而，入侵植物对具体某一生态系统的影响还取决于它对该系统中土著生物群落组成和多样性的改变程度。

外来植物的入侵还可以影响生态系统的景观结构，例如北美的维积尼亚须芒草（*Andropogon virginicus* L.）引进到夏威夷岛时，促使山地雨林形成沼泽地，美国加利福尼亚海岸边固沙草〔*Orinus thoroldii*（Stapf ex Hemsl.）Bor〕的引入改变了沙丘的形成方式[56]。植物外来种的类型及其所形成的林冠层的稀与密，会影响到达地面光线的强弱以及光质，进而影响地表植物的发育生长、区域动植物的活动等，继而影响微气候乃至大尺度、多元复杂的生态系统[57,58]。

7.4 全球变化与生物入侵研究的国际化

有害生物在自然界受到地理隔离、进化历史等因素的影响，分布具有一定的区域性。但经济全球化进程的加快，人类活动正不断打破有害生物原有的地理分布格局，加速有害物种的空间扩散，引发了日益严重的全球性生物入侵问题。而随着国际贸易量的增加，特别是粮谷、木材等原材料的大宗交易，也使得国际口岸动植物疫情（杂草、昆虫、真菌等）的截获量逐年递增。人类活动的同时也引发一系列的其他环境问题，如气候变暖、氮沉降增加、景观破碎化等，这些变化虽然具有区域差异，但具有明显的全球化特点，且这些变化对生物入侵的促进效应已得到了较为一致的认可。因此，加强全球变化背景下的生物入侵国际化研究，对保障全球粮食安全、维护全球生物安全等具有重要意义。

7.4.1 应对全球变化的国际合作

7.4.1.1 政府间的合作

《联合国气候变化框架公约》是全球气候治理的主渠道，反映了全球气候治理的道义、政治和法律基础。为了阻止全球变暖趋势，1992 年联合国专门制订了《联合国气候变化框架公约》。该公约于同年在里约热内卢签署生效。依据该公约，发达国家同意在 2000 年之前将他们释放到大气层的 CO_2 及其他温室气体的排放量降至 1990 年时的水平。另外,这些每年的 CO_2 合计排放量占到全球 CO_2 总排放量 60% 的国家还同意将相关技术和信息转让给发展中国家。发达国家转让给发展中国家的这些技术和信息有助于后者积极应对气候变化带来的各种挑战。此外在 1988 年由世界气象组织、联合国环境署合作成立了一个附属于联合国之下的跨政府组织:政府间气候变化专门委员会(Intergovernmental Panel on Climate Change,IPCC),其旨在提供有关气候变化的科学技术和社会经济认知状况、气候变化原因、潜在影响和应对策略的综合评估。其本身并不进行研究工作,也不会对气候或其相关现象进行监察,主要工作是发表与执行《联合国气候变化框架公约》有关的专题报告。目前 IPCC 正处于第六个评估周期。

在《联合国气候变化框架公约》之后,国际社会为应对全球环境变化,《京都议定书》(1997)、"巴厘路线图"(2007)、《哥本哈根协议》(2009)、《巴黎协定》(2016)等国际性公约和文件陆续签订。《京都议定书》是《联合国气候变化框架公约》下的第一份具有法律约束力的文件,也是人类历史上首次以法规的形式限制温室气体排放的文件,于 2005 年 2 月正式生效。《京都议定书》遵循"共同但有区别的责任"原则,分为第一承诺期——2008—2012 年,第二承诺期——2013—2020 年。同时,还设计了三种温室气体减排的灵活合作机制:国际排放贸易机制、联合履约机制和清洁发展机制。但由于《京都议定书》的执行过程非常曲折,很多重点排放国家相继退出协定,国际社会亟须达成一个可以获得全球共识的新的协议,以应对愈加严重的气候变化问题。在此背景下,巴黎气候大会筹划召开,经过多轮艰难磋商,最终达成对 2020 年后全球应对气候变化行动作出安排的法律文件——《巴黎协定》。《巴黎协定》将推动全球应对气候变化国际合作进入一个新的阶段,也将对各国国内节能减排形势产生深远影响。我国向《联合国气候变化框架公约》提交的自主减排目标为:CO_2 排放 2030 年左右达到峰值并争取尽早达到峰值;单位国内生产总值 CO_2 排放比 2005 年下降 65% 以上,非化石能源占一次能源消费比重达到 25% 左右,森林蓄积量比 2005 年增加 60 亿 m^3 左右。

与之相对应,在我国颁布的一系列顶层设计的文件和规划中,也明确设定了减排目标,提出了减排要求。我国《国家"十三五"规划纲要》提出"要将能源消费总量控制在 50 亿吨标准煤以内";我国《国家"十三五"控制温室气体排放工作方案》提出的减排总体目标为"到 2020 年,单位国内生产总值 CO_2 排放比 2015 年下降 18%",并明确要求"到 2020 年,能源消费总量控制在 50 亿吨标准煤以内,单位国内生产总值能源消费比 2015 年下降 15%,非化石能源比重达到 15%"。这些政策文件,特别是《巴黎协定》生效当天发布的《国家"十三五"控制温室气体排放工作方案》,既是我国积极参与全球气候变化治理,推动落实《巴黎协定》重要行动的外在体现和重要保证,更是我国加强生态文明建设,走绿色低碳发展道路的内在要求和必然举措。

7.4.1.2 非政府组织与全球气候治理

2016 年 11 月 3 日,即在《巴黎协定》生效的前一天,联合国环境规划署发布《2016 年排放差距报告》指出,“即使巴黎承诺得以兑现,本世纪全球温度仍处于升高 2.9～3.4 ℃的趋势中,2030 年预计排放将达到 540～560 亿吨 CO_2 当量,远高于在本世纪把全球温度升幅控制在 2 ℃以内所需限定的 420 亿吨”。因此各国必须大幅增强决心,同时调动包括来自非国家行为体的巨大潜力,通过联合国际非政府组织(International Non－Governmental Organization,INGO)等多利益攸关方的努力,进一步减排。可以说,以 INGO 为代表的非国家主体在后巴黎时代气候治理中的作用正在不断提升,对他们的期待集中凝聚在《巴黎协定》所提出的“非缔约方利益相关者”(Non－Party Stakeholders,NPS)这一新概念中。NPS 概念的提出意味着从《公约》角度来认可 INGO 等非国家行为体参与全球气候治理的合法性及有效性,并强调其在气候减缓和气候适应等领域所蕴藏的巨大潜力和重要贡献。《巴黎协定》这样一个“自下而上”的治理机制,其治理必将是一个日益开放的包括众多非缔约方利害关系方的互动过程。巴黎模式对于 NPS 重视的主因就在于国家层面的减排目标已经难以上调,因而需要在国家层面之外寻求新的气候治理驱动力,使体系所蕴含的动能或者政治意愿不断强化,而 INGO 在此方面能够发挥非常重要的杠杆作用。

全球气候治理格局已从最初的大多边政府机制演变为包含多元行为体和多维治理机制的复合体(图 7.7)。这使国际非政府组织所面临的国际社会背景和政治机会结构都发生了深刻变化,进而使它们在气候治理中的地位和作用发生了阶段性变迁。其参与路径也发生了重要调整:更为灵活地利用政治机会强化上下游参与以提升政策影响力,通过网络化策略和多元伙伴关系建设提升结构性权力,注重专业性权威塑造及标准规范中的引领力。

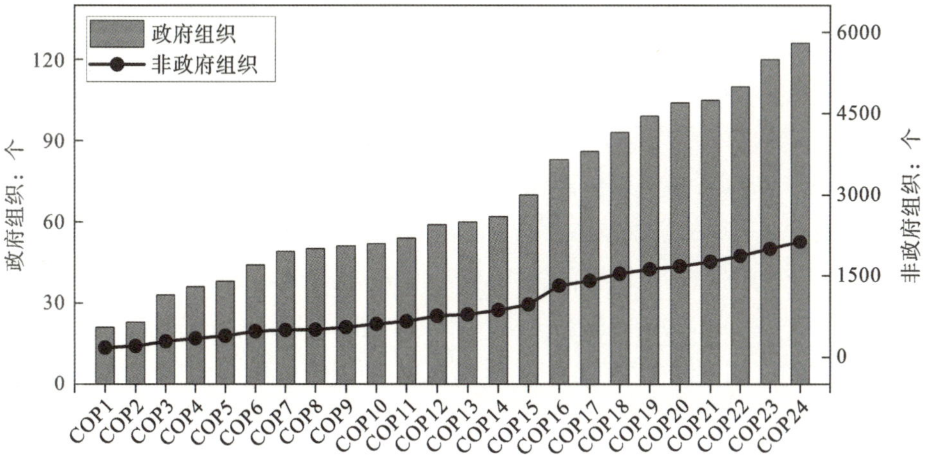

图 7.7　历次《联合国气候变化框架公约》缔约方大会中非政府组织和政府间组织的参与数目统计

7.4.2 生物入侵研究国际化背景下的中国地位

在空间尺度上，生物入侵现象已经遍及全球，它不是某一个地区或某一个国家的问题，而早已是全球性的难题。根据 2020 年 9 月发布的第五版《全球生物多样性展望》报告，人类已经改变了地球 75% 的陆地表面，地球正在经历第六次物种灭绝和种群大规模减少，近 100 万个物种濒临灭绝，约占人类已知物种总量的八分之一，世界自然保护联盟 2020 年评估结果也显示，全球有 41% 的两栖类、26% 的哺乳动物和 14% 的鸟类处于受威胁的状态，全球生物多样性普遍受威胁的形势还在持续恶化。造成生物多样性锐减或威胁的第二大因素正是生物入侵。在国际生态学领域，外来种生态入侵问题已成为一个新的热点，1996 年在挪威召开了外来种国际学术研讨会，1997 年在德国柏林召开了入侵植物生态学研讨会。2001 年国际生物多样性研讨的主题为"生物多样性与外来入侵物种管理"，就是要将外来物种问题放在优先地位，把外来入侵物种纳入国家生物多样性政策、战略和行动计划。在全球范围内，尽管越来越多的国家正在采取立法等行动控制生物入侵，但生物入侵的数量仍然快速增长，且没有任何饱和效应迹象。2021 年 10 月 11—15 日在我国昆明举行联合国《生物多样性公约》第十五次缔约方大会（第一阶段），彰显了人类共同维护生物多样性的合作精神。

我国作为发展中国家，不仅是外来物种入侵非常严重的国家之一，同时也是防御最脆弱的国家之一。2009 年 11 月由中国农科院和国际应用生物科学中心联办，福建农科院与福建农林大学承办的第一届生物入侵国际大会在福州召开，多个国际组织、50 个国家和地区 500 多位专家与会，大会最终通过了旨在"加强国际合作，在全球变化下应对生物入侵"的《生物入侵福州宣言》，宣言呼吁各国政府和国际组织重视生物入侵，并提供必要资源应对这个全球威胁；建立国际专家委员会，提供科技与政策咨询；大会成立了国际生物入侵专家委员会，建立了国际生物入侵网站，决定创建国际生物入侵电子信息报、组织国际生物入侵科学论坛等。截至目前，已召开 3 次国际入侵生物学大会，推动"一带一路"沿线国家"植物保护联盟"的建立，联合开展外来物种入侵防控，拓展了入侵生物学的基础与应用研究，加强各国研究机构和科学家交流与合作，巩固和加强了中国科学家在国际生物入侵研究领域的学术地位，大力提升中国参与生物入侵国际事务的话语权。

全球变化与外来生物入侵具有复杂的相互作用关系，外来生物入侵既是全球变化的重要组成部分，也是全球变化的重要驱动因子，同时也受大气 CO_2 浓度升高、气候变暖、氮沉降等其他全球变化因素的影响。相关研究已成为当前生态学研究的热点。全球变化和外来生物入侵不仅是重要的科学问题，也是 21 世纪影响全球的重大环境问题与经济问题，甚至影响到国家的稳定和安全。2013 年首届全球变化与生物入侵国际学术研讨会在辽宁沈阳（沈阳农业大学）顺利召开，之后分别在浙江台州（台州学院）、河南开封（河南大学）、江苏镇江（江苏大学）召开，最近的一次（第五届）于 2022 年 12 月在辽宁沈阳

（沈阳农业大学）召开，这些会议的召开进一步拓宽了我国在全球变化和外来生物入侵研究领域的深度和广度，并对进一步构筑我国新时代环境健康与生态安全奠定坚实的理论支撑和实践基础，进而为快速推进我国生态文明建设水准并为筑建“人与自然和谐共生的美丽中国”和“社会主义生态文明新时代”奠定坚实的生态环境基础。

（任光前　崔苗苗　杨　彬　杜道林）

参考文献

[1] MACDOUGALL A S,TURKINGTON R. Are invasive species the drivers or passengers of change in degraded ecosystems? [J]. Ecology,2005,86(1):42－55.

[2] RAVI S,LAW D J,CAPLAN J S,et al. Biological invasions and climate change amplify each other's effects on dryland degradation[J]. Global change biology,2022,28(1):285－295.

[3] ACHUTARAO K M,ADHIKARY B,ALDRIAN E,et al. Climate change 2021: the physical science basis. Contribution of working group I to the sixth assessment report of the intergovernmental panel on climate change[R]. Cambridge: Cambridge University Press, 2021.

[4] 周波涛. 全球气候变暖：浅谈 AR5 到 AR6 的认知进展[J]. 大气科学学报,2021,44(5):667－671.

[5] ROGEL J J,MEINSHAUSEN M,KNUTTI R. Global warming under old and new scenarios using IPCC climate sensitivity range estimates[J]. Nature climate change,2012,2(4): 248－253.

[6] 中国气象局气候变化中心. 中国气候变化蓝皮书(2021)[R]. 北京：科学出版社, 2021.

[7] TRISOS C H,MEROW C,PIGOT A L. The projected timing of abrupt ecological disruption from climate change[J]. Nature,2020,580(7804):496－501.

[8] GRUBER N,GALLOWAY J N. An Earth－system perspective of the global nitrogen cycle [J]. Nature,2008,451(7176):293－296.

[9] ZHU J,CHEN Z,WANG Q,et al. Potential transition in the effects of atmospheric nitrogen deposition in China[J]. Environmental pollution,2020,258:113739.

[10] 孔锋,王一飞,吕丽莉,等. 近百年来全球、大洲和区域尺度降雨. 时空变化诊断(1900－2010)[J]. 灾害学,2018,33(1):81－88,95.

[11] 孙剑鑫. 2020 年全国生态环境质量简况[J]. 环境经济,2021,295(7):8－9.

[12] British Petroleum Company. Statistical review of world energy 2021[R]. London: British Petroleum, 2021.

[13] WANG Z X, HE Z S, HE W M. Nighttime climate warming enhances inhibitory effects of atmospheric nitrogen deposition on the success of invasive *Solidago canadensis*[J]. Climatic change, 2021, 167: 20.

[14] WANG R L, ZENG R S, PENG S L, et al. Elevated temperature may accelerate invasive expansion of the liana plant *Ipomoea cairica*[J]. Weed research, 2011, 51(6): 574 – 580.

[15] MEROW C, BOIS S T, ALLEN J M, et al. Climate change both facilitates and inhibits invasive plant ranges in New England[J]. Proceedings of the national academy of sciences of the United States of America, 2017, 114(16): E3276 – E3284.

[16] WU H, ISMAIL M, DING J Q. Global warming increases the interspecific competitiveness of the invasive plant alligator weed, *Alternanthera philoxeroides*[J]. Science of the total environment, 2017, 575: 1415 – 1422.

[17] 张万灵,肖宜安,闫小红,等. 模拟增温对入侵植物北美车前生长及繁殖投资的影响[J]. 生态学杂志,2013,32(11): 2959 – 2965.

[18] 吴昊,贾少奇,朱亚星. 物种多样性及环境因子对入侵植物空心莲子草群落稳定性的影响[J]. 生态学杂志,2022,1: 33 – 41.

[19] 吴刚,戈峰,万方浩,等. 入侵昆虫对全球气候变化的响应[J]. 应用昆虫学报,2011,48(5): 1170 – 1176.

[20] HUANG D, HAACK R A, ZHANG R. Does global warming increase establishment rates of invasive alien species? A centurial time series analysis[J]. Plos one, 2011, 6(9): e24733.

[21] 陶媛媛,赵玉,胡云霞,等. 模拟氮沉降对恶性入侵植物刺苍耳幼苗生长特征的影响[J]. 生态学杂志,2020,39(12): 3971 – 3978.

[22] REN G Q, LI Q, LI Y, et al. The enhancement of root biomass increases the competitiveness of an invasive plant against a co – occurring native plant under elevated nitrogen deposition[J]. Flora, 2019, 261: 151486.

[23] WAN L Y, QI S S, ZOU C B, et al. Elevated nitrogen deposition may advance invasive weed, *Solidago canadensis*, in calcareous soils[J]. Journal of plant ecology, 2019, 12(5): 846 – 856.

[24] 孙思邈,陈吉欣,冯炜炜,等. 植物氮形态利用策略及对外来植物入侵性的影响[J]. 生物多样性,2021,29(1): 72 – 80.

[25] 吕若菲,魏存争. 氮沉降对土壤动物影响的研究进展[J]. 沈阳师范大学学报(自然科学版),2017,35(2): 185 – 188.

[26] 全国明,刘莹莹,毛丹鹃,等. 降雨量变化对入侵植物豚草植株生长的影响[J]. 生

态科学,2018,37(2):138－146.

[27] 柯展鸿,王远智,宋莉英,等. 模拟酸雨对3种本地草本植物的胁迫效应[J]. 华南师范大学学报(自然科学版),2014,46(4):93－97.

[28] CRIADO M G,MYERS－SMITH I H,BJORKMAN A D,et al. Woody plant encroachment intensifies under climate change across tundra and savanna biomes[J]. Global ecology and biogeography,2020,29(5):925－943.

[29] FATICHI S,LEUZINGER S,PASCHALIS A,et al. Partitioning direct and indirect effects reveals the response of water－limited ecosystems to elevated CO_2[J]. Proceedings of the national academy of sciences of the United States of America,2016,113(45):12757－12762.

[30] 柴伟玲,类延宝,李扬苹,等. 外来入侵植物飞机草和本地植物异叶泽兰对大气 CO_2 浓度升高的响应[J]. 生态学报,2014,34(13):3744－3751.

[31] 王文筠. CO_2倍增对瘤突苍耳及本地近缘植物根围土壤理化性质和丛枝菌根侵染的影响[D]. 沈阳:沈阳农业大学,2020.

[32] 宋莉英,吴海昌,彭少麟. 二氧化碳浓度升高对植物入侵的影响[J]. 生态环境,2006,15(1):158,163.

[33] REN G Q,ZOU C B,WAN L Y,et al. Interactive effect of climate warming and nitrogen deposition may shift the dynamics of native and invasive species[J]. Journal of plant ecology,2021,14(1):84－95.

[34] ODUOR A M O. Native plant species show evolutionary responses to invasion by *Parthenium hysterophorus* in an African savanna[J]. New phytologist,2022,233(2):983－994.

[35] 廖成章. 外来植物入侵对生态系统碳、氮循环的影响案例研究与整合分析[D]. 上海:复旦大学,2007.

[36] 张凯. 外来种桉树对土壤碳氮循环过程的影响[D]. 焦作:河南理工大学,2011.

[37] 陈慧丽,李玉娟,李博,等. 外来植物入侵对土壤生物多样性和生态系统过程的影响[J]. 生物多样性,2005,13(6):555－565.

[38] KOURTEV P S,HUANG W Z,EHRENFELD J G. Differences in earthworm densities and nitrogen dynamics in soils under exotic and native plant species[J]. Biological invasions,1999,1:237－245.

[39] EHRENFELD J G. Effects of exotic plant invasions on soil nutrient cycling processes[J]. Ecosystems,2003,6(6):503－523.

[40] ATTERMEYER K,FLURY S,JAYAKUMAR R,et al. Invasive floating macrophytes reduce greenhouse gas emissions from a small tropical lake[J]. Scientific reports,2016,6:20424.

[41] YUAN J J, DING W X, LIU D Y, et al. Exotic *Spartina alterniflora* invasion alters ecosystem – atmosphere exchange of CH_4 and N_2O and carbon sequestration in a coastal salt marsh in China[J]. Global change biology, 2015, 21(4): 1567 – 1580.

[42] 许浩,胡朝臣,许士麒,等. 外来植物入侵对土壤氮有效性的影响[J]. 植物生态学报,2018,42(11): 1120 – 1130.

[43] 王思凯,盛强,储忝江,等. 植物入侵对食物网的影响及其途径[J]. 生物多样性,2013,21(3): 249 – 259.

[44] CARVALHEIRO L G, BUCKLEY Y M, MEMMOTT J. Diet breadth influences how the impact of invasive plants is propagated through food webs[J]. Ecology, 2010, 91(4): 1063 – 1074.

[45] PEARSON D E. Invasive plant architecture alters trophic interactions by changing predator abundance and behavior[J]. Oecologia, 2009, 159(3): 549 – 558.

[46] WANG J Q, ZHANG X D, NIE M, et al. Exotic *Spartina alterniflora* provides compatible habitats for native estuarine crab *Sesarma dehaani* in the Yangtze River estuary[J]. Ecological engineering, 2008, 34(1): 57 – 64.

[47] 王毅,刘丹凤,王燕. 入侵植物对本地生态系统三级营养关系的调控机制[J]. 中国科学: 生命科学,2019,49(7): 888 – 892.

[48] WALLER L P, ALLEN W J, BARRATT B I P, et al. Biotic interactions drive ecosystem responses to exotic plant invaders[J]. Science, 2020, 368(6494): 967 – 972.

[49] 吴昊,杜奎,李万通,等. 空心莲子草入侵对豫南草本植物群落多样性及稳定性的影响[J]. 草业科学,2019,36(2): 382 – 393.

[50] 孙立峰,解春霞,居峰,等. 松材线虫病入侵对紫金山马尾松林植物群落演替的影响[J]. 安徽农业科学,2017,45(36): 161 – 164,216.

[51] 蒋万钊. 黄河三角洲泥螺分布、生长规律的演变及控制技术研究[J]. 河北渔业,2014,244(4): 11 – 12.

[52] 姜少玉,陈琳琳,闫朗,等. 互花米草入侵对黄河三角洲秋季底栖食物网的影响[J]. 应用生态学报,2021,32(12): 4499 – 4507.

[53] STREEVER W J. *Spartina alterniflora* marshes on dredged material: a critical review of the ongoing debate over success[J]. Wetlands ecology and management, 2000, 8: 295 – 316.

[54] 郑洁,刘金福,吴则焰,等. 闽江河口红树林土壤微生物群落对互花米草入侵的响应[J]. 生态学报,2017,37(21): 7293 – 7303.

[55] WANG C Y, WEI M, WANG S, et al. Cadmium influences the litter decomposition of *Solidago canadensis* L. and soil N – fixing bacterial communities[J]. Chemosphere,

2020,246: 125717.

[56] D' ANTONIO C M. Biological invasion by exotic grasses, the grass/fire cycle, and global change[J]. Annual review of ecology & systematics, 1992, 23: 63 - 87.

[57] 彭少麟,向言词. 植物外来种入侵及其对生态系统的影响[J]. 生态学报,1999,19(4): 560 - 568.

[58] Oduor A M O. Native plant species show evolutionary responses to invasion by *Parthenium hysterophorus* in an African savanna. New phytologist. 2022, 233(2): 983 - 994.

第8章
生物入侵的预防与控制

外来生物入侵本地生态系统可导致该地区原有生物多样性下降,给当地原本生态系统健康和循环发展带来威胁,甚至产生重大的环境破坏和经济损失。外来生物入侵已成为影响我国生物安全的严重问题之一,不仅给我国造成巨大的经济损失,还对我国的生态系统和生物多样性产生巨大的负面影响[1]。目前,随着全球化的持续发展,外来生物入侵的速度仍在加快,入侵生物的种类也在增多,如何建立识别并阻止外来生物入侵的长效机制,修复已遭受损害的生态系统,保护我国原有生态系统和生物多样性是我们面临的重要课题。

8.1 生物入侵的风险评估

8.1.1 定义

生物入侵的风险评估(pest risk analysis, PRA)是指生物入侵事件发生前或发生过程中,对入侵的有害生物进行风险识别、风险评估、风险治理的过程。生物入侵的风险评估是开展生物入侵风险管理的重要基础和依据,可为风险管理环节提供决策依据,是开展入侵生物危害风险分析的关键步骤,包括定性评估和定量评估两个方面[2]。

生物入侵的风险评估需要考虑多个方面,包括对传入的概率进行评估、定殖概率评估、扩散概率评估、潜在经济危害和影响评估等[3]。

8.1.2 评估标准

为保障资源安全与合理利用,避免有害生物侵害,应当开展有害生物风险评估。在评估之前,还需结合本地检疫性有害生物的区域标准和管理标准,进一步确认生物入侵风险评估的必要性[4]。

8.1.2.1 不需要开展评估的标准

若某种有害生物入侵满足以下条件,则无须再进行生物安全风险评估。

(1)该有害生物已在当地存在,且达到生态承载能力的极限。

(2)该有害生物在当地尚未广泛分布,但未进行官方认定的防治处理,也未考虑在当地进行防治。

8.1.2.2 需要开展评估的标准

若某种有害生物入侵已满足以下标准,则需要尽快开展生物安全风险评估[5]。

(1)该有害生物已在当地存在,但尚未达到生态范围的极限,且该有害生物需要进行官方认定的防治处理。

(2)该有害生物尚未广泛分布,但正在考虑今后在该地区对其进行官方认定的防治时,需要进行有害生物风险评估,以便确定该有害生物是否需要进行官方认定的防治。若需要,则进行生物安全风险评估。

(3)在当地发现原本不存在的有害生物。

8.1.3 评估内容

根据有害生物入侵过程,生物入侵的风险评估主要对其入侵性、适生性、扩散性、潜在的经济危害与影响和管理难度进行评估。

8.1.3.1 入侵性

入侵性是指外来物种通过各种渠道进入本地区的特性,由引入地的发生程度、引入途径和防治措施这三个指标构成。引入地的发生程度是指若该地区出现某种外来物种时其分布范围情况,如已分布广泛,则无须再进行风险评估。引入途径包括已知的引入途径和尚未明确但存在引入风险的途径。入侵性评估依据口岸的截获数据、有害生物风险分析地区的疫情数据进行综合分析评价。

8.1.3.2 适生性

适生性是指外来入侵物种在本地建立种群的特性,是由物种的适应能力、抗逆性、气候适应性和其他限制因子所决定的。抗逆性是指外来入侵生物对于逆境的耐受能力,例如严寒、高温、缺水等极端情况。其他限制因子包括除气候外其他限制外来物种生存和繁殖的生态因子。若定殖概率评估发现该有害生物不会在本地区进行定殖,则不用进行进一步的风险评估。

8.1.3.3 扩散性

扩散性是指外来入侵物种在当地进行传播、迁移、扩散的特性，由该外来入侵物种的生长程度、繁殖、扩散、适应的气候条件和其他限制因子和防治机制所决定。新传入的外来生物种群密度往往比较低，必须先符合“阿利效应”才能实现接下来的种群扩散。阿利效应是指外来入侵物种在进入新地区后，种群存活并定殖所需的最低密度，如该种群高于这个密度，则种群将会不断扩散直至达到环境的容纳量，即成功建立优势种群；反之，则种群会逐渐减少甚至灭绝。因此，应从入侵生物种群周围的自然环境、环境控制、运输工具、生物天敌等方面进行评估，确定阿利效应下该种群的密度。扩散风险对潜在的经济危害与影响也有着重要意义。

8.1.3.4 潜在的经济危害与影响

潜在的经济危害与影响是对当地的经济、环境和人体健康等方面所造成的不利影响，危害性包括经济危害性、生态环境危害性、人类健康危害性和其他不利影响 4 个指标组成。直接经济损失包括减产、市场受阻以及防治与控制费用等损失，间接经济损失需要利用有关评估模型来计算其对社会、环境、物种及遗传资源的影响。

8.1.3.5 管理难度

管理难度是指该外来入侵生物检疫的难度、扩散的防治难度以及除害的难度。

8.1.4 风险评估的主要方法

在生物安全领域，许多欧美发达国家都非常重视生物入侵的风险评估。美国先后开展了一系列有关未知草种和水生外来生物的风险评估，澳大利亚制定了国家未知草种控制战略，提出了未知草种的风险评估系统，该系统可准确识别 370 种具有严重危害性的草种，新西兰则在此基础上对该风险评估系统进行了改进并已用于实践。风险评估的主要方法有以下几种。

8.1.4.1 综合评估法

基于多参数的综合评估法是根据有害生物危害风险的分析准则，将生物入侵评估和管理体系与现代数学方法相结合，构建最适阈值，用以确定外来生物入侵风险等级的一种评估方法。

我国于 2004 年成立了多部门参与的外来入侵生物防治协作组，专门研究建立外来生物风险评估机制。2012 年以来，我国研发了许多定量化的风险评估软件，还建立了有害生物定量风险评估技术体系，实现了对有害生物入侵的可能性、潜在的地理分布和潜在损失的全过程定量风险预警。

8.1.4.2　入侵风险评估

国内外通常采用基于@ RISK 和场景模型[6]作为入侵风险定量评估的模型。基于@ RISK 的入侵风险评估主要基于随机模拟法，对可能出现的结果采用适当的概率分析法进行模拟分析，从而得出特定的某一种生物入侵事件的发生概率大小，并对该生物入侵的不确定性进行定量预测。该评估模型优势在于能够发现因生物入侵所造成的影响最大的事件，即风险构成因子中的关键控制点，有利于有针对性且高效地找出降低生物入侵的控制点。目前，我国研究人员参考@ RISK 评估法开展有害生物入侵风险评估工作，并已在对外贸易等需要防范有害生物传入的行业领域当中应用。

此外，蒙特卡洛模拟法（Monte Carlo simulation）也是依据概率原理评估外来入侵生物对农业、经济带来的危险。

8.1.4.3　适生性评估

国外通常采用基于 SOM 的定殖风险评估模型分析入侵生物定殖风险。自组织映射神经网络（self - organizing map, SOM）是一种人工神经网络，是一种可有效降维、聚类且可视化的机器学习算法。基于@ RISK 的入侵风险评估每次只能针对一种有害生物进行分析，而基于 SOM 的定殖风险评估可实现一次预测多种有害生物的入侵可能性。

基于 CLIMEX 的区域比较模型对入侵生物潜在的地理分布预测，是全球最具影响力的定量预测工具。CLIMEX 即微机生态气候分析系统，可通过分析已知的有害生物分布区的气候条件来预测该种有害生物的潜在地理分布和种群的相对丰度。

此外，其他评估方法包括农业气候相似距模型，地理信息系统（geographic information system, GIS），基于规则的遗传算法（genetic algorithm）和最大熵模型（maximum entropy model）等。

8.1.4.4　扩散性评估

在评估入侵生物扩散风险时，一般使用层次分析法（analytic hierarchy process, AHP）。该方法是一种定性与定量相结合的、系统化、层次化的分析方法，它按照逻辑关系将各指标自上而下分为目标层、准则层（指标层）、方案层（对象层），在此基础上进行定性和定量分析。该方法将一个复杂的多目标决策问题作为一个系统，将目标分解为多个目标或准则，进而分解为多指标（或准则、约束）的若干层次，通过定性指标模糊量化方法算出层次单排序（权数）和总排序，以作为目标（多指标）、多方案优化决策的系统方法。该方法优势在于可对无结构特性的系统进行评价，以及对多目标、多准则、多阶段等的系统进行评价，所需定量数据信息较少且简洁实用（表 8.1）。

表 8.1　扩散风险组成要素及其对应指标

主要组成因素	对应指标
进入概率	入侵性
定殖概率	适生性
扩散概率	传播性
入侵危害性	危害性
管理难易性	检疫管理的难易性

8.1.4.5　潜在的经济危害及影响评估

经济危害及影响因素错综复杂，评估方法也多种多样。经济危害评估一般可分为直接市场价格评估、间接市场价格评估和非市场价格评估方法，可根据事件发生的实际情况选择合适的评估方法。

8.1.5　自构建风险评估体系的主要步骤

由于生物多样性和环境多样性的持续变化，生物入侵的评估方法需要不断随之改进。作为一个复杂的由链式过程构成的风险事件，外来生物入侵事件是由侵入过程中不同阶段的多重因素所决定的，可以通过综合分析影响外来物种入侵的生物学和生态学特征、入侵地环境和人为影响等因素，综合评估目标入侵生物的入侵风险[7]。一般可把风险评估分为以下 4 个层次。

第一层：目标层，即评价的目标，以综合风险指数（R）表达，描述被评估的入侵生物传入风险评估的最终结果。

第二层：项目层，即根据外来入侵生物的一般入侵过程“传入—入侵—扩散—危害”，将入侵生物的入侵风险分为 3 类，即传入风险（P）、定殖与扩散风险（E）、危害风险（I）。

第三层：因素层，即每个项目层的风险决定因素。

第四层：指标层，即每一个风险决定因素依据哪些具体指标来进行描述。指标层的赋值可以根据已经开展过的生物入侵风险评估研究案例，将风险大小分为 5 个等级，每个等级设定的阈值概念分别为 0、0.25、0.50、0.75 和 1.00。

最后将构建的风险评估指标体系以及各指标的评分标准及其风险指数算法，确定符合加法原理的指标权重系数，确认在自构建风险评估体系下的有害生物的风险等级。

8.2　外来物种的口岸检疫与除害处理

外来物种（exotic species）是指从原生活地区因偶然传入或有意引入到新地区并定殖的生物物种。这些物种、亚种或更细化的分支，出现在其过去或现在自然分布及扩散范围以外区域，包括所有可能存活并繁殖的个体、配子或繁殖体[8]。

外来物种的大范围入侵将对我国自然生态系统造成巨大破坏，对原有生物种群的生存与繁殖造成威胁，甚至导致原有生物种群的灭绝。目前，我国外来物种入侵形势非常严峻。根据中华人民共和国生态环境部发布的《2020 中国生态环境状况公报》显示[9]，全国已发现 660 多种外来入侵物种，其中 71 种已对自然生态系统造成损害或具有潜在损害威胁，并已被列入《中国外来入侵物种名单》，另有 219 种已入侵国家级自然保护区。因此，采取有效的防控措施防止因偶然入境或走私等行为所致的外来物种入侵是非常有必要的。

2021 年 4 月 15 日，《中华人民共和国生物安全法》正式实施，生物安全被纳入国家安全范畴。在严峻的生物入侵形势和国家法律框架下，口岸检疫除害处理已成为出入境检验检疫的“第一道安全防线”，必须高度重视并严格实施，严防境外动植物疫情疫病和外来物种传入国内，降低因偶然或故意传入外来有害物种引发的风险，维护我国生态环境安全，保护生物多样性，促进经济社会发展和生态保护协调统一。

本节从口岸检疫除害处理相关的基础知识角度，介绍检疫除害处理的概念、目的和意义，口岸检疫除害处理业务的概念、分类、原则与业务范围。

8.2.1　口岸检疫除害处理概述

8.2.1.1　检疫除害处理概念

检疫除害处理是指为防止动植物和人类传染病及有害生物的传入传出、定殖和/或扩散，由政府主导并实施的除害处理。政府主导是指由国家植物、动物、环境保护或卫生等官方部门实施或授权实施。因此，检疫除害处理业务是我国检验检疫部门的一项重要工作，直接关系到出入境把关的有效性，关系到农林牧渔业生产安全、人体健康安全和生态环境安全，关系到外贸发展。

8.2.1.2　检疫除害处理的分类

按照处理对象不同，检疫除害处理可分为动植物检疫处理和卫生检疫处理两类。其中，动植物检疫处理又分为动物检疫处理和植物检疫处理。有些检疫目标既需要实施动植物检疫除害处理，又需要卫生检疫除害处理。某些情况下，实施一次检疫除害处理即可满足两种除害处理的目的。

8.2.1.3　检疫除害处理的特点

实施检疫除害处理的特点包括以下 4 个方面。

(1) 口岸检疫除害处理具有强制性。口岸检疫除害处理是检验检疫行政执法的一部分，是检验检疫机关依照检验检疫相关法律法规所规定的职责、权限和程序，对在口岸检验检疫中发现的有害生物强制采取的解除危害的处理。

(2)口岸检疫除害处理具有科学性。口岸检疫除害处理需要在风险分析的基础上,采用合理的检疫除害处理方法,使用完备的检疫除害处理设施和工具,保证除害处理符合科学原则。

(3)口岸检疫除害处理的结果具有有效性。口岸检疫除害处理的目的是有效杀死、灭活致病源和有害生物,以达到防止疫情疫病传播、扩散的目的,因此其处理结果彻底且有效。

(4)口岸检疫除害处理的过程具有安全性。口岸检疫除害处理需要保持被处理检疫物的外观、品质、风味和营养价值等不受影响,或对物品造成的影响减小到最低。同时,需要保证从事检疫除害处理的工作人员的人身安全,免受化学性、物理性和生物性的伤害,并减少对生态环境的影响。因此,口岸检疫除害处理的过程是安全的。

8.2.1.4　检疫除害处理的目的和意义

1. 检疫除害处理的目的

随着经济贸易全球化发展和我国融入国际社会的程度持续加深,我国出入境的物流、人流飞速增长。持续增加的人流物流在满足国内外社会消费需求的同时,也使包括动植物和人类传染病、寄生虫病以及有害生物等传入传出的风险不断加大。近几年,疯牛病、禽流感、非洲猪瘟及口蹄疫等动物疫病在多个国家肆虐;地中海实蝇(*Ceratitis capitata*)、红火蚁(*Solenopsis invicta*)及松材线虫(*Bursaphelenchus xylophilus*)等植物有害生物也频繁在我国被发现,对我国的农林业生产、生态环境、人身安全乃至整个经济社会发展都造成了严重威胁。一些在全球范围内已被消灭的人类传染病卷土重来,新出现的传染病不断涌现,如埃博拉病毒、新型冠状病毒感染的暴发,至今令人心有余悸,已引起世界各国和国际组织的高度重视。

因此,作为出入境检验检疫的重要组成部分,口岸检疫除害处理在防范动植物和人类疫情、疫病和有害生物的传入和传出,保护农林牧渔业生产安全,大众身体健康和生态环境安全,促进和调控我国货物贸易方面,均发挥着至关重要的作用。

2. 检疫除害的重要意义

(1)检疫除害处理是国家主权与政府管理职能的具体体现。口岸检疫除害处理是中国检验检疫法律赋予国家市场监督管理总局及口岸出入境检验检疫机关代表国家履行的一项重要职能。检验检疫机关依据《中华人民共和国出入境动植物检疫法》及其实施条例、《中华人民共和国境卫生检疫法》及其实施细则等法律授权,对经检疫不符合检疫规定和技术要求的出入境检疫物,依法作出采取检疫除害处理措施的决定,并监督有资质的检疫除害处理单位实施落实。这种对出入境货物、物品、器具和运载工具的监督管理和对检疫除害处理的监督管理,是国家主权和政府管理职能的具体体现。

(2)检疫除害处理是我国出入境检验检疫执法把关工作的重要环节。具体体现在以下方面。

检疫除害是防止外来有害生物侵入，防止疫病疫情扩散、流行的重要手段。近年来随着我国进境物流量的不断增长，疫情疫病和外来有害生物入侵我国的势头有增无减，我国各口岸从进境检疫物中检获疫情疫病逐年增加。各级检验检疫机关通过不断完善检疫除害处理法律法规和技术标准体系，采用多种安全、有效、环保的检疫除害处理方法，全面防范防止疫病疫情和外来有害生物的侵入，有效地保障了国门安全。

检疫除害是促进我国农产品出口重要举措。检疫除害处理技术在促进农产品出口方面具有独特的作用。多年来，我国各级检验检疫机关会同相关研究单位努力攻关，先后突破了多项国外技术贸易壁垒，成功地促进了我国农产品顺利出口。如1995年，利用冷处理技术成功实现了中国荔枝输美，利用热处理技术实现了中国荔枝输日。

检疫除害成为服务我国外交、外贸大局的重要保障。近年来，检疫除害处理工作成效显著，特别是近十年来我国进一步深化了与欧美、拉美、亚洲、非洲等国家和地区检验检检疫合作，与美国、澳大利亚、加拿大等国家签署了100多项动植物检疫双边或多边协议，动植物检疫处理为这些协议的有效履行提供了重要的技术保障。同时，检疫除害处理在重大国际会展活动中发挥不可替代的支持保障作用。如在云南花博会、北京奥运会、上海世博会、广州亚运会等国际活动中，通过有效的检疫除害处理手段，保证了相关检疫物的顺利参展，同时又防范了疫情疫病的传入。

检疫除害构成我国技术性贸易措施的重要内容。检疫除害处理作为对出入境贸易实施调控的一种技术性措施。检疫除害处理的实施必须是针对在口岸经检验检疫发现带有国家法律法规规定禁止入境的疫病疫情以及有害生物的检疫物。因此，无论从防范境外动植物和人类疫情疫病以及有害生物的传入，保护我国农林牧渔业生产安全、人民身体健康安全和生态环境安全的角度考虑，还是从促进农产品出口、服务“三农”、支持地方经济发展，或是设置实施技术性贸易措施、调控贸易平衡等方面衡量，加强口岸检疫除害处理体系的建设都迫在眉睫。同时，这也是我国不断适应国际贸易新形势、提高我国农产品国际竞争力的需要。

为解决贸易争端，在世界贸易组织框架下国与国之间的谈判越来越多，并推出了许多相应的贸易措施，对口岸检疫除害处理提出更高要求。检疫除害处理具有方法灵活、操作方便和手段多样的优势，可以与风险分析和检疫审批等措施相互补充，共同构建多层次的《实施卫生与植物卫生措施协定(SPS)》体系。随着我国检疫除害处理技术体系的建立和完善，处理技术和装备水平的不断提高，检疫除害处理作为技术性贸易措施将更加有效地保护我国经济社会的健康发展。

8.2.2 口岸检疫除害处理业务概述

我国口岸检疫除害处理业务范围主要包括动物检疫处理业务、植物检疫处理业务和卫生检疫处理中有关“物”的除害业务。

8.2.2.1 动物检疫除害处理

1. 动物检疫除害处理原则

(1)口岸机构有处理方法且能确保除害处理效果的,经除害处理合格后,准予出入境。

(2)无法进行除害处理的,作禁止出入境或者销毁处理。

2. 动物检疫除害处理业务内容

(1)动物防疫消毒处理。

动物防疫消毒处理是采用合适的方法将消毒药剂喷施在相关的环境中,以杀灭外界环境圈舍、用具、畜禽体表等携带的病原微生物,其目的是切断传播途径,防止病原体扩散,控制疫病发生和流行,达到预防控制、扑灭动物疫病的目的。

动物防疫消毒处理包括以下6种。①运输出入境动物交通工具及卸装场地的消毒:需要根据交通工具及具体消毒对象的种类、数量、染疫或污染情况,按照相应的操作程序,采取相应的消毒措施,主要包括运载出入境动物的汽车和专用箱、笼具等,运载出入境动物船舶及装卸动物码头隔离区域、运载出入境动物飞机及装卸动物停机坪隔离区域等。②疫区集装箱的消毒:在码头针对来自禽流感、口蹄疫等疫区的集装箱外表和污染的场地,用器具进行全面的喷雾消毒或在码头出口通过自动喷雾设施对目标集装箱、运输车辆和轮胎进行消毒。③出入境动物隔离场的消毒:动物入隔离场前、隔离期间以及隔离结束后的消毒,包括对进出人员、宿舍、畜舍及周围环境、动物饲养用具、动物隔离期间食用的饲料饲草、禽畜舍、污水、动物粪便、垫料及其他废弃物、贮粪场、动物尸体及染病动物产品等,根据消毒场所地点、消毒面积、消毒时间、消毒方式、药物名称和用药量及污染情况实施消毒处理。④出入境水生动物防疫消毒:适用于口岸出入境水生动物及其装载容器、包装物、装载用水(冰)和其他铺垫材料,出入境水生动物现场查验场地、养殖场、进境水生动物临时隔离场及暂养场的防疫消毒处理。出境水生动物输入国(地区)或合同有明确要求的,按照相关要求执行。⑤出入境动物皮张、毛类等非食用动物产品包装物和装载容器的消毒:对出入境动物皮张、毛类、动物骨蹄、角、动物源性饲料等非食用动物产品的外包装表面、装载容器的内外部表面以及散装皮毛类等非食用动物产品的表面,根据消毒对象、数量、疫情风险和污染情况,按照相关要求实施消毒处理。⑥出入境动物皮张、毛类等非食用动物产品的消毒:对出入境动物皮张、毛类等非食用动物产品的装卸场地铺垫材料及废弃物,和指定的加工、仓储企业中的人员及其相关物、下脚料、废弃物等,按照相关要求实施消毒处理。

(2)动物疫病的防疫处理。

动物疫病的防疫处理是指在能够防止病原扩散,控制疫病发生和流行的前提下,对染疫的动物及动物产品，在相关环境中采取消毒、熏蒸、高温湿热、辐照等技术手段杀灭病原微生物，达到扑灭动物疫病的目的。

8.2.2.2 植物检疫除害处理

植物检疫除害处理是指为防止植物危险性有害生物的传入传出、定殖和/或扩散，利用物理、化学和生物等技术手段，按照相应的技术要求而采取的检疫除害处理措施。

1. 植物检疫处理的原则

(1)禁止出入境或者销毁处理：我国禁止出入境的植物、植物产品及其他检疫物；未经许可出入境的植物、植物产品及其他检疫物；入境的植物、植物产品及其他检疫物发现带有《中华人民共和国进境植物检疫危险性病、虫、杂草名录》所列有害生物但无有效处理方法的；出入境植物、植物产品和其他检疫物，经检疫发现病虫害，危害严重并已失去使用价值的。

(2)除上述外，对发现疫情的出入境的植物、植物产品及其他检疫物，存在有效除害处理方法的，经除害处理合格后，准予出入境。

2. 植物检疫除害处理业务

(1)种子、苗木等繁殖材料的检疫除害处理，包括盆景、景观植物等。

(2)植物产品检疫除害处理，包括水果、蔬菜、鲜切花、原木、木质家具、输日稻草及稻草制品等等。

(3)栽培介质检疫除害处理。

(4)包装物检疫除害处理，包括木质包装等。

(5)进境供拆船用的废旧船舶的检疫除害处理。

(6)其他植物检疫除害处理。如植物类病毒脱除处理，植原体脱除处理，桔小实蝇、刺桐姬小蜂、实蝇属等除害处理。

8.3 入侵物种的国内检疫与野外监测

因国际贸易全球化、全球气候变化、全球人员流动增加和一些病原体、载体的进化等因素，大大增加外来入侵生物在农业、林业、草原、湿地、淡水和海洋等生态系统中扩散、传播风险。为阻止和预防入侵生物的扩散与暴发，必须发展快速检测、诊断和监测技术。随着科技的快速发展，生物化学、分子生物学和生物芯片等新技术、新方法已被广泛用于快速检测与监测，本节主要介绍我国对入侵物种的检疫与野外监测技术。

8.3.1 常见检疫技术及其应用

8.3.1.1 免疫学检测法

免疫学检测法是以抗原抗体反应为基础，即通过抗原与抗体的特异性识别和结合反应,利用已知抗原或抗体检测未知的抗体或抗原。广义上的抗原指的是能诱导生物体免疫系统产生抗体的一类物质,如病毒、细菌、真菌等病原体;抗体则是指因抗原进入生物体内而诱导免疫系统产生的能够与抗原发生特异性反应的一类物质,主要是免疫球蛋白,含有抗体的血清称为抗血清。抗原能与其诱导产生的抗体结合而发生凝集、沉淀等反应,将病原体作为强特异性抗原与相应的抗体发生反应,就可以实现对病原物的检测与鉴定。

利用放射线、荧光素或酶等物质标记抗原或抗体,再利用特异性的抗原抗体反应,可大大提高检测灵敏度。同时检测的方法和类型也趋于多样化,主要有酶联免疫吸附法、免疫胶体金试纸法、放射性标记免疫分析法、荧光标记免疫分析法和发光免疫分析法等快速诊断技术。

1. 酶联免疫吸附技术

早在20世纪70年代,研究人员已采用酶联免疫吸附测定法(enzyme - linked immunosorbent assay,ELISA)检测植物病毒,在此基础上多种更为实用、更有针对性的方法被开发出来,如直接细胞法、间接细胞法、双抗体夹心法、直接竞争法、抗体夹心法等,其应用范围各有不同。与传统血清学技术相比,ELISA优势明显,如灵敏度高、特异性强、安全快速、结果容易观察和判定等。此外,科学家们不断提高ELISA技术的检测速度、精确度,使之更加趋于完善。

ELISA法种类多样,仅双抗夹心法(double - antibody sandwich,DAS)ELISA就存在多种形式,每种形式能够满足不同的需要。在经典的DAS - ELISA中,将特殊的抗体结合固定在固体表面如微孔板上,再加入样品,未被结合的成分将被洗掉,然后通过加入结合有酶(辣根过氧化物酶或碱性磷酸酶)的抗体来检测抗原,未被结合的成分将再次被洗掉。在具有线性关系的剂量 - 反应曲线中,酶与底物反应的颜色与样品中抗原含量成正比,颜色深浅可通过自动检测软件测定,故该方法可用于定量检测。

目前,ELISA技术已被广泛应用于植物病虫害的检测与诊断,特别是在检测我国本土并不存在的植物病毒及细菌病害中发挥着重要作用。免疫学监测技术在病原真菌的检测方面发展迅速,已在疫霉菌属、腐霉菌属和镰刀菌属等许多植物病原真菌检测中广泛应用。随着种类繁多的血清学反应商品试剂盒推向市场,针对入侵物种的检疫已经变得非常方便快捷。

2. 免疫胶体金快速诊断技术

20世纪70年代,免疫胶体金技术(immunecolloidal gold technique)问世,随后科学家又将免疫胶体金与固相膜结合发展出以膜为固相的免疫胶体金快速诊断技术。该技术具有检测快速、简便、灵敏,不需要特殊设备和试剂,结果判断直观等优点,迅速被广泛应用于生物医学研究领域，尤其在临床医学检验方面。在动植物病害检测领域，免疫胶体金快速诊断技术的应用较晚，但作为目前最快速、最灵敏的免疫检测技术之一，更为符合动植物检疫需求，具有较大发展潜力。目前常见 GICT 有两种形式：侧向横流形式和穿流形式，后者又称为斑点金免疫渗滤试验。现场检测常用一步法免疫胶体金快速诊断技术商品试剂盒，可在田间地头或海关检验现场直接应用，不需要借助分光光度计显示结果，一般凭肉眼即可作出判定，简便快速，实用性强。

3. 免疫荧光检测技术

荧光免疫检测法(immunofluorescence，IF)是利用结合了荧光染色物的化学抗体与组织样本中抗原结合，从而定位或定量样本中抗原位置及含量的技术，该技术已在全球广泛应用。在荷兰，每年利用 IF 技术需要对约 6 万份马铃薯块茎进行青枯病菌(*Ralstonia solanacearum*)的筛查。在法国，IF 技术也被用于检测马铃薯环腐病菌(*Lavibacter michiganense*)和番茄种子中的细菌性溃疡病菌(*Clavibater michiganensis*)的感染情况。

4. 流式细胞术

流式细胞术(flow cytometry，FCM)是在细胞分子水平上，利用流式细胞仪对细胞及微小粒子进行快速定量和分选的技术。FCM 可以高速检测分析上万个细胞，同时从一个细胞中测出多个参数，具有速度快、精度高、准确性好的优点，是目前最先进的细胞定量分析技术之一。该技术已被用于番茄种子提取液中番茄溃疡病菌中的甘蓝黑腐病菌及马铃薯青枯菌的检测。

8.3.1.2 基于 DNA 序列的检测技术

聚合酶链反应(polymerase chain reaction，PCR)是一种在体外快速扩增特定基因或 DNA 序列的方法。1986 年，K. B. 穆利斯(K. B. Mullis)等科学家发明了 PCR 技术，目前该技术已成为分子生物学及其相关领域研究的经典手段。PCR 技术具有灵敏、准确、方便、快速的特点，可在短时间内扩增出数百个特异 DNA 序列拷贝，在对入侵生物的检验和监测中应用前景十分广阔。

1. 分子标记技术

采用 PCR 技术对入侵生物进行快速检测前，必须建立该生物在 DNA 水平上的特异性基因或差异片段，目前采用的方法有限制性片段长度多态性(restriction fragment length polymorphism，RFLP)、随机扩增片段长度多态性(randomly amplified polymorphic DNA，RAPD)、简单重复序列(simple sequence repeat，SSR)、间序简单重复序列(inter – simple sequence repeats，ISSR)、扩增片段长度多态性(amplified fragment length polymorphism，AFLP)和序列特异性扩增区(sequence – characterized amplified regions，SCAR)等，表 8.2 列举了常见分子标记技术间的比较。

表 8.2 RFLP、RAPD、SSR、ISSR、AFLP、SCAR 分子标记的比较

项目	RFLP	RAPD	SSR	ISSR	AFLP	SCAR
多态性	低	中等	高	高	高	低
检测位点	1 - 3	1 - 10	11 - 100	11 - 100	100 - 200	1
检测基础	分子杂交	随机 PCR	专一 PCR	专一 PCR	专一 PCR	专一 PCR
基因组区域	全基因组	全基因组	全基因组	全基因组	全基因组	全基因组
技术难度	高	低	高	高	高	低
DNA 质量	高	低	低	低	高	低
DNA 用量	2 ~ 30μg	1 ~ 100ng	50 ~ 100ng	2 ~ 50ng	50 ~ 100ng	25 ~ 50ng
放射性	通常是	不是	不是	不是	一般是	不是
探针	短片段	随机引物	专一引物	专一引物	专一引物	专一引物
费用	中等	低	高	中等	高	低
可靠性	高	低	高	高	高	高

2. 基于 PCR 的检测技术及应用

(1)实时荧光 PCR 技术。

1996 年,美国 Applied Biosys - tems 公司推出实时荧光 PCR 技术,其核心在于荧光标记探针的使用及相应的荧光信号检测装置。荧光标记探针是在普通 PCR 原有的一对特异性引物的基础上,增加了一条特异性的荧光双标记的探针,使荧光信号的累积与 PCR 产物的形成完全同步。该技术最突出的特点是精确性高、特异性强、安全快速、准确灵敏。其检测灵敏度比一般 PCR 检测方法高出 100 倍左右,在实验过程中不需要对 PCR 产物的后续处理及病原菌的分离培养,大大简化实验操作步骤,显著缩短检测耗时。

近年来,实时荧光 PCR 技术被国内外检测机构大量应用,在检测植物病原体方面成效显著,如大豆北方茎溃疡病菌(*Diaporthe phaseolorum*)、大丽轮枝菌(*Verticillium dahliae*)和灰霉病菌(*Botrytis cinerea*)等植物的真菌病害检测[10]。基于该技术,我国陆续构建了已发生入侵和具有潜在入侵风险的细菌性病害的实时荧光 PCR 检测体系,如玉米细菌性枯萎病菌(*Bacterial Wilt Disease*)、菜豆细菌性萎蔫病菌(*Curtobacterium flaccumfaciens*)、柑橘溃疡病菌和西瓜果斑病菌(*Acidovorax avenae*)等。

在入侵病毒检测上,采用直接结合逆转录实时荧光 PCR 技术检测烟草环斑病毒,发现在检测的准确性、特异性、灵敏度、稳定性等技术指标上都比传统的 PCR 方法有所提高。杨伟东等应用免疫捕捉反转录实时荧光 PCR 技术成功检测出烟草环斑病毒,解决了传统检测烟草环斑病毒易于受到隐症、干扰物质影响的问题。近年来,我国陆续建立了苹果茎沟病毒、齿兰环斑病毒、建兰花叶病毒等的实时荧光 PCR 检测方法。

在入侵线虫检测方面,以 IDNA - ITS2 种属间序列差异片段为检测靶标,利用实时荧

光 PCR 技术成功检测并识别了松材线虫和拟松材线虫,结合简单、快速处理单条线虫的方法,无须进行 DNA 提取,大大提高了检测速度,整个检测过程可在 3 小时内完成[11]。王翀等还建立了鳞球茎线虫(*Ditylenchus dipsaci*)的特异性实时荧光 PCR 检测方法,该检测过程只需 0.5 ~2 小时,能够满足口岸检验检疫快速通关的要求。

实时荧光定量 PCR 技术可实现对 PCR 产物的定量分析,利用荧光信号的积累实时监测整个 PCR 进程,最后通过标准曲线对模板进行定量分析。实时荧光定量 PCR 可以利用荧光信号实时监测 PCR 反应过程中每一个循环扩增产物的变化,也可以对初始模板量进行定量分析。与传统的 PCR 相比,实时荧光定量 PCR 技术在检测植物体病原物含量方面比较重要,在病毒检测中应用也十分广泛,如利用实时荧光定量 PCR 技术可对番茄斑萎病毒进行检测。目前,该技术在检测种子中的菜豆晕疫病菌、马铃薯中块茎中的环腐病菌及黑胫病等细菌含量方面已得到应用。

(2)PCR - ELISA 技术。

PCR - ELISA 技术是指运用链霉亲和素和生物素特异性结合的特点,将标记有生物素的 PCR 扩增产物与特异探针液杂交,通过 ELISA 技术使得探针结合在酶联板上,用酶标记的抗体与杂交分子反应,再经过显色反应后,可直接用肉眼观察,也可用酶标仪进行定量分析,检测效果可达到膜杂交的水平,整个检测过程可在 1 ~3 小时内完成。PCR - ELISA 是一种将免疫学和常规 PCR 相结合的技术,既具有 PCR 方法的快速准确特点,又有 ELISA 方法的高通量优势,所有操作无须凝胶电泳和点杂交步骤,可同时高效分析大量样品。其不足之处在于操作较为烦琐,扩增后的开放性 ELISA 反应,很容易造成污染而引起假阳性。

PCR - ELISA 技术综合了 PCR、分子杂交和 ELISA 三种方法的优势,目前已被广泛用于植物病毒病害的检测,也见于检测植物病原真菌腐霉属、疫霉属引起的病害及细菌病害如番茄细菌性溃疡病菌、梨火疫病菌(*Erwinia amylovora*)等[12]。

8.3.2 入侵生物的野外监测

8.3.2.1 入侵节肢动物的野外监测方法

1. 准备工作

(1)背景调查。

开展野外监测前,需要调查目标区域详细的自然环境、动植物分布、既往病虫害调查监测和保护情况、动植物保护以及检测报告等信息。可通过当地气象站、环保、农林等政府主管部门获取相应资料,如该地区的植被、土壤、气候等自然环境的文字和图片资料,明确当地主要生态环境类型;查询当地农林有害生物既往发生、分布资料,包括当地植物病虫普查资料、当地植物检疫对象资料、历年农林有害生物监测档案、植物保护工作总结、病虫调查报告和专题调研报告等，整理出目标地区已知的入侵害虫名录。

将收集的目标地区所有入侵昆虫的文字和图片资料进一步分析，最终形成一份详细的入侵害虫名录和重点入侵害虫排查名单。此外，还需收集目标地区的社会经济状况资料，包括区域人口、社会发展情况及交通运输条件和行政区域地图等，了解人类活动的现状[13]。

(2)技术培训。

在明确了该次考察的目的和内容后，需要根据考察内容和地区特点组织行业专家编写培训资料，用于培训参加考察的工作人员的业务能力。采用举办培训班的方式对人员进行集中培训，主要培训内容包括调查方法(问卷调查、普查、标准地调查等)、标本的采集和制作、害虫种类的识别与鉴定、摄像/摄影技术(自然生态、生物被害状、有害生物形态等)、GPS 定位仪等工具的使用技术、突发事件的处理方法、资料内业汇总方法等，便于考察工作顺利开展。

培训工作一般分为两个阶段：第一阶段由行业专家对项目骨干人员进行培训；第二阶段由项目骨干人员对项目一般参加人员进行培训[13]。

(3)工具准备。

根据调查的目的、内容、对象、目标区域等特点和要求，准备相应材料和设备。一般包括如下几类：①采集工具，如捕虫器、捕虫网、采集箱、三角纸包、镊子、放大镜、昆虫毒瓶、指形管、高枝剪、标本盒、采集袋、标签纸、诱集、手提或车载冰盒、标本保存液(70% 乙醇、95% 乙醇或卡氏液)等；②记录、照相工具，如调查表、记录本、铅笔、油性笔、温湿度计、照度计、数码相机、便携数码摄像机和计算机等；③交通与安全设备，如地图(纸本、电子)、指南针、GPS 定位仪、望远镜、对讲机 (1 ~ 3 km)、专用考察车、考察应急药箱、应急通信、突发事件处理预案等；④生活用品，如野外简易炊具、食品、饮用水、帐篷、睡袋等；⑤工具书，如需要携带必要的资料，包括考察方案、考察技术手册、有害生物识别与鉴定工具书等。

2. 调查方法

调查开始前，可用专业绘图软件将考察区域按照 35 km × 40 km(或 40 km × 40 km, 30 km × 30 km 均可)规格划分出地理网格，并对所有网格进行编号。根据各地理网格中地理区域的特点，以农林区的大小道路、河流等为主线，重点调查主要的农林生态系统，以及重要的货物、人流运输路线和集散地(港口、集贸市场、口岸、铁路、公路、旅游区、开发区等)等人为干扰严重、生物多样性差、生态环境脆弱的地域。调查路线应穿过当地主要类型的农林生态系统和不同地貌的农林生态系统。

(1)问卷调查。

预先做好问卷内容，在调查过程中向当地有关人群进行问卷调查，以便了解该地区病虫害发生、危害、分布、传播扩散等情况，然后填写“外来入侵节肢动物考察问卷调查表”。调查对象包括当地政府相关部门（农林业管理、检验检疫、环境保护）的管理人员和技术人员，农林场的技术人员，生物采集者，集贸市场及农产品收购部门等。每个地理网格及每个调查点发放调查问卷至少 10 份以上，如采用访问的方式，则每个调查点至少应访问 10 人次。

（2）重点对象排查。

根据调查区及其周边可能存在的外来入侵生物（尤其是节肢动物）名单，确定各调查点的重点排查对象，再对各地理网格进行调查，以确定这些入侵害虫的发生、分布情况，并填写“外来入侵节肢动物考察排查记录表”。每个地理网格中同一类型生态系统至少排查 5 个具有代表性的调查点，每个调查点至少排查 3 块样地[13]。

（3）普查。

针对特定地理网格中的生态环境类型，采取大范围、多点的方式调查害虫，如每 1 ~ 5 km取一个样，在外来有害生物入侵风险较大的区域，取样点分布可密集一些，反之在天然林、荒漠植被区，取样点分布可疏松些。每个生态环境类型需要选取具代表性的多个点进行调查。选择代表性地点的依据：第一是与害虫相关的当地主要的农林生态系统；第二是目标害虫生活的主要寄主的种植地。每个点调查至少 5 个样方，对调查过但未发现外来入侵生物的调查点也要进行记载，填写 “外来入侵节肢动物考察路线记录表”。

普查时，应简要记录各地点周围环境、植物种类/品种、长势、栽培管理情况等，并抽取样本，记录害虫发生情况，包括害虫种类、虫口密度、植物被害部位、程度和分布状况等。同时，拍摄危害状、采集害虫及其危害状标本。对危害不同部位的害虫，如危害叶部、枝梢、果实、种子、茎干、根部等害虫应分别调查害虫发生情况，逐项填入 “外来入侵节肢动物考察普查记录表”。

田间采样法是针对不同类型的害虫，采取不同的采样方法，常用的采样方法有直接观察法、诱捕法、吸虫器法、拍打法和扫网法等。其中，直接观察法的操作为：取单株或一定面积、长度、部位、容量为样方，直接观察记录害虫数量或行为、危害状等。调查时，先观察记录体型大且移动速度快的种类或虫态，再调查其他小型、移动慢的种类，最后调查固定的种类或虫态。要注意观察植株的各个部位或指定的部位，如叶的正反面、茎秆、叶柄、叶腋、花、果实等，同时还要记录植株的生育期。观察果树、林木时，要记录所查部位及树冠、树干方位等。采用单株、一定面积或行长、部位数据，将调查结果按下式换算为绝对密度：

单株调查 $N = [(\sum n_i)/n] \cdot D$

式中，N 为每公顷害虫个体数；n_i 为第 i 株查得虫数；n 为调查总株数；D 为每公顷总植株数。

一定行长调查 $N=[(\sum n_i)/n]\times10000/(L\cdot M)$

式中，N 为每公顷总虫数；n_i为第 i 行样的虫数；$\sum n_i$ 为调查得总虫数；n 为调查总行数；L 为行距(m)；M 为行样总长度(m)；10000 指每公顷为 10000 m^2。

对于有明显趋向性的害虫可使用诱捕法，包括以下两种方法。①灯诱法：利用昆虫对一定光波光源有趋光性的原理来诱捕昆虫。它所取的单位也是相对密度单位，即以日虫量、高峰期虫量或世代累计虫量计算。②性诱法：利用昆虫雌雄交尾间的化学信息联系物质即信息素或称性激素，人工合成类似化合物，制成一定的性诱剂和诱芯作为诱源，将之放在固定的诱捕器上或内部，用以诱捕一定数量的昆虫。性信息素有雌性激素和雄性激素。目前在实践中应用的大多为雌性激素。在害虫低密度时，诱捕的效率较高，但在害虫密度高时，诱捕率反而较低。

采用吸虫器法捕捉害虫，常见有两类：一类是固定式吸虫器，用来吸捕空中飞行的昆虫；另一类是移动式吸虫器，有整株吸虫及移动吸虫两种。整株吸虫是用塑料锥形头从上向下套住整株植物，开动鼓风机，吸捕各种昆虫；移动吸虫则是在田中按顺序取样，步行中间隔一定距离吸虫 1 次，或按苗株顺序吸捕，顺行吸捕一定行长或株数的昆虫。吸虫的数据仅用相对密度表示，田间取样吸虫时可换算为绝对密度。

8.3.2.2 入侵植物病原微生物的野外监测方法

1. 准备工作

(1)背景调查。

系统地收集国内外入侵植物病害的科研文献及数据信息，了解已传入我国或尚未传入但有潜在传入风险的外来植物病害的种类、发病症状、病原、传播途径、鉴定方法及其他相关信息，掌握入侵病害发生的背景。

参考《中华人民共和国进境植物检疫性有害生物名录》《全国农业植物检疫性有害生物名单》《全国林业植物检疫性有害生物名单》和当地作物已知病害种类名录，以及近年来我国海关截获的外来入侵植物病害信息(包括入侵植物的种类、时间、截获的介质、输出国及其详细信息、截获的口岸、时间、批次、截获量、处理方式及处理结果等)，制订考察区域的入侵植物病害排查名单。其余背景调查事项同上[14]。

(2)技术培训。

在开展对入侵植物病原微生物的野外监测前，也需要对参加考察的工作人员开展业务培训，培训的内容同前面“对入侵节肢动物的野外监测”介绍内容。培训仍然分两阶段进行，即第一阶段集中培训骨干科技人员，第二批阶段培训其他参加人员。

(3)工具准备。

根据调查目的、内容、对象、区域等情况综合分析，准备相关材料和工具。采集工具一般包括标本采集用具(标本夹、标本纸、标本箱等)、纸袋、一次性塑料手套、刀、剪、放大镜、小玻璃瓶、计数器、保鲜塑料袋、冰盒、标签、皮卷尺、钢卷尺、锄、锯、温湿度计等。记录和照相工具一般包括调查表、记录本、记录笔、各种调查表格、铅笔、温湿度计、照度计和数码相机等。

2. 调查方法

(1)问卷调查。

问卷设计及实施形式可参考入侵节肢动物的野外监测相关内容。问卷面向人群除当地群众外,还需向当地相关部门(植物保护、植物检疫)技术人员发放,以及向当地农场、林场/农产品加工厂的生产、运输和集贸市场销售及收购部门等发放,尽可能全面地了解当地生态系统发生入侵病害情况,提高当地入侵病害传播扩散情况的信息来源。每个地理网格中任一个调查点发放调查问卷不少于 10 份,如采用询问的方式,则每个调查点一般调查 10 人以上,并填写“外来入侵植物病原物考察问卷调查表”。

(2)重点对象排查。

根据各省或地区制订的排查名单和种类普查的结果,参考《中华人民共和国进境植物检疫性有害生物名录》《全国农业植物检疫性有害生物名单》《全国林业植物检疫性有害生物名单》和当地作物已知病害种类名录进行排查和记录,按划定的网格号和样方,逐一排查,并填写“外来入侵植物病原物考察排查记录表”。

(3)普查。

普查一般采用线路调查与标准地调查相结合的方式,对当地入侵植物病害发生情况进行普查,以确定入侵病害的发生情况。

线路调查:调查线路的选择与调查点的确认方式,与入侵节肢动物的野外监测基本一致,但应重点调查当地的农田、果园、林场、菜田、公园、公共绿地、花卉市场、港口、重要货物集散中心及其周边地区,合理筛选,最后确定各个调查点。在调查范围内按不同方向选择几条具有代表性的线路,填写“外来入侵植物病原物考察路线记录表”。记录调查结果时,如所在调查点未发现外来入侵生物风险时,也需要记录。调查前,需要参考《中华人民共和国进境植物检疫性有害生物名录》《全国农业植物检疫性有害生物名单》《全国林业植物检疫性有害生物名单》地方海关截获的对象名单以及当地作物病害种类名录,形成该地区重点排查入侵植物病原微生物名录。

调查时间与次数:根据不同作物栽培方式与生育期的病害发生特点,在病害发生期(亦称为症状显露期)进行调查为宜,一般可在每年的 3—10 月开展调查 3 ~ 5 次。

取样方式:在外来入侵植物病害容易侵入的区域(如港口、口岸、铁路、公路、种子基地、花卉苗木基地、花卉市场等)1 ~ 5 km 范围内,入侵植物病害容易发生、蔓延到附近的生态系统(如农田、菜地、果园、林地等),可在人为干扰严重、生物多样性差、生态环境简单的地域取样,设立不同生境的取样地 2 ~ 3 个,随机调查 100 ~ 200 棵植株,拍取景观照片、局部照片、受感染器官照片等,并摄像记录。

调查记录:按既定的要求逐项进行调查,并填写“外来入侵植物病原物考察普查记录表”;采集标本,填写“外来入侵植物病原物考察标本采集记录表”;拍摄照片和录像,填写“外来入侵植物病原物考察照片及影像资料记录表”。

8.4 入侵生物的控制

目前,我国已经成为受入侵生物影响最严重的国家之一,维护我国的生物安全问题刻不容缓。进入21世纪,为了有效应对外来生物入侵,从中央到地方各级政府投入大量资金用于相关研究课题,研究范围囊括了生物入侵的各个方面,从入侵物种的分布到损害调查,从入侵成功机制的研究到预防防治技术、策略的研发等。我国科学家在多个领域取得了突破性进展,如成功开发了快速早期检测和现场监测技术,特别是研发出针对高危入侵物种的有效控制方法。随着我国“一带一路”政策的深入推进,外来物种入侵风险在逐步加大,对此,探究如何更为有效控制我国面临的严峻的生物入侵问题,至关重要。目前,防控入侵生物的手段主要有农业防治、物理防治、化学防治、生物防治以及区域防治等,本节介绍几种常见方式。

8.4.1 农业防治技术

农业防治指的是为防治农作物病、虫、草害所采取的农业技术综合措施,调整和改善作物的生长环境,使得农作物的生长环境不利于害虫的繁殖、扩散、生存和破坏,同时使得环境更利于害虫自然天敌的生长,从而达到控制、避免或减轻农作物遭受病、虫、草的危害。主要措施包括调整播种期、合理施肥、及时灌溉排水、选用抗病或虫的品种以及调整品种布局等。农业防治是综合治理策略的基础,可同时与物理、化学的防治措施配合进行,具有更好的效果。

8.4.1.1 调整种植日期与休耕

调整种植日期是降低入侵生物侵扰的一种有效方式。入侵物种的危害具有一定的时间性,某个特定的适宜季节其会进行大量产卵、繁殖,在此期间这些物种对农作物产生的危害较大。通过主动调整作物种植期的方式,可以有效避免作物生长期与昆虫迁徙最频繁的时期重叠,使作物生长关键期与病虫入侵的繁盛期避开。例如在炎热干燥的条件下烟粉虱(*Bemisia tabaci*)繁殖极其迅速,因此,通过在春季提前种植作物或者在秋季延迟种植的方式,可有效避免烟粉虱对作物的危害。

休耕是指停止连续种植某种或者多种易被侵害的寄生植物,从而避免携带外来入侵生物的作物连续出现危害。某些入侵生物可以在农作物收获后的一段时间内继续存活,因此受感染的植物应当被及时清除并销毁，并且停止连续种植该入侵生物易感的作物。例如，在烟粉虱迁徙期即将到来的时候，应当避免种植冬瓜、西红柿等高度敏感的农作物。

8.4.1.2 田间管理

田间管理主要包括水分调节、合理施肥以及清洁田园等措施[15]。某些入侵生物对于农作物的含水量比较敏感，例如干旱缺水有利于烟粉虱的生长，因为缺水的植物叶片水分少、温度高、营养浓度相对提高，故烟粉虱的数量明显增加，而在雨后水分充足时，烟粉虱数量会显著下降[16]。此外，过度使用氮肥也会大大增加烟粉虱的数量。因此，调整农作物的灌溉量和肥料的使用，可以有效控制烟粉虱的种群密度。与烟粉虱生存特点不同，稻水象甲（*Lissorhoptrus oryzophilus*）的生存与稻田中水分条件密切相关。当稻田中水分较多时，稻水象甲成虫会在水稻的水下结构上产卵，其卵和幼虫的存活率也会更高。通过适时排水保持稻田处于浅水状态，会有效抑制稻水象甲的繁殖和生长，因此浅水管理对水稻生长反而更有利。此外，清除稻田附近杂草，或用直接播种代替移栽稻苗都能在一定程度上抑制稻水象甲的生长繁殖。

果园管理的基本原则是保持果园的整洁和干净。对果园之间的果树分布和非寄主植物进行间种管理，可有效切断入侵生物的迁移。对于严重影响落叶类果树（如苹果、梨）的苹果蠹蛾（*Cydia pomonella*）来说，遭受其侵袭的果实常常在结果季初期从果树上掉落，将这些掉落的果实从果园中清除，可防止其幼虫在这些掉落的果实中繁育。此外，清理被虫蛀的果实也是一种有效的控制措施。在我国大多数苹果种植区，包果技术已被广泛用于控制包括苹果蠹蛾在内的蛀果虫侵害。

8.4.1.3 强化植物抗性

农作物对病虫的抗性是植物一种可遗传的生物学特性。通常在同一条件下，具有抗性的品种遭受病虫危害的程度较非抗性品种更轻或不受害。根据抗性机制，植物的抗虫性主要包括以下3个类型：①排趋性（无偏嗜性），表现危害虫不喜在该类植物身上取食或产卵。②抗生性，表现为作物受虫害后产生不利于害虫生活繁殖的反应，从而抑制害虫取食、生长、繁殖和成活。③耐害性，表现为害虫虽能在作物上正常生活取食，但不致产生严重危害。选择对入侵生物具有抗性的品种进行种植是农业防治中一项行之有效、经济、可持续且环境友好的方法。自20世纪90年代以来，我国已广泛开展了抗大豆疫霉种子资源的研究，目前已经鉴定出许多对大豆疫霉具有抗性的品种。

8.4.2 物理防治技术

物理防治指的是利用器械、光、热、电、温度、湿度和声波等各种物理手段或方法，预防、抑制、钝化、消除或捕杀入侵的有害生物的方法。目前已在推广应用的主要方式有频振式杀虫灯、LED 新光源杀虫灯、诱虫色板（黄板、蓝板）、防虫网、无纺布、性诱剂、银灰膜避害等诱控技术。

8.4.2.1 昆虫类入侵生物物理防治措施

1. 杀虫灯诱控技术

杀虫灯是利用昆虫对不同波长、波段光源的趋性进行诱杀，可有效压低虫口基数，控制害虫种群数量。例如防控稻水象甲时，可利用稻水象甲第一代成虫具有趋光性特点，在稻田附近架设诱集灯进行捕杀，以降低成虫的过冬基数。

2. 色板诱控技术

利用昆虫的趋色（光）性特点，制作各类有色粘板，并与各种类型的诱捕剂相结合如害虫或植物源信息素、性信息素等诱捕剂，将害虫诱集起来，同时引导其天敌寄生、捕食，达到控制害虫基数、保护生物多样性的目的。多数昆虫都有明显的趋黄绿光习性，特殊类群的昆虫对于蓝紫色光有显著趋向性，如蚜虫类、粉虱类趋向黄色、绿色光。

3. 防虫网应用技术

在保护地蔬菜种植区上空架设防虫网，基本可避免烟粉虱、甜菜夜蛾（*Spodoptera exigua*）、青菜虫（*Pieris rapae*）等 20 多种主要害虫的侵害，还可阻隔可传播病毒的蚜虫、烟粉虱、美洲斑潜蝇等传播数十种病毒类蔬菜的病害，达到防虫兼防控病毒的效果。通过物理手段来防治烟粉虱时，可在温室中使用细网状尼龙筛网（通常孔径为 0.125），大大减少温室害虫的潜在侵扰，如粉虱、花蓟马和潜叶蛾。

8.4.2.2 动植物类入侵生物物理防治措施

通过各种物理方式直接根除入侵生物是物理防治动植物入侵生物的重要举措。为防止金苹果蜗牛侵害，人们在水生作物田里直接手工采摘金苹果蜗牛的卵块，因其呈明亮的粉红色而容易被发现，还可在灌溉渠中放置滤网拦截金苹果蜗牛。此外，还可采取农业轮耕方式，用农业机械砸碎蜗牛壳等。

对于植物类的入侵生物，可通过机械或者手工的方式来清除入侵植物。总体来看，通过物理移除的方式可以有效清除某些入侵植物，例如只要有效清除加拿大一枝黄花（*Solidago decurrens*）的地下根茎，就可以根除它。在我国，人工机械打捞是控制凤眼莲（*Eichhornia crassipes*）的主要方法。由于这种方式对环境和水生生态系统都比较友好，在上海、浙江和福建等省已实施大规模的打捞行动。然而，由于人工成本高，这种方法也非常昂贵。2007 年，福建厦门人工打捞凤眼莲的成本费达到 16.5 万美元。我国每年至少花费 1500 万美元用于凤眼莲的打捞与防治。

对于小范围的空心莲子草（*Alternanthera philoxeroides*）来说，当植物的地上和地下部分都能够被有效移除时，空心莲子草繁衍才能被有效控制住，如果其地下根茎无法被完全移除，则其强大的繁殖能力会使得其新的根茎迅速生长[17]。2000 年，有学者在珠江三角洲的内伶仃岛人工清除了 2000 m^2 的薇甘菊(*Mikania micrantha*),他们将薇甘菊连根拔起,并放在阳光下暴晒。然而,6 个月后雨季到来时,薇甘菊仍能够迅速发芽生长。这表明,对于一些植物而言,物理清除的方法并不是十分有效。相较于物理清除方式,可能其他控制方式会更加有效。例如为控制黄顶菊(*Flaveria bidentis*)侵害,采用抑制植物替代物理清除则更安全有效,例如苏丹草和沙打旺就可以有效抑制黄顶菊的生长和繁殖。

8.4.3 化学防治技术

化学防治是指使用化学药剂(杀虫剂、杀菌剂、杀螨剂、杀鼠剂等)来防治病虫、杂草和鼠类的危害的方法。化学防治具有见效迅速、方法简便、不受地域和季节限制等优点,在病虫害综合防治中占有重要地位,并已得到广泛应用。化学防治方法多种多样,如浸种、拌种、毒饵、喷粉、喷雾和熏蒸等。但长期使用性质稳定的化学农药,会增强某些病虫害的抗药性,降低防治效果,并且会污染农产品、空气、土壤和水域,危及人、畜健康与安全和生态环境。

8.4.3.1 农药作用机制

农药对有害生物具有强大的杀伤力,这是化学防治能够迅速见效的根本原因,如虫体在接触神经毒剂后会迅速中毒死亡,杀菌剂可杀灭或抑制种苗和土壤中的病原菌。根据作用方式不同,农药作用可分为如下几类。

1. 抑制有害生物的生长发育

有些农药可干扰或阻断有害生物体生理活动中某一生理过程,使之丧失危害或繁殖能力而发挥作用。例如,灭幼脲类杀虫剂能抑制害虫表皮层的内层几丁质骨化过程,导致其因蜕皮障碍而死亡。

2. 调节有害生物的必要行为

有些农药能调节有害生物的觅食、交配、产卵、集结和扩散等行为,如拒食剂可导致生物停止取食,驱避剂迫使害虫远离作物,食物诱致剂与毒杀性农药混用可引诱害虫、鼠类取食而发生中毒。

3. 增强作物的抵抗力

此类农药可改变作物的组织结构或生长发育以及代谢过程,从而提高对有害生物的抵抗力。例如,用赤霉素浸种可加速小麦出苗,可避过被小麦光腥黑穗病侵染的时期;用 DL－苯基丙氨酸诱发苹果树合成根皮素,可增强多元酚氧化酶的活性,从而产生对黑星病的抗菌力;利用化学药剂诱发作物产生或释放某种特性物质,可增强自身抵抗力或进行自卫等。

8.4.3.2 化学防治的应用

尽管使用农药等化学防治手段对环境、人、畜会产生一定的安全危害,但是化学防治依然是针对许多入侵生物最为有效的手段。在我国,乙基磺胺类、草甘膦、甲基磺胺类和灭薇净是控制薇甘菊的主要化学除草剂,是控制大面积薇甘菊的主要方法;氟草烟是防治一枝黄花的最佳选择。

除了使用常规化学农药来防治入侵生物外,随着科学研究的不断深入,科学家已经可以针对特定生物研发或合成特异性的抑制剂。有研究者报道[17],利用香樟树叶的提取物通过叶面喷洒可抑制凤眼莲的生长,在喷洒该特定抑制物后24小时内,凤眼莲叶片上就可检测到坏死点,5天后52%凤眼莲的叶片发生坏死,13天后几乎所有的凤眼莲叶片都出现腐烂,在喷药第11天时,经处理植物的平均叶芽数明显减少。值得注意的是,对于水中入侵生物采用化学防治时产生的环境危害往往比较严重。例如,在防治金苹果蜗牛(*Pomacea canaliculata*)时,使用杀软体动物剂来杀死金苹果蜗牛,会对环境和人类健康产生严重的影响,因此对于类似的防治需要,应慎重考虑化学方法。

此外,长时间使用农药等化学手段防治入侵生物,会增强某些入侵病虫的抗药性,降低防治效果,需要重新评估清除方法。例如,用农药清除烟粉虱后,烟粉虱不仅能对常规杀虫剂产生抗性,而且还能对一些新的杀虫剂,如吡虫啉、啶虫脒、吡虫啉和噻虫嗪产生抗药性,杀虫效果下降。

8.4.4 生物防治技术

生物防治是一种利用入侵生物的自然天敌来控制其生存和繁衍的控制手段,被认为是一种环境友好、可持续控制外来入侵物种的良好方法。某种入侵生物的自然天敌往往直接从该入侵生物的原生地引进到入侵地。自20世纪50年代以来,我国已从海外引进了40余种入侵生物的天敌物种,其中一些生物已经在田间或温室中实际使用,如寄生蜂、豚草卷蛾(*Epiblema strenuana*)、豚草螟和水葫芦象甲等,表现出显著效果。

8.4.4.1 针对昆虫类入侵生物的生物防治

目前,针对昆虫类外来入侵生物的生物防治主要依赖于有特异寄生性作用的天敌(如寄生蜂和寄生蝇),和捕食性天敌以及病原微生物。

烟粉虱被公认为世界性害虫。我国已经发现烟粉虱的天敌有56种,包括桨角蚜小蜂、丽蚜小蜂,54种节肢动物捕食者(主要以瓢虫和草蛉为主),还发现7种昆虫病原真菌。其中,丽蚜小蜂(*Encarsia formosa*)是迄今为止我国使用其抑制烟粉虱侵害的最成功的寄生蜂之一,并已被商业化用于控制温室中的烟粉虱和温室白粉虱。然而,由于北方冬季气温较低,影响到丽蚜小蜂生物防治的效果,对此有研究人员建议使用一些方法与释放寄生蜂联合使用,可增强效果。异色瓢虫是一种可以被广泛用作生物控制剂的多面手捕食者,当其与烟粉虱的寄生蜂组合使用时,可以获得更好的生物防治效果。

对于在我国新疆地区广泛分布的马铃薯甲虫而言,国内外针对其捕食性天敌进行了大量的研究，确定了 46 种捕食性物种，其中包括 25 种昆虫和 21 种蜘蛛，如中华草蛉（*Chrysoperla sinica*）、十三星瓢虫（*Hippodamia tredecimpunctata*）和七星瓢虫（*Coccinella septempunctata*）等。

在世界范围内，尽管对棕榈树造成严重危害的椰心叶甲虫（*Brontispa longissima*）有很多自然天敌，例如许多种类的蚂蚁、蠼螋和螟膜翅目昆虫，以及椰心叶甲啮小蜂和椰甲截脉姬小蜂等寄生蜂，这些自然天敌已被多个国家用于控制该类甲虫对棕榈树的危害。但是，在我国却只检测到为数不多的几种本土自然天敌，而且寄生蜂的寄生率一直难以提高，对椰心叶甲虫的防治造成了一定的困难。

此外，筛选入侵生物的病原微生物来抑制入侵生物的生长也是一种有效方式。针对不同入侵生物，适用的病原微生物各不相同。例如，球孢白僵菌（*Beauveria bassiana*）是一种可以寄生于很多昆虫的病原真菌，包括白僵菌在内的多种昆虫病原真菌对烟粉虱具有显著活性，可以显著降低烟粉虱若虫的成活率[18]。在美国和日本，这种真菌还被证明对稻水象甲具有高度传染性。但是，球孢白僵菌也存在自身弊端限制了其应用，例如其对于幼虫的药效较轻微，且感染了真菌的成虫在死前仍然可以排卵。

绿僵菌是对抗稻米象甲的最受关注的病原真菌。我国已经分离出一些菌株，并被批准作为潜在的生物防治剂[19]。例如，浙江和辽宁等地在控制高密度稻米象甲时，将某些化学杀虫剂（如三唑酮）添加到绿僵菌孢子悬浮液中以提高控制效率，绿僵菌的不同菌株可以被用于防治不同的昆虫类外来入侵生物，如椰心叶甲虫、红棕象甲、水椰八角象甲等。

8.4.4.2 针对非昆虫类动物和植物的生物防治

采用入侵外来生物的自然天敌的生物防治措施也被广泛地用于入侵的非昆虫类动物和植物防治。金苹果蜗牛是一种极其严重的全球入侵性害虫，原产于南美洲，自 1979 年入侵到我国，已经成为稻田和其他水体生态系统的严重入侵者。对于金苹果蜗牛的防治策略包括物理、农业和生物防治等，其中在作物田中释放其自然天敌被认为是最有效的方法。通过在农田中释放鱼和鸭子等生物，可以有效抑制金苹果蜗牛的生长和繁殖[20]。因为金苹果蜗牛和其生物天敌如鲤鱼和青鱼，都是以作物田中的大型植物和其他动物为食，可以抑制金苹果蜗牛的生长条件。此外，中华鳖被认为是一种新的更加有效的生物天敌，可以有效控制水稻和水稻田中的金苹果蜗牛，同时其还是一种具有很高商业价值的水产品。有研究表明，放养中华鳖的稻田中，蜗牛数量显著下降。这种生物防治措施不仅可以有效控制金苹果蜗牛，还可以节省化学杀螺剂的成本，增加经济收入。

对于鱼类而言，一旦外来入侵生物分布开来，基本上难于根除。尼罗罗非鱼（*Oreochromis niloticus*）原产于非洲，目前在我国华南地区主要河流成功建立种群，甚至已成为许多地方的优势种属。但有研究表明[21]，物种多样性在一定程度上可以抵御罗非鱼的入侵，当本地物种丰富度增加时，罗非鱼的生物数量显著减少。实验室研究也表明，尼罗罗非鱼的生长速度与本地物种丰富度呈负相关。因此，保持生态系统的物种多样性在一定程度上可以生物防治罗非鱼的入侵[22]。

曲纹叶甲(*Agasicles hygrophila*)是在我国使用最成功的生物防治物种之一，它的幼虫和成虫都以空心莲子草的叶子为食，成熟的幼虫在化蛹前会钻出茎部，进而导致空心莲子草的生长受到抑制[23]。曲纹叶甲可以在盛产空心莲子草的池塘和运河中大量繁殖。从1988—1997年，在我国的一些地区，通过释放这种甲虫成功地控制了空心莲子草繁衍，目前曲纹叶甲已经在这些地区广泛传播。

豚草卷蛾(*Epiblema strenuana*)和广聚萤叶甲(*Ophraella communa*)是普通豚草的最重要的控制剂，它们可损害宿主不同部位，豚草卷蛾会钻入豚草的根茎，而广聚萤叶甲则以其叶子为食。基于这种取食习惯，有些人建议把它们放在一起使用，以提高整体控制效率。2007—2010年，在湖南、广西、江西和广东等地进行了几个释放试验，每个地点都有良好的控制结果。

水葫芦象甲和布奇水葫芦象甲原产于阿根廷和附近的水生地区，是水葫芦的特定生物控制昆虫。在我国，第一次释放试验于1996年在浙江省温州市进行，1000只水葫芦象甲的成虫被释放到一个被水葫芦占据的1372 m^2 河道水面中。两年后，水葫芦减少了25%，随后几年几乎所有的水葫芦都被水葫芦象甲清除。后来，水葫芦象甲被引入中国其他地区，如浙江宁波和云南昆明。

8.4.5 替代防治技术

所谓替代防治就是利用入侵植物和本土植物之间的寄生和竞争关系，用选定的本土植物取代入侵植物的替代控制技术，是世界各地广泛用来控制外来入侵植物的手段[24]。该技术基于各种植物种类之间竞争现象而达到抑制入侵生物种群效果，可有效用于林业和畜牧业领域的外来入侵生物的防治。一般来说，选择替换的植物应具有易于种植、经济价值高、可在短时间内达到较高的密度的特点。在我国，普通豚草和紫茎泽兰是主要采用替代植物控制其生长的目标植物。

一些本地植物被证明可有效地替代普通豚草，如紫穗槐(*Amorpha fruticosa*)、普通沙棘(*Hippophae rhamnoides*)和菊芋(*Helianthus tuberosus*)等。早在20世纪90年代初，其中一些替代植物被种植在中国东北的辽宁省大连市，以取代生长在高速公路上的普通豚草和三裂叶豚草。

在过去的10年里，为控制紫茎泽兰(*Ageratina adenophora*)，研究者测试了40余种本地植物物种的替代功效，发现几种牧草植物是最理想的替代者，如白花三叶草(*Trifolium*)、皇竹草(*Pennisetum sinese*)、狗尾草等[25]。此外，一些树种也有很高的替代潜力，如柠檬桉、相思树。它们已被推荐用于中国西南部贵州省的南部山区使用，以替代紫茎泽兰。

菟丝子(*Cuscuta chinensis*)是薇甘菊的重要寄生植物,其可包裹在薇甘菊茎的周围,通过吸吮器官获取营养,从而抑制薇甘菊生长。在我国南部,有三种菟丝子可以影响薇甘菊的生长。在我国广东和香港进行的一项为期5年的综合调查中[26],科研人员证实了三种菟丝子对薇甘菊的影响效率,明确了菟丝子对于薇甘菊的寄生性。因此,菟丝子被认为是薇甘菊的潜在生物防治剂。此外,无头藤可抑制加拿大一枝黄花的生长和有性繁殖。

8.4.6 综合防治技术

综合防治是指采取综合技术措施对危害人类生产、生活和自然环境的入侵生物进行预防和治理,主要用于农业生产和环境保护工作中[27]。农业生产的综合防治是从农业生产的全局出发,根据病虫与农林植物、耕作制度、有益生物和环境等因素之间的辩证关系,因地制宜,合理应用必要的农业、生物、物理、化学等综合技术措施,来经济、安全、有效地消灭或控制病虫危害,以达到增产增收的目的。

一般来说,对于入侵生物的控制采取单一措施,往往并不能获得良好的效果。在以往,我国农村普遍采用杀虫剂来解决烟粉虱问题,但是杀虫剂的使用损害了农产品消费者的利益[28]。在此背景下,害虫综合管理(integrated pest management,IPM)逐渐成为现代害虫防治的主要控制方式。IPM策略包括农业防治方法,抗性植物品种使用,物理控制(如机械筛网和黄粘卡),自然生物防治敌害,以及基于抽样和实效确定的限制阈值的使用杀虫剂等。在一些高价值作物的生产中,烟粉虱IPM已经被测试为有效,并逐渐被有机农场采用。此外,IPM还被用于新疆的棉花种植业,来防治马铃薯甲虫的危害,并获得巨大的生态经济效益[29]。再如,互花米草(*Spartina alterniflora*)于1979年被引入我国,旨在控制海岸泥滩的侵蚀、改良土壤和保护堤坝,但其在长江口区域迅速扩张,威胁到当地的生态系统,并造成巨大区域经济损失。对此,上海市政府出资超过13亿资金用来控制互花米草繁衍并恢复崇明东滩的候鸟栖息地,该项目可能是目前世界上最大的防控入侵植物并修复生态项目。该项目综合使用了多种有效的控制措施,包括围堰建造、植被修建、大水冲刷、阳光暴晒、种植本土植物以及优化水位等,最终于2012年底有效抑制了互花米草的扩张,修复了当地生态系统,并为候鸟创造了合适的栖息环境。

8.4.7 其他防治技术

随着人们对入侵生物的研究逐渐深入,越来越多更具有特异性的防治手段被研发出来,如昆虫不孕技术(sterile insect technique,SIT)[30]。SIT是一种可被用于防治实蝇侵害的技术,具有环境友好的特点。该技术通过对雄性进行绝育,然后在感染区释放不孕雄性与野生雌性进行交配,如果不孕雄性的数量压倒性的超过可育的野生雄性,那么野生实蝇种群就有可能会灭绝。但是对于大多数SIT来说,开发一个大规模的性别分离的不孕种群仍面临一些具有挑战性的难题。

（李　开　陈　峰）

参考文献

[1] 陈宝明,彭少麟,吴秀平,等.近20年外来生物入侵危害与风险评估文献计量分析[J].生态学报,2016,36(12):6677-6685.

[2] 朱　方,杜道林.基于文献分析的生物入侵风险评估研究[J].广东农业科学,2013,22(7):177-182.

[3] 张平清.外来有害生物入侵风险分析方法与风险管理措施研究[D].长沙:国防科学技术大学,2005.

[4] 丁　晖,石碧清,徐海根.外来物种风险评估指标体系和评估方法[J].生态与农村环境学报,2006,22(2):5.

[5] 李志红,秦誉嘉.有害生物风险分析定量评估模型及其比较[J].植物保护,2018,44(5):134-145.

[6] 马兴莉,李志红,陈克,等.@RISK在有害生物定量风险评估中的应用[J].植物检疫,2010,24(6):1-6.

[7] 王瑞,黄蓬英,傅建炜.进境台湾果蔬主要病虫风险评估与早期检测预警[J].生物安全学报,2019,28(4):269-279.

[8] 徐朝哲.口岸检疫除害处理实务[M].上海:格致出版社,2016.

[9] 陈卫军,李力军,郎少伟,等.筑牢口岸卫生检疫防线,防范和应对国门生物安全风险[J].口岸卫生控制,2021,26(3):7-10,13.

[10] 葛建军,曹爱新,陈洪俊,等.实时荧光PCR检测马铃薯白线虫技术研究[J].植物检疫,2009,23(4):10-13.

[11] 马以桂,王金成,谢辉,等.种粒线虫多重PCR检测方法[J].植物病理学报,2006,36(6):508-510.

[12] 潘俊鹏,张祥林,罗明,等.ELISA及实时荧光PCR检测番茄细菌性溃疡病菌的方法比较[J].植物检疫,2008,22(5):274-278.

[13] 欧阳竹,孙波,刘建.陆地生态系统生物观测规范[M].北京:中国环境科学出版社,2007.

[14] 万方浩,冯洁,徐进.生物入侵:检测与监测篇[M].北京:科学出版社,2011.

[15] BI J L,LIN D M,LI K S,et al. Impact of cotton planting date and nitrogen fertilization on Bemisia argentifolii populations[J]. Insect Sci,2005,12:31-36.

[16] TIAN X Q,LI N,LIU X C,et al. The occurrence and integrated pest management of Be-

misia tabaci on vegetables[J]. Shaanxi J Agric Sci,2015,61(1):123 - 126.

[17] CHAN Y L,CHEN Z Y. Ecology research progress on invasion control of Alligator Weed Alternanthera philoxeroides (Mart.) Griseb[J]. Hubei Agric Sci,2010,49(9):2260 - 2264.

[18] LIANG K M,ZHANG J E,SONG C X,et al . Integrated management to control golden apple snails (Pomacea canaliculata) in direct seeding rice fields: an approach combining water management and rice - duck farming[J]. Agroecology Sustain Food Syst, 2014,38:264 - 282.

[19] QIN C S,XU J Z,LIAO F Y. Separation and biological character of metarhizium strains obtained from Brontispa longissima corpse[J]. Guangdong For Sci Technol,2006,22(4):23 - 25, 35.

[20] DONG S,ZHENG G, YU X,et al. Biological control of golden apple snail,Pomacea canaliculata by Chinese soft - shelled turtle,Pelodiscus sinensis in the wild rice,Zizania latifolia field[J]. Sci Agric,2012,69:142 - 146.

[21] ZENGEYA T A,ROBERTSON M P,BOOTH A J,et al. Ecological niche modeling of the invasive potential of Nile tilapia Oreochromis niloticus in African river systems: concerns and implications for the conservation of indigenous congenerics[J]. Biol Invasions, 2013,15:1507 - 1521.

[22] GU DE,LUO D,XU M,et al. Species diversity defends against the invasion of Nile tilapia (Oreochromis niloticus) [J]. Knowl Manag Aquat Ecosyst,2014,7:1 - 11.

[23] ZHOU Z S,GUO J Y,LI B P,et al. Distribution and regional disaster reduction strategy of Ambrosia artemisiifolia L and Alternanthera philoxeroides L[J]. J Biosaf,2011,20: 263 - 266.

[24] MA J,YI J,YANG D L,et al. Competitive effects between invasive plant Flaveria bidentis and three pasture species[J]. Acta Bol Boreal - Occident Sin,2010,30(5):1020 - 1028.

[25] JIANG Z L,WANG W J,LEI G S,et al. Root growth characteristics and competitive effects of Ageratina adenophora and four functional type herbaceous plants[J]. Chin J Appl Ecol,2014,25(10): 2833 - 2839.

[26] ZHAO D Y,LIU J F. Safety tests of 70% Mieweijing to control Mikania micrantha[J]. Guangdong Agric Sci,2012,10:108 - 111.

[27] WAN F H,YANG N W. Invasion and management of agricultural alien insects in China [J]. Annu Rev Entomol,2016,61:77 - 98.

[28] LI S J,XUE X,AHMED M Z,et al. Host plants and natural enemies of Bemisia tabaci (Hemiptera: Aleyrodidae) in China[J]. Insect Sci,2011,18:101 - 112.

[29] ZHANG J M, ZHANG F, WANG B. Controlling of Trialeurodes vaporariorum on tomato in protected areas by collaboratively using E formosa and other methods[J]. Vegetable, 2010, 7:34 - 35.

[30] JU R T, LI H, SHI C J, et al. Progress of biological invasions research in China over the last decade[J]. Biodivers Sci, 2012, 20:581 - 611.

第 9 章 生物入侵的管理

尽管生物入侵问题早已发生，但是其真正引起国际社会的广泛关注和重视，从而在国际法上采取明确而有影响的行动，却是最近 20 年来的事情。作为国际法基石的国家主权原则，确立了各国的环境主权，明确规定了各国有开发、利用、改善、保护领域内环境资源的权利。同时，各国也有责任确保这些活动不至于损害他国的环境，以及不在任何国家领域管辖之下的环境。因此，处理生物入侵问题不仅是一个国家的主权权利，也是一个国家的基本义务和责任。生物入侵涉及国内、国外，影响到国际社会的整体环境，因此必须以良好的国际合作机制有效地加以防范和治理。

9.1 国际公约

9.1.1 概述

据统计，目前全球约有 50 多个有拘束力和无拘束力的文件与处理生物入侵的问题有关。其中全球性公约有联合国 1951 年《国际植物保护公约》及其 1997 年修订本、1992 年《生物多样性公约》、2000 年《卡塔赫纳生物安全议定书》、1982 年《联合国海洋法公约》、1997 年《非航行利用国际水道法公约》、1971 年《关于特别是作为水禽栖息地的国际重要湿地公约》和缔约国会议 1999 年通过的“关于侵袭物种和湿地的第Ⅶ号决议”、1973 年《濒危野生动植物物种国际贸易公约》，以及世界贸易组织的相关协议，如 1995 年《实施卫生与植物检疫措施协议》、1991 年《关于南极环境保护议定书》等。区域性公约的分布更为广泛：1979 年《保护野生动物迁徙物种波恩公约》、1995 年《保护非洲——欧亚迁徙水禽海牙协定》、1968 年《非洲自然与自然资源保护公约》、1979 年《欧洲野生动植物与自然资源伯尔尼公约》、1985 年《东盟自然与自然资源保护协定》、1990 年《南太平洋自然保护公约》、1992 年《中美洲生物多样性保护与荒野地区保护公约》等。此外，一些专门性国际组织也制定了许多与处理生物入侵问题有关的国际规则和国际标准，如国际海事组织、世界卫生组织、世界自然保护同盟、联合国粮农组织、联合国教科文组织、国际民航组织等[1]。

1992 年出台的《生物多样性公约》第 8 条提出，各国应尽可能并酌情“防止引进、控制或消除那些威胁到生态系统、生境或物种的外来物种”。该条表明，防止外来物种威胁生态系统是就地保护的基本保证之一，各国可以采取防止引进、控制或消除等一切措施，以免外来物种威胁到当地的生态系统、环境或物种。为保险起见，公约第九条要求“易地保护应尽可能在生物多样性组成部分的原产国进行”。从《生物多样性公约》的上述规定可以看出，公约对于外来物种进入非原生生境是采取十分谨慎的态度的[2]。

1951 年通过的《国际植物保护公约》提出[3]各国可建立专门的官方植物保护组织，检查生长的植物及其培植区域，检查储存和运输中的植物和植物产品，特别是那些已报告植物病虫害存在、突发和扩散的植物和植物产品，检查病虫害的控制情况。公约还确认各国政府应有足够的权力管理植物和植物产品的入境，可以规定植物和植物产品进口的限制和要求，禁止异常植物和植物产品的进口或异常运送的植物和植物产品的进口，检查或扣留异常运送的植物和植物产品，处理、销毁异常运送的植物和植物产品或拒绝其入境，或要求处理、销毁此类运送。《国际植物保护公约》还制定了《植物检疫措施国际标准》，确立了国际贸易的植物检疫原则、病虫害风险分析指导准则、进口和释放外来生物控制物种操作规则等，该国际标准已得到世界贸易组织的认可。

1982 年的《联合国海洋公约》也有抵御海洋外来物种入侵方面的规定。该公约第 196 条规定：各国应采取一切必要措施以防止减少和控制由于在其管辖或控制下使用技术而造成的海洋环境污染，或由于故意或偶然在海洋环境某一特定部分引进外来的新的物种，致使海洋环境可能发生重大危害的变化[4]。

1971 年通过的《关于特别是作为水禽栖息地的国际重要湿地公约》是在湿地生态系统保护方面最为重要的国际公约。虽然由于时代背景所局限，该公约本身并没有提及外来入侵物种，但其缔约国会议于 1999 年通过了“关于入侵物种和湿地的第Ⅶ号决议”。该决议敦促缔约国要解决湿地入侵物种对环境、经济与社会的影响；准备外来物种的清单和评估；制定控制与消除计划；通过立法防止向其境内引进新的或威胁环境的外来物种，并在管辖范围内管理它们的活动或贸易。此外，该公约还和世界自然保护联盟制定了一个联合方案——“非洲湿地和有害侵袭物种意识和信息”[5]。

1979 年于德国波恩签署的《野生动物迁徙物种公约》第Ⅲ条 c 项规定：缔约国要“在

可行和适当的范围内,预防减少或控制正在危及或有可能进一步危及该物种的各种因素,包括外来物种的引进,或控制或消除已经引进的外来物种"。《附录:迁徙物种协议》规定:必须严格控制引入对迁徙物种有害的外来物种,或控制已经引入的有害外来物种[6]。

9.1.2 国际公约的主要思想

早期一些有影响力的具有软法性质的国际环境文件,如1972年《人类环境宣言》、1992年《里约环境与发展宣言》、1982年《世界自然宪章》等,虽然在总体上确认了人类对待环境的基本态度和信念,一再重申了指导人类行动的基本原则和规则,可惜并未就外来生物入侵问题作出专门的、个别的规定。然而,从这些文件的一些规定来看,其主要思想还是发人深省,对于防范外力物种入侵有很强的借鉴和启发作用。例如,由世界自然保护同盟起草、由联合国大会通过的《世界自然宪章》,其中的"一般原则"倡导应尊重大自然,不得损害大自然的基本过程;地球上的遗传活力不得加以损害,不论野生或家养,各种生命形式都必须至少维持其足以生存繁衍的数量,为此目的应该保障必要的生境,对人类所利用的生态系统和有机体以及陆地、海洋和大气资源,应设法使其达到并维持最适宜的持续生产率,但不得危及与其共存的其他生态系统或物种的完整性;应控制那些可能影响大自然的活动,并应采用能尽量减轻对大自然构成重大危险或其他不利影响的现有最优良技术;要求各国在进行这些活动之前应彻底调查,先估计后果,如果不能完全了解其可能对环境造成的不利影响,活动即不得进行。如确定进行这些活动,则应周密计划后再进行。宣言还特别强调,农、牧、林、渔业的活动应配合各自地区的自然特征和限制因素。因此,这些软法性质的国际环境文件虽然不具有法律拘束力,但是对于指导各国处理有关引入外来物种的问题都产生了积极的作用。

最早明确对外来物种问题进行规范的最有影响力的国际法律文件是1992年的《生物多样性公约》(以下简称《公约》)。《公约》第8条规定,就地保护(in situ conservation)是保护生物多样性的基本措施,所谓就地保护是指对生态系统和自然栖息地原封不动地予以保护,在自然生境中维持和恢复生物物种。第8条第h款提出各国应尽可能并酌情"防止引进、控制或消除那些威胁到生态系统、生境或物种的外来物种"。该条表明,防止外来物种威胁生态系统是就地保护的基本保证之一,各国可以采取防止引进、控制或消除等一切措施以免外来物种威胁到当地的生态系统、生境或物种。《公约》第9条规定了易地保护(ex situ conservation)是指将生物多样性的组成部分移到它们的自然环境之外进行保护,但它只是就地保护的辅助措施。为保险起见,《公约》要求,易地保护应尽可能在生物多样性组成部分的原产国进行。从公约的上述规定可以看出,《公约》对于外来物种进入非原生生境是采取十分谨慎的态度的。

《公约》第7条"查明与监测"要求,为了第8、9(易地保护)、10条(生物多样性组成部分的持久利用)的目的,查明对保护和持久使用生物多样性产生或可能产生重大不利影响的过程或活动种类,并通过抽样调查和其他技术,监测其影响。第 14 条要求,国家应对一些活动进行环境影响评价,避免减轻对环境的不利影响。环境影响评价是国际环境法及国内环境法领域的一个基本的制度,作为环境保护的一个直接管制措施,环境影响评价要求对立法、计划、建设等拟议中的活动对环境的影响事先作出评价,以便决策者对有关行动作出正确的决策和处理,预防和减少对环境的严重不利影响。环境影响评价制度要求公众参与评价过程,并要求决策者加以重视和应用。所谓不利影响指的是拟议中的活动对环境包括人类健康和安全、动物、植物、土壤、空气、水、气候、景观和历史纪念物或者其他物质结构以及这些因素之间的相互作用的影响,也包括改变上述因素对文化遗产或者社会经济状况的影响。环境影响评价制度(the system of environmental impact assessment)由美国 1969 年《国家环境政策法》首创,以后陆续为其他国家效仿,也得到了国际环境法制度的重视。环境影响评价制度促进作出国家紧急应变安排,鼓励补充这种国家努力的国际合作,有关国家和区域性组织可制定联合应急计划。

1951 年《国际植物保护公约》(1951 年 12 月 6 日签订于罗马,1952 年 4 月 3 日生效,现有缔约国 111 国)是联合国粮农组织主持制定的国际性多边公约。它建议各国可建立专门的官方植物保护组织(the official phytosanitary organization),检查生长的植物及其培植区域,检查储存和运输中的植物和植物产品,特别是那些已报告植物病虫害存在、突发和扩散的植物和植物产品,检查病虫害的控制情况。《国际植物保护公约》在全世界设立了 9 个区域植物保护组织,加强区域内国家解决植物检疫问题,1997 年该公约经修订确立这些区域植物保护组织为公约的缔约方,进一步加强了该公约的制定和实施的效果。《国际植物保护公约》还制定了《植物检疫措施国际标准》,确立了国际贸易的植物检疫原则、病虫害风险分析指导准则、进口和释放外来生物控制物种操作规则等,该国际标准已得到世界贸易组织的认可。

在国际法的调整对象中,国家管辖范围以外的国际公共区域(the international public domain)也是防止外来生物影响的重要地区,由于不处于任何国家管辖范围之内,这些公共区域对付外来物种侵入的能力十分有限和脆弱。为了保持南极地区作为“特别”的“自然保护区”所具有的独特价值,防止人类活动给南极地区带来不利影响,1991 年《关于环境保护的南极条约议定书》(以下简称《议定书》)专门针对外来物种问题进行了规定。于 1998 年 1 月 14 日生效,目前《南极条约》的 44 个缔约方中,有约 30 个已批准、接受和核准该议定书,我国于 1991 年 10 月 4 日签署该议定书,1994 年 8 月 2 日批准。在《议定书》附件二第 4 条“非本地物种、寄生虫和病害的引进”中规定:“除非符合许可证的规定,不得把不属于南极条约地区本地种类的动物或植物引进到南极条约地区的陆地或冰架或水域。”“不得将狗带入陆地或冰架,目前在这些区域内的狗应于 1994 年 4 月 1 日前予以移出。""按照以上第1款和第3款发放的许可证而引进的动植物应在许可证期满之前移出南极条约地区,或焚化处理,或以能消除对本地动植物危害的同样有效的方式进行处理。许可证上应规定这一义务。任何引进到南极地区且不属于本地的其他植物或动物,包括其后代,应予以移出,或以焚化,或以同样有效的方式进行处理使其不再繁殖,除非确定它们不会对本地的动植物造成任何危害。""每一缔约国应要求采取预防措施,以防止引进不存在于本地动植物上的微生物(病毒、细菌、寄生虫、酵母菌、真菌)。"可见,《议定书》将南极地区的外来物种引进严格控制在实验室和研究目的的范围之内,详细规定了许可证发放、缔约国的事前事后各种预防和处理措施,建立了一个良好的控制外来物种入侵的法律体制。

9.1.3 国际公约的法制体系

从各种国际公约和协定的规定看,应对外来生物入侵的国际合作逐步探索建立了一种模式化的法律管制体系[7],形成了一种分等级、分层次、分阶段的控制手段。

1. 预防措施优先

国际间、区域国家间、各国国内必须优先考虑防止外来侵袭物种的进入,杜绝外来侵袭物种人为引进的可能性,对于引进外来物种必须进行科学的环境影响评价。这些预防措施必须建立在有效的国际合作和配合的基础上。

2. 针对已侵袭物种的有效管理和控制

如果侵袭物种已经侵入,要及早评估其对本地环境可能造成的损害,及时预警,采取防止其立足和蔓延的行动,利用一切有效手段将其控制在一定的范围内,防止其进一步扩散。

3. 快速反应机制的建立

如果侵袭物种来势凶猛,繁衍迅速,国家必须调动一切可能的因素建立快速反应机制(rapid response mechanism),协调各部门的工作,引导和发动广大公众在尽可能早的阶段采取应对措施。实践证明,高效、快速的早期反应机制会极大地减少治理灾难的成本,取得良好的控制效果。

4. 长期的应对机制

如果消除外来侵袭物种已不可行或已不符合成本效益原则,则国家应考虑建立周密的长期遏制和控制的手段,削弱和破坏外来物种的繁殖能力,但须谨慎采取引入和培养天敌的行动,须事先进行风险评估。扶持本地物种特别是濒危物种的繁衍和生存,逐步恢复本地的生态环境。

9.2 法律法规

目前,生物入侵已经成为全球关注的生态环境问题。世界许多国家和地区都颁布了有关控制外来生物入侵的法律。应对外来侵袭物种的国际法律措施虽然是国际合作的结果,但其成效在很大程度上取决于国家的行动。毫无疑问,这些规定对于国家的管理和控制能力提出了很高的要求。对于经济较为落后、科学技术水平不高的发展中国家来说,挑战尤其巨大。

9.2.1 世界各国的生物入侵法律

9.2.1.1 美国

目前世界上有一些国家对外来物种的防控采取了一些措施,可以供我们借鉴。美国在外来物种入侵的立法方面居于世界领先地位。作为世界上遭受外来物种入侵最严重的国家之一,美国政府早在20世纪90年代初期就开展了相应的立法工作。

1.《外来有害水生生物预防与控制法》

1990年10月29日,美国第101届国会通过了《外来有害水生生物预防与控制法》,它是第一部美国国内关于外来物种通过压舱水侵入问题的法律,在美国外来物种入侵的立法上具有深远的意义。这部法律阐述了由外来物种入侵产生问题的复杂性,并设计了处理此类问题、方法的基本框架。

这部法律旨在预防未来有害的外来水生物种的引进,以及控制美国也已存在的无意引进。该法主要包括5个方面内容:预防无意引入;协调调查和信息共享;发展并执行符合环境要求的控制办法;把对经济和生态的冲击减到最低;制定针对外来物种入侵的调查和科学研究计划。该法还规定成立水生有害物种特别工作组,以协调在控制外来水生物种通过压舱水传播措施中各部门之间的活动。同时,这部法律也明确了个人责任。对违反压舱水处理规定的,将处以最高限额不超过2500美元的罚款。对蓄意违反处置压舱水规定的行为承担刑事责任,所应承担的刑事责任被列入重罪范围[8]。

2.《国家入侵物种法》

1996年10月26日,美国第104届国会通过了《国家入侵物种法》[9]。这部法律补充并再一次认可了《外来有害水生生物预防与控制法》通过对船只压舱水的管理防止外来物种在美国水域的引入和传播。

与1990年的法律相比,这部法律把压舱水的管理范围扩大至美国的所有水域。1996年的《国家入侵物种法》更加强调民众的作用,“为民众提供关于防止有害水生生物入侵的方法,以及对民众进行相关知识和防范计划实施的教育,并为此提供专门拨款,使活动得以顺利展开”。该法还规定了特别工作组与交通部对可能被入侵水域的压舱物进行深入调查和研究,有关生态的调查将检验外来物种入侵的性质、类型及对压舱物管理的效果。此外,还规定了检验对压舱物管理和防范外来物种入侵指导原则的有效性,对指导原则进行周期性评估。如果没有达到预期的效果,交通部部长可以颁布特定区域规则。交通部还要与相关机构合作,对沿岸压舱水排放设施进行改造以防止外来物种的入侵,对改造设备的成本和可行性进行研究,以及在压舱水管理上展开与外国政府的对话和协商等[10]。

3.《入侵物种法令》

1999年1月首届海洋动物入侵国际会议在美国马萨诸塞理工学院举行后,总统克林顿签发第13112号《入侵物种法令》,成立由各部门代表组成的入侵物种理事会和非联邦入侵物种咨询委员会,委员会必须与联邦、州、有关科学家、大学、航运业、环境机构和农场组织等不同单位共同合作,相互协助,开展工作,抵御外来入侵物种。

该法令提出了在对付入侵物种问题时优先考虑的9个领域领导与合作:①建立一个透明的监督机制,制定解决部门间和其他有关入侵种纠纷的程序。②建立一个全面监督系统,对监督系统和其他管理措施进行修订调整,以加强对特意引入美国的物种进行实际公平的评估,确定入侵物种扩散流动的途径,采取措施切断无意引入入侵物种的重要途径。③早期探测和快速反应。提高探测和确定引入的入侵物种的能力,就早期入侵快速反应并向立法部门提出建议。④控制与管理。一旦入侵物种长期生存成长起来,就要通过控制采取最有效的方法阻止其传播扩散或减轻其影响程度。⑤恢复。恢复受侵袭的生态系统中的本地物种及其居住条件。⑥国际合作。加强美国参与国际论坛制定可行的行动准则的机会,鼓励和帮助所有国家发展入侵物种的合作性政策和计划,在发展美国贸易协定时要考虑到入侵物种问题。⑦研究。完全资助联邦入侵物种研究计划,提供现有水上和陆上控制方法目录。⑧信息管理。为水陆环境内的入侵物种管理提供指导信息,对美国境内出现的入侵物种进行地区界定和建立入侵物种评估和监控网络。⑨教育和公共觉悟。实施一项包含各级入侵物种公共教育活动的模范公共觉悟计划,合作开展国际教育活动。

9.2.1.2 新西兰

新西兰议会于1993年通过了《生物安全法》,要求入境的任何进口植物或者植物产品都要符合相应的健康标准,携带外来物种或者外来物种产品入境的必须申报[11]。

9.2.1.3 澳大利亚

澳大利亚防治外来物种入侵的工作主要集中在两个方面:一是如何防治对农业、林业造成严重影响的220多种有害杂草;二是如何解除通过轮船压舱水携带的海洋外来物种入侵的威胁。基于此,1996年,澳大利亚首先从总体上制定了《澳大利亚生物多样性保护国家策略》,旨在通过制定各种环境影响评价计划和建立防治有害外来物种的生物学和其他方法,最大限度地减少外来物种引进的风险。为了防止海洋有害物种的入侵,澳大利亚检疫与检验局在1991年发布了世界上第一部强制执行的有关压舱水的规范性文件《压舱水指南》(1999年最新修订),要求对所有进入澳大利亚水域的船只必须服从强制的压舱水管理(ballast water management)。此外,关于压舱水的排放、报告和检疫方面的问题,也在此文件中作出了详细规定。

9.2.2 我国的生物入侵法制建设

9.2.2.1 概述

由于各种主、客观的原因,多年来,我国对于外来侵袭物种问题重视不足。表现在我国对这一领域的法律控制力度较为薄弱,公众对这一问题的认识还比较模糊。生态和环境部发布的《2020 中国生态环境状况公报》[12]记载:全国已发现 660 多种外来入侵物种。其中,71 种对自然生态系统已造成或具有潜在威胁并被列入《中国外来入侵物种名单》。69 个国家级自然保护区外来入侵物种调查结果显示,219 种外来入侵物种已入侵国家级自然保护区,其中 48 种外来入侵物种被列入《中国外来入侵物种名单》。以上数据表明,我国外来物种的控制和管理形势十分严峻。

我国在生物入侵的防范和控制方面的问题突出体现在相关法规制度尚不完善、各部门(口岸、农林、环保等)之间的行动协调性有待加强。例如,当发现一个新的危险性入侵生物时,该向哪里报告,哪个部门负责处理,如何迅速作出部署,抓紧有利时间予以根除或控制等方面还存在一些问题。因此,我国亟须研究并制定关于预防和控制外来生物入侵的相关法律法规。从入侵生物引入、贸易传输、人员携带、发现鉴定、根除控制、责任追究等各个环节,以法律的形式规范对入侵生物的预警与控制。

我国的外来物种管理制度尚不完善。目前,我国尚没有一部专门针对外来物种引进和管理方面的法律法规。一些与物种侵入有关的法律法规规定得还不完善,如在植物方面,《进出境动植物检疫法》和《植物检疫条例》只规定对那些引种过程中可能携带危险性病害的植物进行检疫,但对植物本身的生态安全却疏于管理和检测。由于没有法律法规明确限定和管理植物引种,很多地方引入了大量没有经过风险分析的外来植物,也可能为日后的生态灾难埋下了隐患。在我国的入侵物种中,绝大部分是植物类入侵物种。面对日益严峻的国内形势,以及我国加入世界贸易组织后国际交流和贸易活动的增加,加强我国应对外来侵袭物种的能力建设十分必要。

9.2.2.2 我国现有涉及生物入侵的法律

我国现有的涉及外来生物入侵的法律、法规及条例有近 20 部。相关的法律法规和政策文件分散于《农业法》《进出境动植物检疫法》《植物检疫条例》《渔业法》《森林法》《种畜禽管理条例》《野生植物保护条例》《水生野生动物保护实施条例》《农业转基因生物安全管理条例》《环境保护法》《海洋环境保护法》《自然保护区条例》《野生动物保护条例》等之中。例如,《进出境动植物检疫法》第十条规定:“输入动物、动物产品、植物种子、种苗及其他繁殖材料的,必须事先提出申请,办理检疫审批手续。”《渔业法》第十条规定:"水产苗种的进口、出口由国务院渔业行政主管部门或者省、自治区、直辖市人民政府渔业行政主管部门审批。"《海洋环境保护法》第二十五条规定:"引进海洋动植物物种,应当进行科学论证,避免对海洋生态系统造成危害。"《野生动物保护法》第二十四条规定:"出口国家重点保护野生动物或者其产品的,进出口中国参加的国际公约所限制进出口的野生动物或者其产品的,必须经国务院野生动物行政主管部门或者国务院批准,并取得国家濒危物种进出口管理机构核发的允许进出口证明书,海关凭允许进出口证明书查验放行。"尽管这些法规都涉及了对外来物种管理的具体条文,但由于这些法律法规分属于不同的部门,处理问题时反而会因为多部法律之间的交叉,导致对外来入侵生物防治的不力。因此,制定针对外来生物的、协调各部门有关防范活动的专门法律法规迫在眉睫。

9.2.2.3 防范外来生物入侵的法律构想

针对目前生物入侵的高发局面,急需制定外来入侵物种管理的法规,对入侵的对象、危害程度、范围、等级、权利与责任等问题作出规定,加紧对已入侵的外来入侵物种的控制作出规划,形成外来入侵物种的系统完整的管理体系,加强对外来入侵物种的安全风险管理[13]。在国家层面上增强自身的控制和管理能力,考虑应着重于以下三个方面。

1. 制定国家规划,完善法律、政策机制的建设

国家必须在对本土自然资源进行全面了解和监测的基础上,制定针对外来物种引入的短期和长期规划,建立健全专门针对外来侵袭物种的法律、法规和政策,规范和指导国家、地方、法人和个人等各主体的行为。通过这些规划和一系列法律法规的制定,建立起国家、地方政府、各职能部门、公众参与的组织机构,加强针对性的科学研究,有条件的应建立专项基金,从国家决策和指导的高度加强管理。

2. 专门人员和公众的知识能力建设

外来入侵问题是一个专业性、知识性很强的问题,需要国内相应部门的专门人员和广大公众具备相应的知识储备和科学的处理手段。因此,国家培训、教育和宣传工作尤为重要。例如,动植物检疫水平如何就是严把国门关的很重要的一个环节,而应对看不见、摸不着的外来病毒则更需要提高专门机构人员和公众的科学认识和水平。在信息能力方面,国家应增强外来生物数据库信息接收和处理能力,畅通信息交换渠道,促进资源共享。

3. 风险预防和处理能力建设

良好的风险预防机制是衡量一个国家管理和控制能力的最重要体现。制定法律政策时,必须立足科学的环境影响评估;严把国门关时,需要科学、有效的检验、检疫措施;针对潜在的危险外来生物,必须建立早期预警系统;对付已侵入的外来物种,必须发展有效的、低风险或无风险的消灭和控制的技术和方法等。这些行动都是对一个国家风险预防和风险处理能力的严峻考验,对于发展中国家更是如此。

9.3 行动规划

9.3.1 国际间生物入侵防控与管理

9.3.1.1 防控与管理框架体系

许多国际组织与国家对生物入侵制定了一系列的防控与管理框架,建立了生物入侵的管理体系和研究体系。目前,50多种带有法律约束性的国际协议和指南涉及生物入侵问题,如2007年在匈牙利召开的“欧洲农业恐怖生物防控暨作物与食品安全第二次国际工作组研讨会”,涉及的主要就是外来生物入侵问题。可见,生物入侵的防控与管理已成为一项国际事务。美、欧等发达国家或地区先后制定了一系列生物入侵管理的法律法规、发展战略,并实施了许多重大行动规划,已建立的重要信息数据库和网站达80余个。这些措施为入侵物种管理政策的制定提供了科学依据。

9.3.1.2 生物入侵防控的理论研究

生物入侵的前沿性理论与技术研究成果层出不穷,呈现蓬勃发展的势头。1999年,专门以研究生物入侵为主题的杂志《生物入侵》(*Biological Invasions*)建刊。进入21世纪以来,生物入侵基础理论的研究成果急剧增多,世界著名杂志《自然》(*Nature*)、《科学》(*Science*)、《美国科学院院报》(*PNAS*)等上频频刊载有关论文与论述。20世纪90年代后期至今,国内外出版了大量的学术性专著和论文集,如《入侵生态学》(*Invasion Ecology*)[14-15]等。生物入侵国际学术交流日益增加,抢占国际阵地的领域竞争激烈。自1999年以来,全球入侵物种规划与世界自然保护联盟、国际应用生物科学中心、国际昆虫生理生态学中心先后举行了多次地区性生物入侵防控工作会议,制定国际发展战略、指南与地区规划。

9.3.2 世界各国的生物入侵行动规划

目前,国际上许多国家包括澳大利亚、南非、美国、加拿大和日本等以及欧洲的一些国家均制定了一系列的行动规划和研究项目,并予以长期稳定的资助。如澳大利亚外来入侵物种研究的行动规划——海洋入侵物种研究,欧洲生物入侵管理的行动规划(包括欧洲2010年生物多样性指标计划、欧盟第六框架计划综合工程——大尺度生物多样性风险评估及评估方法检验、外来植物入侵对地中海岛屿生态系统的危害研究、欧洲外来入侵物种目录等),南非外来入侵植物地图数据库项目,美国生物入侵管理的行动规划(包括入侵者数据库系统、水生外来物种研究项目、新英格兰州外来入侵植物地图计划、德国外来物种潜在入侵性鉴别评估和风险管理等），加拿大生物入侵和扩散研究网络项目，以及日本生物入侵管理的行动规划——西南部岛屿瓜实蝇根除计划等。这些行动规划和项目主要针对外来入侵物种对生物多样性、生态系统的影响及其风险预警和风险管理等方面开展了大量的科学研究，建立了外来入侵物种数据库并形成了共享机制。

9.3.3 我国的生物入侵防控行动

9.3.3.1 现状和存在问题

我国对外来生物入侵的研究起步较晚。国家"八五"计划以来，由于有关部门的重视，对农林危险生物入侵的研究积累了一定的工作基础。但我国仍与一些发达国家尤其是美国存在较大的差距。表现在外来生物入侵的管理领域缺乏专门的法律法规体系与运行机制，基础性工作领域中的数据库及其信息共享平台有待强化，专门的研究机构还较少等方面。

9.3.3.2 取得的成果

进入21世纪以来，我国入侵生物学基础和管理与控制技术等方面研究已逐渐步入世界前列，并取得了显著的成果，主要体现在以下方面。

1. 加大投资力度全面强化生物入侵基础与应用研究

自2002年以来，科技部在国家基础研究发展计划（"973"计划）、"十一五"科技支撑计划（2006—2010）基础性工作专项及国际合作项目等方面投入的科研经费超过1亿元人民币，用于生物入侵的基础理论与防控技术研究。此外，国家自然科学基金委员会资助生物入侵基础研究的项目数量急剧增长，与1999年相比项目数增加了15倍之多。

2. 成立专门研究机构强化平台与队伍建设

2003年，依托中国农业科学院的"农业部外来入侵生物预防与控制研究中心"正式成立，2007年批准的"国家农业生物安全科学中心"已于2013年投入试运行，这些专门的研究机构组建了一支从事生物入侵研究的国家团队。

3. 学术成果具有国际影响

我国学者先后组织编写了入侵生物学学科体系的系列专著，主要包括《重要农林外来入侵物种的生物学与控制》[16]、《生物入侵理论与实践》[17]《生物入侵数据集成、数量分析与预警》[18]《生物入侵：预警篇》[19]《生物入侵：生物防治篇》[20]《生物入侵：检测监测篇》[21]《生物入侵：管理篇》[22]等，同时我国一些专家的学术成果在国际知名期刊上发表，如《科学》（*Science*）、《美国科学院院报》（*PNAS*）、《生物入侵》（*Biological Invasion*）等。

4. 国际学术地位得到认可和加强

2003年以来，除已组织的3次生物入侵国际研讨会外，鉴于我国生物入侵研究的成果，中国农业科学院作为主办者于2009年在我国福州和广州分别成功举办了"国际生物入侵大会”和“第五届国际烟粉虱大会”，得到了美国、加拿大、澳大利亚、日本、意大利等国家研究机构和科学家的高度评价和认可。

9.3.3.3 发展需求

基于国际生物入侵与生物灾害控制研究的发展背景，我国的发展需求主要体现在以下四个方面[23-24]。

1. 在基础研究领域

以危险生物入侵的不确定性和入侵后的暴发性为切入点，从入侵物种快速检测监测的分子基础、生物入侵与成灾机制、控制技术基础三大核心科学问题入手，从分子、个体、种群、群落、生态系统不同层次上揭示外来生物入侵过程中的重大科学问题与核心技术的基础理论，逐步形成生物入侵研究的科学体系，促进外来物种的入侵生物学及其他相关学科的发展。

2. 在应用研究领域

优先发展外来入侵物种风险评估与早期预警关键技术、外来入侵物种快速分子检测关键技术、农业外来入侵物种疫情监测与紧急扑灭关键技术和农业外来入侵物种的关键治理技术等重点研究领域，抓住关键问题开展研究，建立危险生物入侵的可持续治理的技术体系与科学对策。

3. 在生物入侵的管理领域

需要建立与完善生物入侵管理专门的法律法规体系与管理运行机制，制定专门管理条例以及实施细则，强化公众对外来入侵物种防范的认识。

4. 在基础性工作领域方面

加强数据库及其信息共享平台隔离检疫安全设施、监测预警网络体系、生物入侵研究机构和设施及教育与培训基地的建设，完善的引种后隔离、检测监测的专门基地与快速反应机制，形成完整的外来入侵物种预防与控制研究体系。

（刘宁国　王江峰）

参考文献

[1] 王社坤. 外来入侵物种防治立法比较研究[J]. 比较法研究，2008(5):63-64

[2] JACOBSON H K, WEISS E B. Compliance with International Environmental Accords [M]. Dordrecht: Springer Netherlands, 1997.

[3] 杨丽. 国际植物保护公约(IPPC)[J]. 世界标准化与质量管理，2002(8):37.

[4] KITTICHAISAREE K . The law of the sea and maritime boundary delimitation in South-East Asia[M]. Oxford: Oxford University Press, 1987.

[5] ART C. The Ramsar Convention Manual: a Guide to the Convention on Wetlands[Z].

Ramsar: Ramsar Convention Secretariat Gland Switzerland,1971.
[6] LYSTER S. The convention on the conservation of migratory species of wild animals (The Bonn convention)[J]. Nat. Resources J,1989,29: 979.
[7] 王聪,张燕平,邵思,等. 国境生物安全体系探讨[J]. 植物检疫,2015,29(1):7.
[8] Congress of the United States. Nonindigenous aquatic nuisance prevention and control act of 1990[Z]. Washington: Congress of the United States,1990.
[9] CONGRESS U S. National Invasive Species Act[J]. Public Law,1996,104: 332.
[10] 马英杰. 中国珍稀濒危海洋动物保护法律研究[M]. 青岛:中国海洋大学出版社,2008.
[11] 霍原. 外来物种入侵法律调整机制的构建[J]. 沈阳师范大学学报(社会科学版),2006,30(3):95-97.
[12] 中华人民共和国生态环境部. 2020 年中国生态环境统计年报[EB/OL]. (2022-02-18) [2023-03-09]. http://www.mee.gov.cn/hjzl/sthjzk/sthjtjnb/202202/W020220218339925977248.pdf.
[13] 何铭谦,章家恩,罗明珠,等. 关于加强我国外来有害物种入侵的管理与控制之思考[J]. 科技管理研究,2010,30(14):4.
[14] CARLTON J T. Species Invasions: Insights into Ecology, Evolution, and Biogeography [J]. Bioscience,2006,56(8):694-695.
[15] LOCKWOOD J L, HOOPES M F, MARCHETTI M P. Invasion Ecology[J]. Austral ecology,2007,32(8).
[16] 万方浩. 重要农林外来入侵物种的生物学与控制[M]. 北京:科学出版社,2003.
[17] 徐汝梅,叶万辉. 生物入侵:理论与实践[M]. 北京:科学出版社,2003.
[18] 徐汝梅. 生物入侵:数据集成数量分析与预警[M]. 北京:科学出版社,2003.
[19] 万方浩,彭德良,王瑞. 生物入侵: 预警篇 [M]. 北京:科学出版社,2010.
[20] 万方浩,李保平,郭建英. 生物入侵:生物防治篇[M]. 北京:科学出版社,2008.
[21] 万方浩,冯洁,徐进. 生物入侵:检测与监测篇[M]. 北京:科学出版社,2011.
[22] 万方浩, 谢丙炎, 褚栋. 入侵生物学: 管理篇[M]. 北京:科学出版社,2008.
[23] 王从彦,刘丽萍. 新时代下生物入侵预警防控管理问题分析[J]. 环境与发展,2021,33(2):192-201
[24] 徐承远,张文驹,卢宝荣,等. 生物入侵机制研究进展[J]. 生物多样性,2001,9(4):430-438.

第 10 章
重要入侵物种与入侵案例

外来生物入侵是世界各国政府高度关注和重视的重大生物安全问题之一。外来生物入侵不仅对入侵地的农林业生产和生态环境造成严重破坏、降低生态系统服务功能，而且还直接影响到入侵地进出口贸易以及人畜健康与社会安定。我国是全球遭受外来入侵物种危害最严重的国家之一，随着人员往来的增加和物流业的迅速发展，外来入侵生物在我国呈现日趋明显的扩散和暴发态势，新的外来入侵物种不断被发现。截至 2021 年 5 月，生态环境部日前发布的《2020 中国生态环境状况公报》显示，全国已发现 660 多种外来入侵物种，其中 71 种对自然生态系统已造成或具有潜在威胁并被列入中国外来入侵物种名单。控制外来有害生物入侵已被包括中国在内的很多国家列为国家生物安全、生态安全、经济安全以及社会安全的重要内容。因此，针对主要外来入侵物种暴发和危害的系统研究，对防止外来物种的传入、传播、扩散及其有效预防和防控，具有重要意义。本章从入侵历史及分布、生物学特性、主要危害、监测预防及控制技术等几个方面介绍我国 11 种重要的外来入侵物种。

10.1 紫茎泽兰

10.1.1 入侵历史及分布

紫茎泽兰（*Ageratina adenophora*）原产中美洲的墨西哥和哥斯达黎加，1865 年作为观赏植物引种到夏威夷群岛，1875 年引到澳大利亚，随后在新西兰、泰国、菲律宾、缅甸、越南和印度等地蔓延并泛滥成灾。紫茎泽兰于 20 世纪 40 年代由中缅、中越边境传入我国的云南省南部，20 世纪 70 年代开始在我国酿成草害，广泛分布在我国西南地区的云南、贵州、四川、广西和西藏等地，并以每年 30～60 km 的速度向东向北扩散。海南和台湾地区目前也出现了紫茎泽兰的踪迹，通过生态位模拟发现，紫茎泽兰将来有可能入侵我国豫、陕、甘、宁、辽、黑等地区。此外，由于我国长江流域以南处于紫茎泽兰的世界分布纬度带内，紫茎泽兰侵入后极易在长江以南各省和自治区扩散蔓延。

目前，紫茎泽兰在我国发生总面积约 40 万 km^2，主要分布于我国西南地区，是我国最具入侵性和危害性的外来入侵杂草之一。其中云南入侵最严重，约有 75% 的省域面积（30 万 km^2）被紫茎泽兰侵占。紫茎泽兰于 20 世纪 70 年代从云南省扩散到贵州省，贵州省的紫茎泽兰分布面积约为 7 km^2，仅林地危害面积就超过 3000 km^2。四川省紫茎泽兰主要分布在攀枝花、凉山州、雅安、宜宾、乐山、甘孜州和泸州等地，分布面积约 1 万 km^2。20 世纪 80 年代末，紫茎泽兰仅在凉山州西南部金沙江沿线有分布，至今紫茎泽兰的危害面积已超过凉山州面积的 14.1%[1]。

10.1.2　生物学特性

紫茎泽兰，别名腺泽兰，俗称破坏草、解放草、霸王草，隶属于菊科（Asteraceae）紫茎泽兰属（*Ageratina*），多年生丛生型半灌木草本植物。茎直立、紫色，被灰白色绒毛，株高 30～200 cm，最高可达 3 m 左右，分枝对生，斜上。根呈线索状，无主根，须根发达。叶对生、紫色，具长柄，叶片呈三角状卵形或菱形，基出三脉明显，侧脉纤细，叶边缘有粗锯齿。幼苗小而耐阴力较强，喜欢丛生密集成片，当年不开花结实，但其生长迅速，2 个月左右可成株建群，见图 10.1A。头状花序多数，生于主枝和分枝的顶端，呈伞房状或复伞房状排列。总苞宽钟状，总苞片 1 层或 2 层，筒状花，两性，淡紫色或白色，见图 10.1B。瘦果细小，长圆柱形，略弯曲，有棱，黑褐色，具白色冠状毛，易随风和水扩散。根与茎都能生长不定根，可营养繁殖，但以无配子种子繁殖为主。平均每丛生的植株含成熟种子约 70 万粒，种子千粒重仅 0.40 g 左右，由于其具有极强的有性繁殖力，结实力强，种子极易随风飘移散落，所以具有极强的入侵传播能力。

幼株　　花序　　危害状

图 10.1　紫茎泽兰幼株、花和危害状

10.1.3 入侵危害

紫茎泽兰在《中国第一批外来入侵物种名单》中名列第一位，入侵后的紫茎泽兰其危害主要表现为：①繁殖迅速，破坏生态系统，影响遗传多样性以及当地经济发展。②改变土壤的物理、化学性质，影响土壤肥力，破坏其可耕性。③造成人和动物中毒，影响人畜健康。侵占宜草地、疏林地、牧场、轮歇地、农业植被甚至农田，并通过排挤和取代当地植物而很快形成单种优势群落，破坏当地的营养循环、水文状况和能量收支等，造成生物多样性不可逆转性降低，危及当地物种的生存，甚至导致当地物种特别是珍贵植物资源的濒危或灭绝，最终导致生态系统单一和退化，改变或破坏当地的自然景观，见图 10.1C；紫茎泽兰对土壤肥力的吸收力强，在群体建成中消耗了大量氮、磷、钾，以致土壤严重退化，从而使耕地退化，降低草地和草场的牧草生产量；同时紫茎泽兰含有有毒物质，造成牲畜食用后中毒甚至死亡，影响畜牧业的发展。此外，人接触紫茎泽兰过多会引起头晕头痛，严重的还会出现中毒症状。紫茎泽兰一旦定殖，由于其发达的地下根茎和大量的籽实形成，很难将其清除，严重地冲击了入侵地的农、林、畜牧业生产。紫茎泽兰对中国畜牧业和草原生态系统服务功能造成的损失分别为 989 亿元/km^2 和 2625 亿元/km^2，天然草地被紫茎泽兰入侵 3 年就失去了放牧利用价值，常造成家畜误食中毒死亡[2]。例如，凉山州紫茎泽兰危害面积已达 2600 km^2 以上，每年牧草减产 5 亿千克以上，家畜死亡 3000 头以上，经济损失 2100 多万元；黔西南州，紫荆泽兰发生区，禾本科牧草的生产量降低 91.6%。

10.1.4 监测预报及控制技术

紫茎泽兰作为世界恶性杂草，其防治问题一直成为研究热点，目前已形成了机械防治、化学防治、生物防治等多种防治方法，但由于紫茎泽兰近乎疯狂的生长和繁殖速度，防治效果并不明显。相反，过于片面地追求防治效果，可能会对环境产生一些负面的后果，如大量使用除草剂造成土壤和水体的污染、杂草群落的补偿效应等。

1. 机械防治

对于经济价值高的农田、果园和草原草地，在秋冬季，人工挖除紫茎泽兰全株，晒干烧毁。但劳动强度大，效率低，同时因紫茎泽兰的枝叶有毒，皮肤接触会引起过敏，部分易感人群吸入其花粉后会引起腹泻、气喘等症状而给作业带来了困难，所以很难大范围内应用。用带有旋转式刀具的轮式拖拉机，可以较快地清除单种群的紫茎泽兰植株。在陡坡上，可以履带拖拉机驱动。然而，经这种方式清除后，土地遗留残根的萌生和新幼苗的定殖，使得成功率不高。此外，由于紫茎泽兰发生生境的复杂性，如陡坡、零星边地、耕地和疏林，使得进行机械防除的生境非常有限。机械防治主要适用于荒地开垦，轮歇地耕作及人工牧场建设方面。

2. 化学防治

化学防治是目前普遍应用的有效方法，具有灭效高、适合大面积使用等优点。主要除草剂有吡啶类、璜酰脲类、草甘膦等，这些除草剂对紫茎泽兰具有很好的防治效果。但要达到最佳防效，则需较多的喷雾量，而且其防效受季节变化的影响。由于这些因素，也限制了化学防治措施的发展。化学防治应考虑除草剂所产生的环境污染及杂草产生抗性等问题，并要做好人身防护，避开放牧的牲畜。

3. 生物防治

紫茎泽兰的生物防治始于1945年，美国从墨西哥引进泽兰实蝇（*Procecidochares utilis*）到夏威夷。泽兰实蝇产卵寄生于紫茎泽兰的茎顶端，继而形成虫瘿，严重抑制紫茎泽兰的生长。因为它虽然可形成侧枝，但开花结实数量显著减少，产生不孕的头状花序，直至植株最终死亡。泽兰尾孢菌（*Cercospora eupatorii*）被发现为紫茎泽兰有潜力的生防真菌，该菌的侵染可引起叶片失绿，使植株的生长受阻。此外，从紫茎泽兰植株上分离、筛选出的链格孢菌（*Alternaria alternata*），也是一种极有潜力发展为防治紫茎泽兰的真菌除草剂。

10.2 豚草

10.2.1 入侵历史及分布

豚草（*Ambrosia artemisiifolia*）原产于北美洲索诺兰沙漠地区，目前在美洲、亚洲、澳洲、欧洲和大西洋群岛的多个国家和地区均有分布。根据现有资料显示，豚草大约于20世纪30年代初传入我国东南沿海，是我国最严重的外来入侵种之一。主要传入途径可能是：①由俄罗斯等邻国传入；②由侵华日军的马料中带入，传入长江中下游一带；③随着农作物的大量进口，豚草的种子也随之混入其中。豚草现已广泛分布在辽宁、吉林、黑龙江、河北、北京、上海、山东、江苏、浙江、江西、安徽、福建、湖南、湖北、内蒙古、河南、四川、贵州、西藏等23个省（自治区、直辖市）。根据分布与发生情况，我国豚草有5个发生传播中心，即辽宁中心区、青岛中心区、秦皇岛中心区、长江中下游中心区及新疆中心区。

10.2.2 生物学特性

豚草，别名艾叶破布草、豕草、北美艾、美洲豚草或普通豚草，隶属于菊科（Asteraceae）豚草属（*Ambrosia*），一年生草本植物。茎直立，有分枝，株高5～200 cm，个别株高可达2 m以上。茎圆形，多为绿色，少数呈暗红色，有较硬的短毛，具纵条纹，较粗糙（图10.2A）。植株下部叶对生，上部叶互生，叶片为羽毛状分裂，裂片条状披针形。叶表面绿色，被细短伏毛或近无毛；背面灰绿色，被密短糙毛。具单性花，雄花和雌花分别组成雄头状花序和雌头状花序。雄头状花序排列在茎和小枝末端，由 10 ~ 200 朵雄花组成，呈葇荑花序状，径 4 ~ 5 mm，具短梗，下垂，在枝端密集成总状花序，总苞片半球形或碟形，总苞片全部结合，每个头状花序有 10 ~ 15 个不育的小花，花冠淡黄色，当花粉成熟时释放大量风媒花粉（图 10.2B）；雌头状花序发生在叶腋内无柄，聚成簇状，每一雌头状花序中仅包含一朵没有花被的雌花，每个雌花序下有叶状苞片，其内有椭圆形囊状总苞。种子为复果，长 4 ~ 5 mm，宽 2 ~ 3 mm，具有 6 ~ 8 条纵条棱。复果包在总苞内，总苞倒卵形，周围具有 5 ~ 8 个短喙，先端具有锥状喙，豚草可以利用复果短喙或锥状喙进行传播扩散。豚草雌雄同株植物，靠种子繁殖。豚草单株平均结籽 2 万 ~ 3 万粒，且具有二次休眠适应进化机制。

图 10.2　豚草植株、花序和危害状

10.2.3　入侵危害

豚草作为入侵物种，在中国由于缺乏种间的控制因素而迅速蔓延，不仅对当地的生态系统产生了明显的影响，严重破坏了原有生物群落的多样性和稳定性，而且对人们的生产、生活和健康带来了严重危害（图 10.2C）。入侵后的豚草其危害主要表现为：①适应性强、繁殖力强及扩散速度快，破坏生态系统，降低生物多样性，影响当地农牧业发展。②人类花粉过敏症的主要致病源之一，影响人类健康。豚草生命力、生态可塑性极强，可在恶劣的环境条件下旺盛生长，在新的环境中具有很强的竞争力，在与入侵地物种争夺资源时，能成功地将其排挤掉，使入侵地的生物多样性大大降低，生态平衡遭到破坏。影响农作物的吸水、吸肥能力，其枝叶茂盛，与农作物争夺阳光，对农作物有明显抑制作用，导致作物减产；可混杂于牧场并掺杂在奶牛的饲料中，影响牛奶和奶品的生产质量，进而直接影响入侵地的农牧业发展。豚草产生的花粉是引起“枯草热”的主要致病源，花粉中含有水溶性蛋白，可引发过敏性皮炎和支气管哮喘等变态反应症，也是秋季花粉过敏症的主要致病源。每到豚草开花散粉季节，体质过敏者便发生哮喘、打喷嚏、流鼻涕等症状，每年同期复发，病情逐年加重，严重的会引发肺气肿、肺心病，危害人类健康甚至造成死亡。

10.2.4 监测预报及控制技术

豚草的防除非常困难，不能靠单一的方法，应建立在其生长规律和生物特征的基础上以生物防治为主，结合人工防治、化学防治进行综合治理，而且须坚持不懈多年治理。

1. 生物防治

豚草的生物防除始于20世纪60年代中期，人们从豚草的原产地引进食性专一的天敌、利用植物病原菌以及植物替代等手段防治豚草，将豚草的种群密度控制在生态和经济危害水平之下。

植物替代是一种生态防除豚草的方法。替代控制的植物一旦定殖后可长期抑制或排除豚草，不必连年防治，但地域的限制性强。如在公路、山岗等豚草发生地带，种植多年生、竞争力强、有经济价值的植物。目前，已筛选出百根草（*Lotus coniculatus*）、紫穗槐（*Amorpha fruticosa*）、沙棘（*Hippophae rhamnoides*）、绣球小冠花（*Coronilla varia*）、紫丁香（*Syringa oblate*）、菊芋（*Helianthus tuberosus*）和胡枝子（*Lespedeza bicolor*）等植物进行替代控制。

利用天敌昆虫控制豚草的蔓延是现在和未来的治理措施。20世纪80年代，我国从国外引进了豚草条纹叶甲（*Zygogramma suturalis*）、豚草卷蛾（*Epiblema strenuana*）。豚草条纹叶甲成虫、幼虫均只取食普通豚草，且食性专一，不取食其他植物，在我国可以安全利用；豚草卷蛾是我国长江以南非向日葵作物区防除豚草较理想的天敌。2001年在南京发现外来天敌昆虫广聚萤叶甲对豚草的控制效应非常显著，目前豚草卷蛾和广聚萤叶甲能较好地适应我国豚草发生区的气候条件，达到对豚草持续控制的效果。利用天敌控制豚草的扩展蔓延，将是今后主要的控制方式。寻找适合我国豚草防治的天敌昆虫应是未来研究的一个主要方向。

利用病原菌的生物控制措施是当前控制豚草的突破性进展和今后治理豚草的重要方向。利用病原菌使其建立种群，并能长期流行，但该菌群必须确定仅对豚草有病害作用的专一性才能应用。豚草受到浸染后，生长受阻，枯萎死掉，达到消灭豚草的目的。目前已分离出的病原菌有婆罗门白锈菌（*Abugo tragopogonis*）、万寿菊叶斑病菌（*Pseudomonas syringae* pv. *togetis*）、柄锈菌（*Puccina suaveolens rostr*）、苍耳轴霜霉（*Plasmopara angustiterminalis Novotelnova*）以及粉苞苣柄锈菌（*Puccina chondrillina bubak*）等。

2. 人工防治

人工拔除和人工刈割是豚草物理防治的主要方法。在一些豚草零星发生、个体数量不大的新入侵地区，进行严格封锁，采用人工拔除或刈割的方法根除豚草比较可行。

3. 化学防治

化学防除一直作为有效方法在各地采用。利用百草枯等除草剂对豚草进行化学防除一直作为一种有效的方法在世界各地普遍使用。目前,我国以草甘膦、百草枯、二甲四氯和克芜踪等应用最广泛。化学除草剂虽可大面积使用且在短时间内能收到较好效果,但农药残留可造成环境污染、植被退化等生态破坏,应少用或尽可能地不用化学防治。

10.3 空心莲子草

10.3.1 入侵历史及分布

空心莲子草(*Alternanthera philoxeroides*)原产于南美洲的巴西、阿根廷等国家和地区,现广泛分布于大洋洲、南美洲、北美洲、东南亚、欧洲南部和非洲等多数国家和地区,遍布热带、亚热带和暖温带地区,是一种世界性的恶性杂草。普遍认为,我国的空心莲子草是20世纪30年代抗日战争期间,作为马饲料由日本人引种至上海郊区和浙江杭嘉湖平原。20世纪50年代作为猪羊饲料在南方一些省市推广栽培,后引种到京、津、辽、滇、黔等许多省市。20世纪80年代以来,由于缺乏控制,逸为野生,成为我国非常难除的恶性杂草之一。目前主要分布在我国东经97°以东、北纬44°以南海拔较低且气候相对暖湿的地区,现遍布长江流域各省市,黄河流域以北省份也有记录分布。

10.3.2 生物学特性

空心莲子草,别名喜旱莲子草、水花生、革命草、空心苋等,隶属于苋科(Amaranthaceae),莲子属(*Alternanthera*),多年生宿根水陆两栖草本植物(图10.3A)。典型形态为生长于水体边缘的毯状种群,在干旱的陆生环境下一般形成盘状的小斑块。典型水生型,一般簇生或大面积形成垫状物漂于水面,分枝挺拔、密集;基部匍匐蔓生于水中,端部直立于水面;茎圆桶形,多分枝,光滑中空,只具初生构造,髓腔较大,细胞密度小,细胞内未见草酸钙晶体形成;由茎节上形成须根,无根毛;叶对生,有短柄,叶片长椭圆形至倒卵状披针形,叶面光滑,无绒毛、叶片边缘无缺刻。典型陆生型,一般斑块状或浓密的成片草垫状,分枝短小、平卧;茎圆桶形,多分枝,茎秆坚实,具次生构造,含丰富的菱晶簇和羽纹针晶,细胞密度大,髓腔小或实心;有根毛,陆生植株的不定根次生生长可形成直径达1 cm左右的肉质贮藏根,即宿根,茎节可生根;叶对生,有短柄,叶片长椭圆形至倒卵状披针形,叶片略有绒毛.叶片边缘常有缺刻。空心莲子草头状花序单生于叶腋,由10~20朵无柄的白色小花集生组成,具总花梗,花白色,花被5片,基部合生成杯状;子房倒卵形,柱头头状,胞果圆形,成熟时黑色。空心莲子草的主要鉴别特征是当它成熟时茎是中空的,髓腔大,头状花具总花梗。

图 10.3　空心莲子草植株和危害状

空心莲子草耐低温，也耐高温。空心莲子草正常萌发和生长的温度范围为 10 ~ 40 ℃，最适宜温度约为 30 ℃，低于 5 ℃不能发芽。在冬季气温降至 0 ℃的地区，空心莲子草水面或地上部分已冻死，但地下根依旧存活，春季温度回升至 10 ℃时，水下或地下根茎即可萌发生长。

空心莲子草的主要繁殖方式是无性生殖或营养生殖，植物体受到损害后，残败的枝叶一旦随着风、水流、动物等自然力量扩散到适宜生长的地区就会迅速生长开来，因此，空心莲子草的这一繁殖方式在水生生境中，尤其是流水型的水生生境，更有利于扩散。另外，在陆生生境中空心莲子草是通过地下茎和地上匍匐茎的不断延伸，在节部不断长出不定根和产生新的分枝来进行扩散形成稳定种群。

10.3.3　入侵危害

空心莲子草是入侵性很强的杂草，侵入后通过资源竞争，导致周边其他植物局部绝灭，对生态系统造成不可逆转的破坏（图 10.3B）。由于空心莲子草具有极强的生态适应性和繁殖能力，并且能够能抑制其他植物生长，通过竞争占据本地物种生态位，排斥本地物种使其失去生存空间，导致生态系统的物种组成和结构发生改变，破坏物种多样性，使物种单一化。在水域，空心莲子草覆盖度较高时，或与其他水生杂草形成优势种群时，使水域氧气含量降低，破坏水产养殖环境，导致鱼类种群减少或灭绝。空心莲子草腐败后污染水质，水体中生物耗氧量和化学耗氧量升高，鱼虾等水产生物会因溶解氧的消耗而窒息；腐败后水中有机质含量增加促进微生物滋生，从而导致鱼病的发生或有毒物质毒害水生生物，导致生物多样性的丧失。空心莲子草封闭水面，堵塞航道，影响水上交通。空心莲子草根系发达，地上部分繁茂，在农田与作物争夺阳光、水分、肥料以及生长空间，在田埂和田间空心莲子草成片生长还会影响农事操作致使作物严重减产。此外，空心莲子草含有皂苷，植株上常附有寄生虫，容易引起家畜腹泻和姜虫病，危害人畜健康。

10.3.4 监测预报及控制技术

目前,根据空心莲子草对不同环境因子的响应,针对其防治措施主要有人工防治、化学防治和生物防治等。

1. 人工防治

人工防除是最传统的空心莲子草去除方法,可短时间内去除大量存在的空心莲子草,但成本高、效果差。根据空心莲子草的生物学特性,可采用冬耕或伏耕,将其根茎翻至土表,使其受冻或干旱而丧失活力,或以深耕将根茎埋至 20 cm 以下,以阻止大量出苗和生长繁殖。此外,不断的割除空心莲子草叶子能够明显的降低生物量积累,也是防治空心莲子草生长的有效方法。人工防除是小范围防治空心莲子草的较为有效的方法。

2. 化学防治

化学防治是控制空心莲子草的主要方法,研究筛选出高效、低毒并能有效杀灭其地下部分的除草剂,对有效控制空心莲子草的蔓延危害有重要的现实意义。化学防治应用较广泛的除草剂主要有:草甘膦、使它隆、复配剂水花生净等。41% 农达水剂是一种防治空心莲子草的理想型除草剂,可用于防除河道、池塘、沟渠边空心莲子草,使用后不会造成水体污染,对鱼虾等无毒。

3. 生物防治

生物防治被认为是控制空心莲子草最具发展前景的方法,具有清洁、有效,对环境破坏小,控制时间久等特点。利用天敌昆虫是生物防治的重要手段。空心莲子草叶甲被认为是目前应用最为广泛的空心莲子草天敌,是一种专一性的天敌昆虫,其对非目标植物莲子草的影响有限,具有生态安全性。利用病原微生物也是生物防治的重要手段。已从空心莲子草发病植株上分离鉴定出高效致病真菌如真菌蕉斑镰刀菌(*Fusarium stoveri*)、莲子草假隔链格孢菌(*Nimbya alternantherae*)、异孢镰刀菌(*Fheterosporum*)等,其具有高度的寄主专化性,只对空心莲子草表现出强制病力,对其他植株均不致病,且对人畜安全。

10.4 凤眼莲

10.4.1 入侵历史及分布

凤眼莲(*Eichhornia crassipes*)原产南美热带地区亚马孙河流域,现广泛分布于北纬 40°到南纬 45°的所有热带、亚热带大部分地区。二十世纪五六十年代曾作为畜禽饲料引入我国内地各省,并作为观赏和净化水质的植物推广种植。20 世纪 90 年代以来,由于凤眼莲营养价值不高和饲料的普及,后逃逸为野生。截至 20 世纪末,已广泛分布于华北、华东、华中、华南和西南的 19 个省(自治区、直辖市),尤其在云南、广东、福建、台湾、浙江和上海等地区危害最为严重。随着全球变暖和自身的适应性进化，凤眼莲已扩散到温带地区，并有向我国北方扩散的趋势。

10.4.2　生物学特性

凤眼莲，别名凤眼蓝、水葫芦、布袋莲，俗称水风仙子、水荷花和"猪耳朵"，隶属于雨久花科（Pontedriaceae）凤眼莲属（*Eichhrnia*），多年生漂浮水生植物（图 10.4A）。单叶丛生于短缩茎的基部，莲座状排列，每株 6 ~ 12 叶片，叶片宽阔、厚实、有光泽、呈卵形；叶柄较长，漂浮生长时中底部膨大呈囊状，内含气室，基部有苞片，薄而半透明；须根发达，可长达 30 cm，呈棕黑色；茎粗短，是营养储存的场所，具匍匐枝，连接新植株与母株；花枝从叶柄基部伸出，长度为 34 ~ 46 cm，多棱；穗状花序，长 17 ~ 20 cm，一般具 6 ~ 12 朵花；花为两性花，淡蓝紫色，花被基部结合成短管，外面近基部被腺毛；花被 6 裂，上部裂片较大，中央具深蓝色块斑，斑中具颇似丹凤眼的鲜黄色眼点，是为蜜导；雄蕊 6 枚，3 长 3 短，着生在花被管上，雌蕊 1 个，花柱单一，线性，柱头位置与两个花药位置有很明显的空间分离；花丝和花柱末端都略向上方曲，使得花药与柱头偏向蜜导一面；子房卵圆形，无柄 3 室，内有多数胚珠；蒴果卵圆形。

凤眼莲进行有性和无性繁殖，以无性繁殖为主。有性繁殖可自花授粉，种子产量最多达每株 300 粒，而且种子寿命长，可以保持繁殖能力达 5 ~ 20 年。在自然生境中，由于种子萌发和幼苗生长的条件难以满足，实生苗较少。无性繁殖为合轴分枝，通过匍匐茎增殖，即从其缩短茎的基部叶腋中横出匍匐枝，匍匐枝伸展到一定长度后，其前端的芽形成一级分株，一级分株不久再生二级分株，匍匐枝衰败后，分枝从母体分离，形成新的植株进行无性繁殖。在最适当的条件下，凤眼莲的植株数量 5 天可以增加 1 倍。

植株　　危害状

图 10.4　凤眼莲植株和危害状

凤眼莲具有广泛的环境适应性，在多种生态环境中都可以生长。凤眼莲对水体营养状况适应范围很广泛，其适宜的氮浓度为 23～100 mg/ L，最适值为 40 mg/L；适宜的磷浓度为0.1～40 mg/ L，最适值为20 mg/ L。凤眼莲的最适生长温度为25～30 ℃，只有当植物的茎叶全部受到霜害才能导致植株死亡。凤眼莲具有广泛的 pH 值和养分耐受范围，最适生长 pH 值为 7；只有当盐度高于 0.06% 时，才可导致凤眼莲死亡。

10.4.3 入侵危害

凤眼莲现已被列为世界十大恶性杂草之一，由于其具有广泛的环境适应性以及快速生长和繁殖能力，当其逃逸到野外生境后迅速暴发，给入侵地生态系统、经济发展和居民生活造成严重危害(图 10.4B)。凤眼莲对农田、园艺、草坪、森林、畜牧和水产等可带来直接经济危害，其中以农业灌溉、水产养殖、旅游等方面的经济损失最大。凤眼莲通过改变生态系统结构所带来的一系列火灾、水土、气候等不良影响从而产生的间接经济损失比直接经济损失更为巨大和持久。凤眼莲的暴发给入侵地生态系统造成了严重危害，在富营养化水体中，凤眼莲迅速生长繁殖，形成单一优势群落和致密草垫层，遮挡水体表层太阳辐射，从而使水体中的浮游植物、沉水植物、藻类等光合作用受阻，导致水生植物多样性降低。凤眼莲残体能使水体中腐殖质增加，同时由于水生动植物对 O_2 的消耗，导致 CO_2 浓度上升，导致水体 pH 值下降。凤眼莲生物量的累积，导致水体流速降低，河底未降解有机物淤积，导致河床升高，阻塞河道，本地水生态系统中固有食物链、食物网结构遭到破坏，鱼类、螺类等水生动物的生长繁殖受到影响。凤眼莲的入侵明显影响了淡水生态系统的功能，由于凤眼莲入侵后影响沉水植物光合作用，增加大型水生无脊椎动物多样性，改变静水区细菌群落结构，淡水生态系统物质循环和能量流动因此受到影响。凤眼莲快速吸收水体中的营养元素，这些元素随凤眼莲漂移到其他地方，或者缓慢分解释放，或者沉积物在水底，从而改变了水生环境中原有的元素循环和矿化循环，影响其他水生动植物的正常生长。

10.4.4 监测预报及控制技术

1. 生物防治

生物防治方法无污染、成本低、效果持久，但见效慢。当前报道的有潜力开发成为防治凤眼莲的生物除草剂的真菌有尾孢菌属和链格孢属等，细菌有炭疽菌等，植物源制剂有马缨丹叶提取物及其酚类化合物等，天敌昆虫有专食性天敌昆虫水葫芦象甲(*Neochetina eichhorniae*)和布奇水葫芦象甲(*N. bruchi*)。

2. 化学防治

化学防治方法具有效果迅速的特点。有些除草剂对凤眼莲的生长具有很好的抑制效果。如百草枯、草甘膦和农得时等。虽然除草剂具有效果迅速的特点，但效果不能持久，而且除草剂对许多草种都有杀伤力，对水体生态系统的破坏性大，对在水库等水源地蔓延的凤眼莲，喷施除草剂更要慎重。

3. 机械防治

机械防治相对于生物防治，见效快；相对于化学防治，不会破坏水体生态系统。机械防治有人工打捞法和机械法，人工打捞法见效快，但劳动强度大、治理成本高，并且难以清除水中的种子，成效不明显。这类方法往往治标不治本，耗资巨大。机械法主要有打捞船结合粉碎机或采用全自动凤眼莲清理装置，是人工清理效率的 20 倍以上。

4. 综合治理

单一的防治方法往往都难以达到安全、持续、快速的防治效果，所以应综合运用生物防治、化学防治和机械防治的各自优势，建立以污水治理为长期目标，生物防治为主要方法、化学防治为补充、人工机械打捞为预备的凤眼莲综合治理方案。首先，应加强监控预报，在凤眼莲处于苗期时实行打捞，特别对中上游河道的凤眼莲进行清理。其次，在必要时适当使用除草剂。综合治理最主要是释放天敌，实时长效控制凤眼莲的蔓延。从长期看，既节约资金，又保持生态平衡，对环境安全，防治成本低。

10.5 苹果蠹蛾

10.5.1 入侵历史及分布

苹果蠹蛾（*Cydia pomonella*）原产于欧亚大陆中南部。自 19 世纪以来，随着世界贸易的迅速发展，苹果种植面积的扩大而扩散到世界各地。迄今为止，已广泛分布于几乎所有苹果产地，包括法国、美国、澳大利亚以及亚洲、非洲、南美洲等国家和地区。在我国，1953 年，苹果蠹蛾在新疆库尔勒被首次发现，随后在新疆其他县区均监测到苹果蠹蛾的发生，几乎蔓延至新疆的全境。1987 年，苹果蠹蛾随旅游和果品运输从新疆传入甘肃敦煌，沿河西走廊逐年向东扩散。至 2006 年，该虫已在甘肃主要的果区严重发生，且传播速度逐年上升，严重威胁着我国黄土高原优势苹果产区果业生产。而在东线，内蒙古自治区额济纳旗和黑龙江省牡丹江市、鸡西市于 2006 年也陆续测到苹果蠹蛾的发生，对我国东部苹果优势产区构成巨大威胁。根据中国农业农村部官方网，截至 2019 年 6 月，苹果蠹蛾在我国的发生区域包括新疆、内蒙古、宁夏、甘肃、黑龙江、吉林等多个地区。

10.5.2 生物学特性

苹果蠹蛾，别名苹果小卷蛾、苹果食心虫，隶属于小卷蛾科（Eucosmidae），是一种严重危害果树的国际重大检疫性害虫。

10.5.2.1 形态特征

1. 卵

卵呈椭圆形,长 1.1 ~ 1.2 mm,宽 0.9 ~ 1.0 mm,极扁平,中央部分略隆起,初产时如一极薄蜡滴,发育到一定阶段出现一淡红色的圈,此阶段称红圈期。

2. 幼虫

初孵幼虫体淡黄色,稍大变淡红色,成长后呈红色,背面色深,腹面色很浅,见图 10.5A。成长幼虫体长 14 ~ 20 mm。头部黄褐色,前胸盾淡黄色,臀板颜色较浅。前胸侧毛组 3 根刚毛。无臀栉。腹足趾钩单序缺环(外缺),两端的趾钩较短,有趾钩 14 ~ 30 个不等,大多数为 19 ~ 23 个;尾足趾钩 13 ~ 19 个不等,绝大部分为 14 ~ 18 个。

3. 蛹

蛹体长 7 ~ 10 mm,黄褐色。第二至第七腹节背面前后缘均有一排整齐的刺,前面一排较粗,后面一排细小;第八至第十腹节背面仅有一排刺,第十节的刺常为 7 ~ 8 根。肛门两侧各有 2 根钩毛,加上蛹末端的 6 根(腹面 4 根,背面 2 根)共 10 根。

4. 成虫

成虫体长 8 mm,翅展 19 ~ 20 mm,全体灰褐色而带紫色光泽,见图 10.5B,雌蛾色淡,雄蛾色深。臀角处的翅斑色最深,为深褐色,有 3 条青铜色条纹;翅基部颜色次之,为褐色,此褐色部分的外缘突出略呈三角形,其中有色较深的斜行波状纹;翅中部颜色最浅,为淡褐色,其中也有褐色的斜纹。雄蛾前翅反面中区有 1 大黑斑,后翅正面中部有 1 深褐色的长毛刺,仅有 1 根翅缰。雌蛾前翅反面无黑斑,正面无长毛刺,有 4 根翅缰。

10.5.2.2 生活史与习性

苹果蠹蛾在我国的适生区 1 年可发生 2 ~ 4 代。例如,在甘肃酒泉地区 1 年发生 3 代,3 个成虫发生高峰期分别在 5 月中旬、6 月中旬和 8 月中旬。

苹果蠹蛾幼虫有明显的滞育现象,世代重叠严重。苹果蠹蛾老熟幼虫在树干 30 ~ 90 cm处的树皮裂缝中滞育越冬。当春季日均气温高于 10 ℃时,越冬幼虫开始化蛹。成虫羽化 1 ~ 2 天后交尾,绝大多数在黄昏以前进行,个别在清晨。卵多产在叶片上,部分产在果实和枝条上。卵在果实上则以胴部为主,也有产在萼洼及果柄上。在果树的向阳面以及生长稀疏或树冠四周空旷的果实上着卵较多。产卵具有寄主选择性,最喜产卵于苹果、沙果上,其次为梨。初孵幼虫先在果面上四处爬行,寻找适当蛀入处蛀入果内,蛀入时不吞食咬下的果皮碎屑,而将其排出蛀孔外。幼虫具有转果危害特性,一头幼虫可蛀食 3 ~ 4 个果实,多头幼虫也可同时蛀食一个果实。在苹果和沙果内蛀食时排出的褐色粪便和碎屑缠以虫丝,串挂在果实上,见图 10.5C。越冬老熟幼虫,脱果后爬至树皮下或从地上落果中爬上树干的裂缝处、分枝处或树根附近的树洞、支撑树干的支柱以及其他有缝隙的地方,吐丝作茧越冬。

幼虫　　成虫　　幼虫危害状

图 10.5　苹果蠹蛾幼虫、成虫和幼虫危害状

10.5.3　入侵危害

苹果蠹蛾寄主广泛，主要有苹果、梨、桃、石榴、核桃等十余种，在我国属于破坏性严重的检疫性害虫。苹果蠹蛾的危害主要是幼虫时期钻蛀果实、取食种子，主要从果和果相贴、果和叶片相邻的果实胴体或花萼处蛀入果内危害。危害症状表现为在果实表面遍布蛀孔，深褐色排泄物及残渣由孔排出留在果面，有些以丝状物挂于蛀孔下，严重危害苹果品质，在被该虫危害后易造成落果，影响果实产量。且幼虫具有转果为害的习性，在苹果蠹蛾发生严重的果园，虫果率可高达 100%。近年来，苹果蠹蛾对我国苹果生产和出口造成重大影响，每年在我国造成近 3 亿元的经济损失。

10.5.4　监测预报及控制技术

苹果蠹蛾的预防和控制应该总体上贯彻“源头/疫区治理、扩散阻截、新疫区根除和非疫区建设”的策略，在苹果蠹蛾发生和危害的果园，采用综合防控措施。苹果蠹蛾的综合防控技术主要包括植物检疫、农业防治、化学防治、物理防治和生物防治几个方面。

1. 植物检疫

苹果蠹蛾自身扩散能力较弱，加强植物检疫措施，可以有效减缓苹果蠹蛾的扩散趋势。对从疫区调运的苹果、梨、杏等苹果蠹蛾寄主植物及其植物产品、包装材料、运输工具等均应进行严格的检疫措施，主要处理措施有：①在 21℃条件下，用溴甲烷 48 g/m^3 直接熏蒸。②采用低氧空气（含 0.4% O_2 和 5% CO_2）处理苹果蠹蛾不同龄期幼虫或采用混合气体（CO_2、N_2 和空气）处理苹果蠹蛾的卵、成熟幼虫、滞育幼虫、蛹和成虫。③采用高温低氧（如 30 ℃和 O_2 < 1 kPa）与低温冷藏处理带虫水果。

2. 农业防治

农业防治的主要措施有及时清除虫果和落果，防止其转果为害，同时应对果园中的草丛、纸箱、废弃的木材、化肥袋等一切可能为苹果蠹蛾越冬提供场所的地方进行清理，降低来年虫口基数。在冬季果园休眠期，清除果树上的老树翘皮，清除虫体。在苹果蠹蛾越冬代成虫的产卵盛期前,实行果实套袋,阻止该虫蛀果为害。在果树的主干或主枝上围束干草或棉布,为苹果蠹蛾老熟幼虫提供舒适的越冬场所,诱其结茧越冬。高接换优,停产休园,对于发生严重的果园,此举可有效破坏苹果蠹蛾的发育环境,有效防止其发生。对于果园周围苹果蠹蛾的寄主植物应予以铲除,减少其蔓延。在对果实进行储藏时应进行严格的筛选,减少虫果入库,防止其传播。

3. 化学防治

由于初孵幼虫抗药性较弱,因此化学防治的时间应安排在每世代的卵孵化且幼虫尚未蛀果的时期为宜。苹果蠹蛾具有世代重叠现象,而越冬代幼虫的为害时间较为统一,因此应在每年第一世代出现后进行重点防治。在药剂类型方面具有胃毒作用和杀卵作用的药剂都可以达到较好的效果,目前世界上很多国家防治苹果蠹蛾常用的杀虫剂包括有机磷类(如甲基毒死蜱)、拟除虫菊酯类(如高效氯氟氰菊酯)、氨基甲酸酯类(如西维因)、阿维菌素类、氯代烟碱类(如噻虫啉)、昆虫生长调节剂(如氟虫脲)等。此外,应注意不同地区防治时期有所差异,不同药剂类型和不同作用机制的农药轮换使用,可以减少苹果蠹蛾抗药性的产生,提高防治效果。

4. 物理防治

利用昆虫的趋光性和趋化性等对苹果蠹蛾进行诱杀和迷向,主要有黑光灯诱杀和信息素诱杀、迷向。利用性信息素和诱捕器相结合的方式诱杀苹果蠹蛾雄性成虫是现在常见的防治手段,现今使用的诱捕器主要有水盆式诱捕器、三角式诱捕器、喇叭式诱捕器,其中喇叭式诱捕器较其他两种诱捕效果更好,可有效克服气候的影响,且制作简单,安装方便,成本不高。

5. 生物防治

天敌尤其是寄生蜂对控制苹果蠹蛾危害起着重要作用。已经报道的苹果蠹蛾寄生性天敌昆虫主要有光点瘤姬蜂、蠹蛾玛姬蜂、广赤眼蜂、红足微茧蜂、凹腹双短翅金小蜂、全北群瘤姬蜂、四齿革茧蜂等。其中利用赤眼蜂来防治苹果蠹蛾卵是我国常用的生物防治方法,因其对苹果蠹蛾卵有寄生性,在苹果蠹蛾成虫产卵初期统一释放赤眼蜂卡,置于果树上部叶片背面,使赤眼蜂寄生在苹果蠹蛾卵内,降低苹果蠹蛾幼虫的孵化率,降低幼虫基数,从而有效防治苹果蠹蛾。

此外,利用微生物,如苹果蠹蛾颗粒体病毒、昆虫病原线虫、昆虫不育技术对苹果蠹蛾进行生物防治国内外也有所相应报道。

10.6 德国小蠊

10.6.1 入侵历史及分布

德国小蠊(*Blattella germanica*)原产于非洲,目前在全世界热带、亚热带、温带、寒带均有分布。在我国,1935 年在东北地区首次有德国小蠊的记载。20 世纪 80 年代,德国小蠊在我国的分布仅限在云南、广西、福建、上海、北京、辽宁、黑龙江、内蒙古、陕西和新疆 11 个省(自治区、直辖市);20 世纪 90 年代后,已在我国 20 多个城市发现德国小蠊的侵害;近几年,几乎全国各个城市都受到了德国小蠊的侵害。德国小蠊常见于住宅、公寓、饭店、轮船、火车、仓库和医院等场所,多分布在我国城市,农村少见。随着城市化进程的加快、气候变暖、生态环境的不断改变等因素,在全国范围的调查中发现,德国小蠊已经成为我国城市卫生害虫的绝对优势种。

10.6.2 生物学特性

德国小蠊隶属于蜚蠊科(Bladerdae)姬蠊亚科(Pseudomopidae)小蠊属(*Blattella*),是一种世界性的重要卫生害虫。

10.6.2.1 形态特征

成虫体形为扁平的椭圆形,棕黄色,体长为 13 ~ 19 mm,翅长超过腹部末端,呈淡赤褐色。复眼发达棕黄色至棕黑色,而单眼不发达淡黄色。触角丝状,是其主要的感觉器官。口器咀嚼式。胸部背板较大,前胸背板近梯形,侧缘半透明,中央有两条深褐色至黑褐色纵条纹,可区别于其他种。腹部是由 10 节组成,雄虫第 9 腹板变化为下生殖板,在末尾两侧长有腹刺一对,而雌虫一般不长腹刺,可作为雌雄辨别的依据(图 10.6)。早龄若虫体小呈深褐色近于黑色,无翅。形成翅后的若虫,在背中央有一条明显的淡色条纹。雌虫腹部尾端常携带着卵荚直至孵化,卵荚细长 7 ~ 8 mm,内含 30 ~ 48 粒卵。德国小蠊的第 10 腹节的末端能分泌聚集信息素,吸引同种的其他个体聚集。

雌虫　　雄虫

图 10.6 德国小蠊成虫

10.6.2.2 生活史与习性

德国小蠊为不完全变态昆虫,一生要经过卵、若虫和成虫 3 个生活时期。若虫经最后一次蜕皮羽化为成虫,雄性虫在羽化的第 3 天,雌性虫在羽化的第 5 天就有交配行为。雌性成虫在交配后 2 ~ 3 天产出卵荚。卵荚形成后挂在雌虫腹部末端,孵化前产下,有时卵荚挂在尾端就开始孵化。如果雌虫死掉或卵荚提前掉下，在高湿的情况下，卵荚仍会存活几小时以上，并正常孵化出若虫。德国小蠊是唯一长时间携带卵荚的室内蜚蠊种。雌虫一生可产下 4 ~ 8 个卵荚，一个卵荚平均可孵化 30 ~ 40 个若虫，从卵荚形成至孵化需 30 天左右，下次卵荚的形成通常在两周以内。整个若虫期要经历约 7 次蜕皮、6 个龄期、2 ~ 4 个月后才能逐渐发育为成虫。成虫期 5 ~ 8 个月，高温时可缩短。无雄虫时，雌虫也能产卵，但不能孵化出若虫，卵荚干枯脱落。温带地区的德国小蠊从 3 月下旬开始出现，7—9 月为活动盛期，12 月以后即蛰伏不出，在平均气温 16 ℃以上时开始出现，温度为 25 ~ 30℃时活动最为活跃，超过 50 ℃时趋向死亡。

德国小蠊是负趋光性昆虫，喜暗怕光，昼伏夜出。在无光亮、无噪音、温度和湿度适宜的环境下最活跃，冬季室内温湿度适宜时，没有蛰伏现象。喜欢在木头上而非金属光滑表面上活动。活动时间为晚上九时至凌晨六时，晚上一时和三时间有两个活动高峰。群居聚集，喜欢钻洞穴、缝隙，聚集缝隙空隙仅在 1.59 ~ 12.7 mm。喜食发酵事物和饮料残留物，也喜食油脂、淀粉、奶制品、醋类、肉类、皮革和头发。与食物比较，水对德国小蠊的生存和发育尤为重要，尤其是在若虫期。一般情况下窝巢距水源和食物不超过4 m。成虫在有水无食物的情况下，大约能活 1 个月，而若虫在 10 天内就会死掉。在无水和食物时，成虫两周内会死掉。若虫与成虫有相同的习性，白天躲藏在温暖潮湿和黑暗的隐蔽场所。

10.6.3 入侵危害

作为世界性分布的家居卫生害虫，德国小蠊不仅严重影响人类居住环境和生活质量，而且因体内外携带大量的病原体而威胁人类健康。德国小蠊可取食各种食物，边吃边吐边排泄，体内有臭腺，能从身体不同部位排出怪味分泌物，从而使食物变味和变质。个体小、易隐藏，喜阴暗潮湿紊乱环境，容易破坏电器线路，导致电力通信系统瘫痪，造成巨大的经济损失。可传播多种人类致病微生物，能携带 40 多种细菌病原体，如痢疾杆菌、结核杆菌、变形杆菌、伤寒杆菌；可以携带 20 余种寄生虫卵，如钩虫、传带绦虫、鞭虫等的卵；能携带多种有致病性的霉菌和病毒，如脑膜炎、乙肝、结核、鼠疫等。德国小蠊唾液、排泄物和蜕落的表皮带有多种人类过敏原，引起呼吸系统疾病，甚至致畸。更重要的是，德国小蠊的适应能力极强，防治难度大，容易对化学农药产生抗性，目前尚无高效的防治策略可以根除德国小蠊的泛滥。

10.6.4 监测预报及控制技术

根据德国小蠊的生物学和生活习性，德国小蠊的综合防治是将德国小蠊与其滋生的环境作为整体，综合环境与物理、化学以及生物防治来治理德国小蠊，将对人和环境的损害降到最低。

1. **环境与物理防治**

保持室内外清洁，清除德国小蠊栖息、滋生与繁殖场所，彻底清除在孔洞、缝隙中的卵鞘。妥善保管好食物，做到及时处理垃圾，特别是保持厨房和橱柜的清洁。同时，结合物理防治，主要包括人工捕杀、调整光线、堵塞栖息地、诱杀、利用风力、机械损伤等方法对其进行治理。

2. **化学防治**

随着灭蟑难度的不断增加，人们不断改进并研制高效低毒的新剂型。目前用于德国小蠊防治的杀虫剂主要剂型为毒饵剂、喷施剂、烟雾剂、悬浮剂和缓释剂等。主要药剂有拟除虫菊酯类、有机磷类、氨基甲酸酯类和一些杂环化合物等杀虫剂。其中，应用最广泛的是拟除虫菊酯类杀虫剂，它是一类人工合成的天然除虫菊素的类似物，作用方式主要是触杀和胃毒，不具有内吸性和熏蒸作用，作用于昆虫的外周和中枢神经系统。单一杀虫剂的使用易使害虫产生抗药性，不同类杀虫剂的轮用、混用和镶嵌式使用不但能够提高杀虫剂的杀虫效果，还能延缓德国小蠊抗药性的发展。

3. **生物防治**

因为德国小蠊较强的抗药性，生物防治将是未来防治其的主要途径。目前德国小蠊的生物防治方法主要有寄生性天敌（啮小蜂），昆虫病原微生物（如绿僵菌、浓核病毒），昆虫生长调节剂（如蜕皮激素、保幼激素和几丁质合成抑制剂），昆虫特异性神经毒素，信息素（如性信息素、聚集信息素、分散信息素）以及植物精油等方面。目前在德国小蠊的生物防治中，以昆虫病原真菌绿僵菌为主。绿僵菌的孢子会附着在德国小蠊体表，条件适宜时，孢子萌发、穿透其体壁，在体内进行生长和繁殖，同时分泌毒素，导致德国小蠊死亡，形成僵虫。感染绿僵菌的德国小蠊可以成为感染源，形成流行性病菌。

10.7 红脂大小蠹

10.7.1 入侵历史及分布

红脂大小蠹（*Dendroctonus valens*）的原生分布区主要集中在北美地区，是美国、加拿大南部和墨西哥等地区针叶林生态系统中的一种常见害虫。1998 年，该虫首次被发现于我国的山西省境内，随后迅速扩散蔓延，灾情很快波及周边的陕西省、河南省、河北省和北京市。2016 年，内蒙古自治区赤峰市森林病虫害防治检疫站工作人员在喀喇沁旗旺业甸林场林业有害生物普查过程中发现红脂大小蠹。2017 年 6 月，辽宁省朝阳市和阜新市相继发现红脂大小蠹危害，呈现出扩散态势。

10.7.2 生物学特性

红脂大小蠹隶属于鞘翅目（Coleoptera）小蠹科（Scolytide）大小蠹属（*Dendroctonus*），

又名强大小蠹。

10.7.2.1 形态特征

1. 成虫

雄虫：体长5.9～8.1 mm，平均6.57 mm，初羽化的成虫棕黄色，后变为红褐色，少数黑褐色；额部不规则隆起，在复眼上缘的下方至口上脊边缘的1/3处有一对瘤突，瘤突间凹下；触角锤状部扁平近圆形；前胸背板两侧弱弓形，在前缘后方中度缢缩，表面平滑有光泽，刻点很稠密，小而不规则，浅但明显下陷，背板后部刻点少，有时具稍隆起的中线，鞘翅后部阔圆形，基缘弓形，生一列约12个中等大小、隆起的重叠齿和几个更小的亚缘齿；鞘翅刻点细小深陷；沟间部具大量杂乱的小横齿。

雌虫：体长6.3～8.64 mm，平均6.78 mm；雌虫与雄虫相似，但额中部在复眼上缘高度处有一明显的圆形凸起；前胸背板上的刻窝较大些；鞘翅坡面上的粗突和鞘翅中部的锯齿状突均较大。

2. 卵

卵为圆形至长椭圆形，乳白色，有光泽，长0.9～1.1 mm，宽0.4～0.5 mm，重0.0002 mg。

3. 幼虫

幼虫蛴螬形，无足，体白色；老熟幼虫平均体长11.8 mm，头长1.79 mm，腹部末端有胴痣，上下各具有一列刺钩，呈棕褐色，每列有刺钩3个，上列刺钩大于下列刺钩，幼虫借助于此爬行；虫体两侧除有气孔外，并有一列肉瘤，肉瘤中心有一根刚毛，呈红褐色。

4. 蛹

蛹平均体长7.12 mm，翅芽、足、触角贴于体侧。初蛹为乳白色，之后渐变浅黄色，头胸黄白相间，翅白色，直至红褐、暗红色，即羽化为成虫。

10.7.2.2 生活史与习性

1. 生活史

一般来说，红脂大小蠹在山西、陕西、河北、河南等地一年发生一代，少数地区为两代。山西省古交屯兰川林场是一年一代，以成虫、老熟幼虫（比例大）和2～3龄幼虫以及少量的蛹在树干基部或根部的皮层内越冬。在山西古交屯兰川林场，越冬老熟幼虫于4月下旬化蛹，5月上旬为化蛹始盛期。5月中旬成虫羽化出孔。但由于幼虫大部分在树基和根部皮层内越冬，且虫龄不整齐，羽化后的成虫出孔扬飞期持续时间约一个半月，5—6月林内一直有成虫扬飞侵害。成虫攻击寄主后，会配对产卵，产卵始于6月上旬，6月中旬为盛期；孵化始于7月上旬，7月中旬为孵化盛期，多数以老熟幼虫，少数以2～3龄幼虫在韧皮部与木质部之间越冬。该虫的生活史与海拔高度有密切关系，在海拔约840 m的地区，各虫态的发生期均比海拔约1360 m的高山地区约早1个月。由于温湿度和其他因素的影响，该虫发育不整齐，有世代重叠现象。

2. **生活习性**

(1)成虫：红脂大小蠹属单配制(图 10.7A)。雌成虫首先寻找寄主，为害胸径 30 cm 以上的健康油松，以及新鲜伐桩，然后将粪屑移出至侵入孔附近，通过粪屑挥发的化学信息物质吸引雄虫进行配对。成虫侵入树干的部位，一般从树干基部至 1.2 m 处，更常见于树基部地面附近处，侵入孔数量在树干距地面 30 ~ 50 cm 范围多，侵入孔直径为 4 ~ 5 mm。野外调查距地面 30 ~ 50 cm 范围攻击密度可达 1 ~ 23 侵入孔/0.1 m^2(均数为 7.9，样本数为 28)。成虫首先侵入树皮直达形成层，木质部表面也可能被蛀食。当达到形成层后，向下蛀食，可直达主根和侧根。主坑道长 30 ~ 65 cm，宽为 1.5 ~ 2.0 cm，坑道内充满红褐色粒状虫粪和木屑混合物，这些混合物黏合松脂被红脂大小蠹从侵入孔移出，形成中心有孔的红褐色的漏斗状或不规则凝脂块，凝脂块大小不一，颜色也随着时间变化由深变浅，直至变为灰白色。雌雄成虫在坑道内离侵入孔不远的地方构筑交配室(也称为婚腔，nuptial chamber)，进行交配，交配一次所需时间 1 分 25 秒 ~ 3 分 55 秒。交配后，雌雄构筑卵室，雌虫产卵于卵室的一侧(多为左侧)，呈多层次线状排列，卵堆覆盖粪屑。卵室一般单个，少见分支(木段实验仅见一例有两个分支，且两分支内都见产卵)(图 10.7B)。

雌雄成虫有亲本关怀行为。雌虫产卵后，一直照料卵粒孵化，直至幼虫长大；雄虫协助雌虫产卵，并协助雌虫筑坑道和清洁坑道。

(2)卵：卵为堆产，卵堆线性排列于卵室一侧；卵粒被粪屑与松脂黏合物覆盖，黏合物不同于坑道内的其他处的粪屑，呈现棕色或黑色斑块，黏性很大，可以很好地保护卵粒，是卵粒免受外界干扰和取食的最后一道屏障，黏合物具体成分未知，推测有抗菌的作用。黏合物外是可供雌雄移动的通道(有些坑道通道内很干净，有些坑道通道内有少量粪屑)(图 10.7B)。雌雄亲本常在卵室外周皮向外蛀 1 ~ 3 个孔(通气孔)，通气孔蛀到接近外周皮的外一层老皮时停止，故即可通气，外侧也无法发现此孔。每头雌虫在卵室内产卵数量不等，少则 50 余粒，多则 250 余粒，平均产卵 130 粒左右。5—6 月份室内观察其卵期为 7 ~ 12 天(室温 25 ℃，湿度 75% RH)。

(3)幼虫：幼虫群集取食，它们不筑独立的子坑道，而在邻近形成层的韧皮部内背向母坑道取食新鲜韧皮部，形成扇形状共同坑道，坑道内充满红褐色细粒状粪屑(图 10.7C)。随着虫龄增大，取食量急增，种内食物竞争加大，往往个体大的幼虫更能争取到前面取食新鲜韧皮，个体小的幼虫竞争上处于弱势，发育更加缓慢，终会羽化成较小成体。由于群集性为害，2 ~ 3 龄幼虫就可环树干一周，将韧皮部食尽，切断形成层，破坏了树木输导系统，造成树木死亡。幼虫沿着母坑道两侧向下取食可延伸到主根和主侧根为害，甚至距树基3 m之外的侧根还有幼虫为害，将根部韧皮部食尽，仅残留根的表皮，并栖居根内，于 11 月中旬以老熟幼虫、2 ~3 龄幼虫进入越冬期。受害严重的油松的主根和侧根皮下常见500 ~2000 头幼虫环绕树干皮层危害（图 10.8A）。

（4）蛹：当幼虫老熟后，沿着坑道外侧的边缘形成彼此分离的单独蛹室化蛹（图 10.7D），蛹室在韧皮部内由蛀屑形成，也有的幼虫筑蛹室时常蛀食木质部形成。蛹室为椭圆形，长10 ~13.6 mm，平均 11.3 mm；宽 7.8 ~10.5 mm，平均 9.1 mm（样本量为 35）。蛹期 10 ~12 天，平均 11.4 天（样本量为 17）。初羽化成虫停留在蛹室 6 ~9 天，直到外骨骼硬化，虫体颜色由浅红褐色变为红褐色后，成虫开始活动，并由蛹室转移到坑道，然后咬破外周皮形成羽化孔，出孔扬飞，几个成虫可使用同一羽化孔飞出。野外的成虫寿命在活动取食期可达 3 ~4 个月，但室内饲养 1 ~2 个月内即死亡。

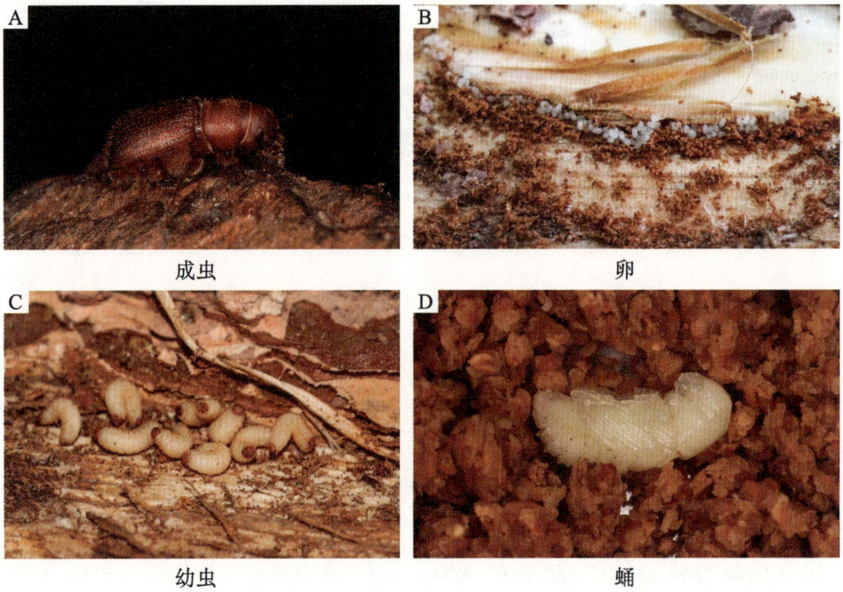

图 10.7　红脂大小蠹的各虫期形态

10.7.3　入侵危害

红脂大小蠹在北美以多种松属（*Pinus*）、云杉属（*Picea*）、黄杉属（*Pseudotsuga*）、冷杉属（*Abies*）和落叶松属（*Larix*）植物为寄主，但危害并不严重。该虫于 20 世纪 80 年代随着进口的木材被引入我国，直到 1998 年在山西省首次被发现，随后在 1999 年暴发成灾，并迅速扩散到周边各省。在我国，几乎以油松为唯一寄主，仅少量危害华山松等。据统计，到 2013 年，该害虫已造成大约 1000 万成年油松和其他松树的死亡，对我国林业造成了巨大的经济损失，危害状见图 10.8。目前，红脂大小蠹被列为仅次于松材线虫（*Bursaphelenchus xylophilus*）的毁灭性森林有害生物，其治理已被我国林业局纳入国家级林业有害生物工程治理项目和 14 种林业检疫性有害生物之一。

被害植株 危害坑道

图10.8 红脂大小蠹危害状

10.7.4 监测预报及控制技术

红脂大小蠹防治贯彻“预防为主,科学防控,依法治理,促进健康”的方针,及早发现,因地制宜,分区治理,分类施策。

红脂大小蠹监测预报主要以红脂大小蠹诱捕器诱捕成虫数量,推算林地红脂大小蠹的发生情况和危害程度。

红脂大小蠹的防控主要有检疫封锁,诱捕器诱杀和化学防治。检疫封锁是指对疫区及其毗邻地区运出的松木、伐桩等进行监测,一旦发现疫木,进行熏蒸处理,防止疫情扩散。诱捕器诱杀是利用小蠹虫信息素马鞭草烯酮(verbenone)、植物源信息素3-蒈烯(3-carene)、南部松小蠹诱剂(frontalin)以及一些化学药物等害虫综合治理方案。诱捕器的有效诱捕距离近100 m,平均诱捕率92%,持效60天以上。自2007年以来,信息素调控技术及其配套防控措施在我国红脂大小蠹发生区的山西、河北、河南、山西4省和8个省直国有林管理局进行大面积推广应用,建立84个防治示范区,防治面积达17109 km^2,有效治理面积6202 km^2,压缩疫区面积5393 km^2,有虫株率控制在1‰以下[3]。化学防治主要针对被红脂大小蠹为害死亡松树伐桩和注射给药,利用塑料薄膜覆盖伐桩,然后施用磷化铝片剂(每片3.2 g),进行密闭熏蒸。注射给药采用40%氧化乐果乳油、80%敌敌畏乳油5倍液在主干上用注射器进行虫孔注药(每孔注药5 mL),也可以在红脂大小蠹寄主松树树干下部喷洒25倍缓释微胶囊(绿色威雷)药剂毒杀成虫。

10.8 松材线虫

10.8.1 入侵历史及分布

松材线虫(*Bursaphelenchus xylophilus*)原产于北美,目前主要分布在北美洲的加拿大、美国,欧洲的法国、葡萄牙,亚洲的日本、韩国、朝鲜和中国。1982年,我国在江苏南京中山陵的黑松上首次发现松材线虫病。在之后约 40 年的时间里，松材线虫疫情已从江苏南京扩大到浙江、安徽、广东、山东、湖北等 15 个省（自治区/直辖市）的 180 余个县级行政区，其中江苏和安徽松材线虫的发生最为显著。

10.8.2 生物学特性

松材线虫隶属于线虫动物门（Nematoda）侧尾腺纲（Secernentea）垫刃目（Tylenchida）寄生滑刃科（Parasitaphelenchidae）伞滑刃属（*Bursaphelenchus*），主要为害松科植物，可侵染并致死健康松树。松材线虫是松材线虫病的主要致病因子，松材线虫危害松树需要媒介天牛（*Monochamus* beetle）帮助传播扩散，目前我国松材线虫的主要媒介天牛为松墨天牛（*Monochamus alternatus*）（图 10.9A），在辽宁等地区发现云杉花墨天牛（*Monochamus salturarius*）也能成为其传播媒介。除媒介天牛之外，一些人为因素也是松材线虫病能够快速传播扩散的重要原因。另外，松材线虫病发生过程中，同时也存在共生细菌及共生真菌帮助松材线虫成功寄生并杀死松树。

松墨天牛成虫　　松材线虫

图 10.9　松墨天牛成虫和松材线虫

10.8.2.1 形态特征

线虫成虫虫体长约 1 mm，雌虫尾部近圆锥形，末端圆；雄虫尾部似鸟爪，向腹面弯曲（图 10.9B）。松材线虫与拟松材线虫（*Bursaphelenchus mucronatus*）形态上非常相似，最主要的区别在于雌虫尾尖突拟松材线虫尾部亚圆锥形，尾端指状，有一明显的尾尖突，其长度一般超过 3 μm；松材线虫雌虫尾部近圆筒形，末端宽圆，无尾尖突或有一很小的尾尖突，其长度一般不超过 2 μm。雄虫的交合伞，拟松材线虫呈平截形或铲形，而松材线虫呈卵圆形。

松材线虫扩散型三龄和扩散型四龄幼虫在形态上有明显的区别。两者体内都有较多的脂肪粒积累，内部颜色变深，身体都变得细长，但各自有其独特的特点。扩散型三龄的头部与繁殖型线虫相似，口部较平、口针和食道球清晰可见；尾部逐渐变细，终端呈指状钝圆形。而扩散型四龄头部与繁殖型线虫有明显区别，口部封闭呈穹庐状、口针和食道球均消失；尾部逐渐变细，终端呈锐角尖形。

10.8.2.2 生活史与习性

松材线虫的生活史包括繁殖周期和扩散周期。繁殖周期具有 6 个生活时期:卵、1 ~ 4 龄幼虫和成虫。扩散周期是在外界不良环境或媒介天牛条件下,松材线虫角质膜增厚,体腔内含物浓稠,肠内积聚类脂小滴的一种侵染虫态。由于松材线虫的传播依赖于其媒介松墨天牛,因此其传播扩散过程与松墨天牛的生活发育具有一定的同步性。夏季到来之后,随着天牛由蛹逐渐发育,在羽化过程中,松材线虫由扩散型三龄转变为扩散型四龄,进而进入天牛气管。随着天牛迁飞,松材线虫被带离病树。当松墨天牛在鲜活松树上取食新鲜松枝时,扩散型四龄松材线虫也随之离开天牛气管,转移到新的松树上,通过天牛取食后的松枝损伤部位进入松树体内。随后,在松树内转变为繁殖型松材线虫,进入繁殖型生活周期,进行繁衍扩增,并逐渐致死松树。随着秋、冬季到来,气温降低,寄主松树病死,繁殖型二龄进入扩散型生活周期,转变为扩散型三龄。与此同时,松墨天牛在病死松树上产卵,并逐渐生长发育,最终在蛹室内准备越冬。扩散型三龄松材线虫在冬季逐渐向天牛蛹室聚集。

10.8.3 入侵危害

松材线虫主要寄生于针叶树种植物,其寄主较为广泛,通过调查和人工接种研究发现,松材线虫可寄生 108 种针叶树,其中松属(*Pinus* spp.)植物 80 种(变种、杂交种),落叶松属(*Larix* spp.)、雪松属(*Cedrus* spp.)、云杉属(*Picea* spp.)、黄杉属(*Pseudotsuga* spp.)和冷杉属(*Abies* spp.)等非松属针叶植物 27 种。自然条件下感病的松属植物 45 种(中国 9 种),非松属植物 13 种;人工接种感病的松属植物 18 种,非松属植物 14 种。松材线虫在其原产地北美并不造成大面积危害,而被传入亚洲和欧洲等国家后,却大规模暴发,短时间内致死大量松树,并不断扩散蔓延。日本是受松材线虫病危害最重的国家,目前 47 个县中 45 个县发现松材线虫,仅 1986 年用于防治松材线虫的费用就达到了 60.42 亿日元,占全国森林病虫害防治总经费的 94.4%。我国自 1982 年首次发现松材线虫以来,松材线虫已累计致死松树 5 亿多株,毁灭松林超过 3300 km^2,造成经济损失上千亿元人民币[4](图 10.10)。

图 10.10 松材线虫危害状

10.8.4 监测预报及控制技术

松材线虫病是一种毁灭性的森林病害，具有致病力强、传播快、防治难的特点，一旦感病，很难治愈，所以又被称为松树癌症、无烟的森林火灾。对于该病的防治策略，主要集中于已发生区的林间监测除治和未发生区的口岸检疫预防，来控制松材线虫的扩散。

现行的松材线虫病监测技术，主要以地面监测为主，航空监测为辅。地面监测技术主要包括人工踏查和天牛引诱监测。人工踏查多在每年4—6月和9—11月进行，沿自然界线道路，借助望远镜等工具进行线路（目测）调查，通过发现疑似病株结合线虫分离检测进行确定。天牛引诱监测是指利用天牛诱捕器诱捕天牛成虫，然后根据诱捕天牛成虫体内松材线虫携带情况，监测松材线虫病的发生。航空监测是指利用直升机、无人机和卫星等航空遥感技术结合人工智能对较大范围松林和地势险峻的地区松材线虫进行监测。由于目前图像识别的准确性还不能完成较高精度的监测任务，因此我国对松材线虫监测去采取人工踏查结合直升机航拍和卫星遥感的方式进行，但该监测方式需要多部门配合，且耗费时间长，效率低，人工成本高。如何利用深度学习提高基于航空遥感技术的松材线虫监测的准确性是当下实现松材线虫疫情快速、精准监测的研究热点。

松材线虫病监测技术包括疫木抽样检测、直观检验和线虫分离鉴定技术。抽样检测时，除对可疑样品进行检测外，对普通松木及其制品按照每批0.5%～10%（单批最低检测5件）进行检测。直观检验是指通过观察是否有松脂分泌量、松木横截面是否有蓝变现象、松木含水量和是否有天牛为害状等实现松材线虫病的初步诊断。松材线虫的分离采用贝尔曼漏斗法分离线虫。线虫的鉴定通过形态学和分子生物学技术进行。分子鉴定可利用针对松材线虫编码核糖体RNA基因中的非编码区（ITS区）的高特异性和灵敏度的特异性引物进行。此外，环介导等温扩增技术也被应用于检测松墨天牛中松材线虫的携带情况。

除加强检疫检验工作之外，目前主要的防控策略为疫区清理病死松树，以及控制媒介昆虫为手段的防控策略。疫区清理病死松树一般为每年11月至第二年3月，伐桩高度控制在5 cm以下。此外还需对伐桩进行剥皮，喷洒倍硫磷、虫线清等杀虫剂，或用塑料薄膜罩上后覆土盖实，或用1～2粒磷化铝熏蒸。有条件的地区，可将伐桩挖除，并集中烧毁。清理后残余在林间的病死松树树梢直径要控制在1 cm以下。媒介昆虫的防控手段主要有药剂防控和生物防治。药剂防控主要通过飞防于地面喷撒绿色威雷等杀虫剂。生物防治主要通过释放管式肿腿蜂、川硬皮肿腿蜂、花绒坚甲和施用球孢白僵菌防治松墨天牛，切断松材线虫的传播途径。此外，除了清理病死松树和控制媒介昆虫外，针对疫区的名贵或重要松树，可以采用点滴法、加压注入法和打孔注入法注射线虫光和线虫清等药剂防治松材线虫病的发生。在疫区外围，设置隔离带可有效控制松材线虫病的蔓延。

10.9　红火蚁

10.9.1　入侵历史及分布

红火蚁(*Solenopsis invicta*)原产于南美洲的巴拉那洪积平原一带,所属国家有阿根廷、巴西和乌拉圭,其主要地区位于巴西与巴拉圭两国交界的低温沼泽地区,分布区南界约在南纬 32°。目前红火蚁以其多变的社会行为和强大的适应能力已经成为世界范围内一种主要的潜在外来有害生物,并在侵入地区造成严重的经济、社会问题,更严重的是还会对公共卫生造成严重的威胁。自 20 世纪 30 年代红火蚁入侵美国以来,对美国的农业生产、生态安全等带来了极大的损害,并且还在由南向北、由东向西不断地扩展其侵入范围。近年来在澳大利亚、新西兰、中国、新加坡、巴拉圭、美属维尔京群岛、英属维尔津群岛、特立尼达和多巴哥共和国、开曼群岛、特克斯和凯科斯群岛、安提瓜和巴布达和巴哈马群岛等国家和地区均有报道。我国 1999 年首次在台湾地区发现红火蚁,2004 年在大陆地区也发现了入侵性红火蚁,并且在一年的时间内,陆续在我国的广东、广西、湖南、香港等地局部发生。采用对美国分布拟合的参数,对我国预测的潜在分布区主要集中在北纬 33.4°以南地区,最适宜的分布区是北纬 32.9°以南。广东、福建、湖南等省区是红火蚁的潜在入侵区域。虽然在各级政府和相关部门的大力防除控制下,红火蚁种群在各省份侵入地区受到了压制,但是至今仍未实现根除红火蚁的目标。

10.9.2　生物学特性

红火蚁隶属于膜翅目(Hymenoptem)蚁科(Formicidae)火蚁属(*Solenopsis*),在 20 世纪初被发现并记录于 *S. saevissima* 种团中。红火蚁适宜温区宽、食性杂、食物范围广、种群数量大、繁殖率高、竞争力强、自然扩散能力强、速度快。红火蚁生活于年最低气温为 12 ℃的地区,喜欢筑巢于接近水源、阳光充足的开阔地带。在气温高于 21 ℃的时候,觅食活动较频繁;昼间气温超过 32 ℃时,则倾向于夜间觅食。

红火蚁为社会性昆虫,一个成熟蚁巢中包括蚁后,有翅的雌蚁、雄蚁,兵蚁及工蚁(图 10.11A)。红火蚁由于其社会性而产生的职能分工,导致了形态上的分化,表现出多型性。主要是工蚁体型的大小从 2 ~ 9 mm 的连续性变化,没有绝对的界限。蚁后是蚁群的中心,通过控制产卵类型、释放信息素控制生殖蚁和工蚁的生理及行为,从而控制整个蚁巢。有翅蚁生活在蚁巢中等待适合交配的条件,一旦条件成熟就飞离蚁巢,在空中交配并在新的地方产生新的蚁群;一旦蚁巢受到较大的外界干扰,有翅蚁有时会被咬死或者被赶出蚁巢。工蚁和兵蚁的主要工作是觅食,照顾蚁后和幼虫,保卫巢穴,以及搬运等。

入侵红火蚁的发育类型为完全变态发育。卵的历期一般为 7 ~ 14 天,幼虫有 4 个龄期，历期一般为6～15天，蛹的历期为9～15天；一般蚁后建立新巢产的第一批卵历期较短。入侵红火蚁个体具多型性，体型较大的个体发育所需的时间就越久。繁殖蚁从卵发育为成虫约需18天，兵蚁则需30～60天，而工蚁需20～45天。蚁后寿命最长，一般为2～6年，最长甚至可以到7年以上；体型较大的兵蚁寿命一般在9天以上，最长达180天；工蚁寿命最短，依其个体大小，寿命一般在30～90天，此外其寿命也取决于蚁巢和外界环境的温度。

入侵红火蚁具有较强的繁殖能力，因而种群密度也较大。其蚁巢有两种类型，单蚁后型（monogyne）和多蚁后型（polygyne）。成熟蚁巢中，蚁后日产卵量为1500～5000个，每个蚁巢年均约产生4500只有翅雌蚁。成熟蚁巢中，单蚁后型蚁巢中有5万～24万只工蚁，每公顷可以形成200～300个蚁巢；多蚁后型蚁巢中有10万～50万只工蚁，每公顷可以形成1000个以上蚁巢。

入侵红火蚁为地栖性社会昆虫，一般在地下构筑蚁巢，也有在电气设备、苗木根部包土、朽木基部等内部或在上方有覆盖物的土层中筑巢。在地表筑巢的，一般会在地面形成大小、形状不一的土丘（图10.11B），这是工蚁将土层中挖出的土粒与分泌液混合堆砌而成，能起到防御、保温、通风的作用，一个新的蚁巢一般在4～9个月后才形成明显蚁丘。蚁巢成型后，地面蚁丘高度一般在15～40 cm，最高可达60 cm，蚁丘底部的直径在25～50 cm，最大可达60 cm。蚁巢的内部为蜂窝状结构，由地表的土丘到蚁巢底部联会贯通，一般在内部较为疏松。蚁巢的土层部分一般为倒圆锥形，垂直的距离最深可达地下2 m左右，其作用在于从底层土壤中吸取水分。在蚁巢的四周1～10 cm的土层中，有许多有放射型的不规则的蚁道，该结构有助于工蚁的觅食与搬运活动，还可较大范围地调节蚁巢内部的温度。

红火蚁各虫期形态　　蚁巢

图10.11　红火蚁和蚁巢的形态

10.9.3　入侵危害

作为全球百种有害生物之一，红火蚁有着非凡的破坏力。其危害主要表现在对人体健康及生命安全、生态平衡及生物多样性、农牧业生产、公共设施等方面的影响与破坏以及巨大的经济损失等方面。

红火蚁具有很强的攻击性，只要蚁巢一受到侵扰，就会群涌而出。当它攻击人类的时候，可以对人的健康造成严重危害，儿童、老人和过敏体质者是受红火蚁威胁的“高危人群”。红火蚁主要通过大颚叮咬，尾部的螯针蜇刺人的皮肤，危害人类健康。红火蚁发动攻击时以其上颚咬住皮肤，以此为支撑点，然后用腹部的螯针反复数次蜇刺，同时将毒液注射到受体内。毒液中含有的高浓度毒素(piperadines)会引起剧烈灼痛感，这种灼痛可以持续 1 小时左右。接下来的 4 小时里，被叮咬蜇刺的红肿处将会出现水疱，几天内变为白色脓疱。脓疱破裂后常会引起二次感染。叮咬处出现水疱是红火蚁叮咬区别于其他蚂蚁叮咬的重要特征。过敏体质者被叮咬蜇刺后，还可能会出现脸红、荨麻疹、面部和喉咙发胀、胸部疼痛、恶心、大量出汗、说话含糊、呼吸衰竭、休克，甚至导致死亡。

红火蚁因其食物范围广、适宜温区宽、种群数量大、自然传播扩散能力强和速度快等生态优势，对入侵地生态环境造成极大的破坏。红火蚁能搬移和取食多种植物的种子，改变不同种类的植物比例及其生长区域的分布，这将使生态系统发生巨大的变化。红火蚁还可以直接捕食其他地表节肢动物、无脊椎动物，攻击地栖性脊椎动物，或者通过竞争食物等，导致这些类群的个体数和种类数的下降，降低生物多样性，显著影响着生态系统。红火蚁可以取食植物根系、幼芽、幼果等器官，还以挖隧道、搬运种子的方式使得田间缺苗。红火蚁也会攻击小牛、兔子，鸡等家禽家畜，严重的甚至导致死亡，对农业、畜牧业造成巨大的损失。此外，红火蚁经常在沟渠等灌溉设施内筑巢，破坏灌溉系统，蚁巢的土堆使得机械式的农业劳作无法实行，造成了非自然因素的减产失收。

红火蚁倾向于在阳光充足的地方筑巢，如高尔夫球场、学校草坪、公园绿地等，由于这些生境红火蚁密度一般较高，严重影响了人们的户外活动，降低了公共场所的价值。红火蚁有很强的趋电性，经常侵害电子设备，将泥土携带进入电子设备造成短路；还常在室内或居家附近的户外与电器相关的设备等地方筑巢，造成设施故障或电线短路。红火蚁对公共设施有极大的破坏性，对公共安全造成极大威胁。

10.9.4　监测预报及控制技术

红火蚁的防治策略：检疫封锁，阻截传播；科学规划，确定规模；全面监测，抓住重点；点面结合，饵粉为主；科学评价，指导防治。

严格的检疫措施是防止红火蚁入侵及传播的最高效、经济的方法。红火蚁因生命力强、繁殖快、扩散快的特点，一旦传入，往往很难根除，需花费大量的人力、物力和财力进行防除。在防治中，与消灭红火蚁同样重要的是控制红火蚁的迁移扩散。发现红火蚁及时组织人力、物力对其进行根除并且采取严格的检疫措施，防止疫区的红火蚁被人为带出分布区，是非常重要的。禁止疫区内土壤、建筑余泥、垃圾、堆肥外运，同时，须对疫区内容易携带红火蚁蚁巢、成虫或卵的媒介物体实施检疫，主要包括草皮、介质、干草、盆栽植物、带有土壤的植物等。对出自疫区的交通工具、货柜等采取喷施药剂的方法进行灭蚁消毒才可放行;对苗木、花卉、盆栽植物采取喷雾、浸液或浇灌化学农药等方法处理;对于介质、草皮、干草和带土的植物,则一律采取化学药剂处理合格后才可以调运。

10.10 福寿螺

10.10.1 入侵历史及分布

福寿螺(*Pomacea canaliculata*)原产于南美洲的亚马孙河流域,1981 年,福寿螺作为一种食用经济动物引入我国广东省,随后在我国由南到北形成了一股养殖热潮。后因福寿螺口味不佳被弃养,迅速扩散到湖泊、池塘和稻田等水生生境。目前,在我国北纬 30°以南的省份均有福寿螺发生危害的报道,包括广东、海南、福建等省区。福寿螺已成为长江以南部分省市严重危害农作物的害虫之一。2003 年 3 月,原国家环境保护总局将福寿螺列入首批入侵我国的 16 种外来物种名单。

10.10.2 生物学特性

福寿螺,别名大瓶螺、金苹果螺,隶属于软体动物门(Mollusca)腹足纲(Gastropoda)中腹足目(Mesogastropoda)瓶螺科(Ampullariidae)福寿螺属(*Pomacea*),是一种两栖淡水大型螺类。

福寿螺一生经卵、幼螺和成螺 3 个阶段,南方地区一年发生 3 代,个别地方由于海拔较高,年有效积温较低,一年发生 2 代。福寿螺为雌雄异体,雄螺与雌螺在水中交配,一次受精可多次产卵,雌螺受精 1 ~5 天后在夜间产卵,每个卵群有 3 ~5 层,200 ~1000 粒。产卵部位在离水面 10 ~80 cm 的植株茎秆、石块或者护坡等物体上避免被水生动物采食,并且卵含有神经毒素,同样可以起到警戒和避免被取食的作用。初产卵块呈鲜艳的橙红色,卵的表面有一层黏稠的透明物质,卵与卵之间黏着性不大,容易分开,卵块比较软容易压破。1 ~2 天后,卵块表面不再黏稠,硬度变大,卵与卵之间黏着性增强。卵在孵化过程中,渐变为淡粉红色,在快要孵出小螺时变为灰白色,孵出小螺后剩下白色的薄"壳"(图 10.12A)。每年 4—6 月份开始产出一代卵,卵期长达 1 个月左右,一代幼螺生长 3 个月左右开始产二代卵,卵期 9 天左右;到 8 月份二代螺生长 2 个月左右产三代卵,卵期 10 天左右,秋季的三代螺生长至翌年 3 月底,共 6 个月左右,仍为幼螺,各代螺重叠发生,具有"三世同堂"现象。刚孵出的幼螺,从卵群脱落掉入水中,具有独立生活能力,壳顶部呈红色,螺体 1 ~2 个螺层,螺口 2 ~2.5 mm。随着福寿螺的生长,螺顶由红色逐渐变为黄褐色。幼螺经 30 天左右的生长,口径达 5 cm 左右,进入中螺期。中螺生长迅速,经几个月的发育即进入成螺期,成为性成熟的福寿螺。成螺爬行体长 3.5 ~6 cm,外形似田螺;壳近似圆盘形，呈右旋螺旋形，一般具有5~6个螺层，具底栖性（图10.12B）。

福寿螺对高温具有较强的忍耐性，最高临界水温可达45 ℃；对低温的忍耐性较低，临界致死温度为2 ℃，临界安全存活温度为8 ℃。福寿螺还具有蛰伏和冬眠的习性，即使在无水的条件下，也可以在湿润的泥土中休眠度过6~8个月。其寿命受水温和食物丰富程度影响，一般为2~5年。

福寿螺属杂食性，除以各种微粒、浮游植物、大型植物等为食外，也是肉食性的腹足动物，会以昆虫、甲壳类、小鱼、腐肉等为食。福寿螺尤其喜食幼嫩、带甜味的食物以及植物性蛋白含量高的食物，如水稻、莲藕、茭白、菱角、空心菜、芡实等。饥饿状态下，成螺也会残食幼螺和螺卵。

卵块　　成螺

图10.12　福寿螺的卵块与成螺

10.10.3　入侵危害

福寿螺原产地南美洲以种植小麦、大豆等旱生作物为主，在环境和天敌的联合作用下，福寿螺无法大范围扩散，造成危害。被引入我国后，由于缺乏天敌，且福寿螺又喜食水稻等水生植物，生长环境适宜，在我国迅速扩散。福寿螺喜爱啃食水稻尤其是水稻秧苗的幼嫩组织，对水稻造成极大的危害。除为害水稻外，福寿螺也侵害处于阴湿生境的茭白、芡实、菱角、甘薯、慈姑、紫云英和水生蔬菜等，造成作物减产，导致经济损失。同时，福寿螺是引起人类嗜酸性粒细胞性脑膜炎的广州管圆线虫（*Angiostrongylus cantonensi*）的主要中间宿主，一只福寿螺体内寄生的广州管圆线幼虫达6000多条，人如果生吃或者食用未煮熟的福寿螺肉，易引起食源性“广州管圆线虫病”，引起人类嗜酸性粒细胞性脑膜炎。此外，由于福寿螺可以在短时间内能迅速建立种群，改变淡水水体生物群落特征，其排泄物污染水体，降低了水溶氧含量，影响水生生物多样性，严重地破坏了被入侵地的生态环境。另外，福寿螺可以改变湿地生态系统的功能，大幅度降低湿地生态系统的利用价值。

10.10.4 监测预报及控制技术

目前，有关福寿螺的防治技术措施通常包括化学防治、农业防治和生物防治等几类。对于福寿螺来说，应建立集化学防治、生物防治和农业措施为一体的综合治理方法。

1. 科学管理

水生植物引进已成为福寿螺扩散的主要方式，有关部门应加强水生植物引种检疫。同时加强科学普及宣传力度，加深公众对福寿螺危害的了解，自觉做到不擅自引种、放生福寿螺。

2. 农业防治

常用的农业防治方法包括采用水旱轮作，如将水稻田改作菜地，福寿螺会缺水窒息死亡；在福寿螺发生期间，减少田里的水量或放干水，就可有效地遏制福寿螺活动能力和生长，降低成活率；清洁稻田、翻耕晒田、环沟清淤，并配合喷撒生石灰，破坏福寿螺的越冬场所；在稻田或者养殖池塘的各进出水口设置拦截网，防止福寿螺进入。此外，可进行人工捡螺，摘除卵，再集中进行销毁。

3. 化学防治

目前，化学防治是防治福寿螺最常用的方法，效果也最为明显。常用的化学药物包括四聚乙醛、杀螺胺、五氯酚钠、贝螺杀、百螺杀、密达、百螺敌、硫酸铜，这些药物能较快地杀灭福寿螺，但会造成水体污染，使用成本也高。植物源灭螺剂具有对环境生态友好、非靶标安全、来源广泛、成本低等特点，已成为防治福寿螺新的研究切入点。五爪金龙、马缨丹、胜红蓟、蟛蜞菊、博落回、夹竹桃、魔芋、乌药、剑麻和美洲商陆等植物提取物对福寿螺成螺具有一定的杀灭作用。此外，喷撒石灰和茶麸也是田间一举两得的杀螺方式。

4. 生物防治

利用福寿螺肉含有丰富的蛋白质和微量元素、营养成分高的特点，可在福寿螺发生区放养鸭、鱼、蟹等。采用稻田养鸭、稻田养鱼等生态模式，利用青鱼、鲤鱼、中华鳖、鸭子取食福寿螺的特点，化害为利，实现福寿螺的资源化利用。

10.11 大豆疫霉

10.11.1 入侵历史及分布

大豆疫病又叫大豆疫霉根腐病，由大豆疫霉（*Phytophthora sojae*）侵染引致，为大豆生产上的危险性病害，被公认为是继大豆胞囊线虫病害之后的第二大严重影响大豆生产的病害，自 1948 年在美国东北部的印第安纳州被首先发现以后，迅速在美国暴发流行。

1951 年，该病在俄亥俄州西北部的一个县被发现，不久在美国的北卡罗来纳、密苏里及伊利诺伊州相继发生并造成大面积危害。1957 年，该病在俄亥俄州所有的大豆田发生，每年造成的经济损失约为 150 万美元。1978 年，该病在美国第二次暴发。而后相继在美洲、欧洲、亚洲以及大洋洲的近 20 个国家或地区的大豆产区发现有关该病的报道，每年造成的损失高达数十亿美元。1989 年，在我国东北黑龙江省大豆生产区首次分离到大豆疫病的病原物，证实了大豆疫霉在我国确实存在。大豆疫病在我国呈逐步扩展趋势，局部地区危害较严重。目前，大豆疫病在福建、天津、安徽、贵州等地区被发现。1986 年，我国将大豆疫病列为对外检验检疫性重要病害之一，1992 年被列为进境植物危险性病虫杂草名录里的 A1 类病害，到了 1995 年，大豆疫霉被列为我国国内植物检疫对象，一直被相关检疫部门密切关注着。

10.11.2　生物学特性

大豆疫霉隶属于藻物界（Chromista）卵菌门（Oomycota）卵菌纲（Oomycetes）腐霉目（Pythiales）腐霉科（Pythiaceae）疫霉属（*Phytophthora*）。

大豆疫霉菌基生菌丝较少，气生菌丝较发达，菌落均匀，呈棉絮状，边缘整齐；最适宜菌丝生长的温度为 25 ~ 28 ℃。幼龄菌丝为无隔多核，分枝短而且多，主干不明显，一般呈近直角分枝，老龄菌丝有隔膜，基部皱缩，易卷曲，且成熟的菌丝可以形成膨大体和厚垣孢子。膨大体与连接的菌丝之间没有隔膜，一般呈不规则性或者椭圆形，大多间生，少数串生、顶生、或簇生，疫霉菌在马铃薯琼脂培养基中生长较缓慢，菌落平坦，不能正常生长，而在利马豆琼脂培养基、胡萝卜琼脂培养基和 V8 琼脂培养基上能快速生长。大豆疫霉的生殖方式主要分为无性繁殖和有性生殖（图 10.13）。无性繁殖阶段主要的特征表现为产生孢子囊和游动孢子。孢子囊为顶生，倒梨形或卵形，没有明显的乳突。孢子囊梗简单分枝或者单生，不脱落。在液体中疫霉菌的孢子囊可以在介质表面产生芽管萌发，也可以直接萌发；有时滞留在孢子囊内的游动孢子直接产生芽管，透过孢囊壁生长。游动孢子单核、单细胞、卵圆形，具有一根尾鞭和一根茸鞭且两根鞭毛的长短差异较大。大豆疫霉以同宗配合的方式进行有性生殖，多数是侧生雄器。藏卵器的壁比较薄，亚球形或球形。卵孢子球形，壁厚、光滑，在藏卵器里单生。休眠和成熟状态下的卵孢子的细胞质呈颗粒状，边缘有一对透明体，中心有折光体。理想状态下，卵孢子形成 1 个月后就可以萌发。成熟的卵孢子在水琼脂培养基上培养 4 天就可以开始萌发，7 ~ 14 天可以达到萌发的高峰期。卵孢子萌发的最适温度为 23 ~ 27 ℃，需要光照。

大豆疫霉寄主范围窄，只侵染大豆。可在大豆的所有生育期侵染大豆。通常在潮湿多雨的天气条件下发病重，病害潜育期短，再侵染次数多，传播与蔓延迅速，寄主成片死亡，很少单株发病。感病品种可造成减产 50% 以上，1986 年已被我国确定为 A1 类进境植物检疫对象。

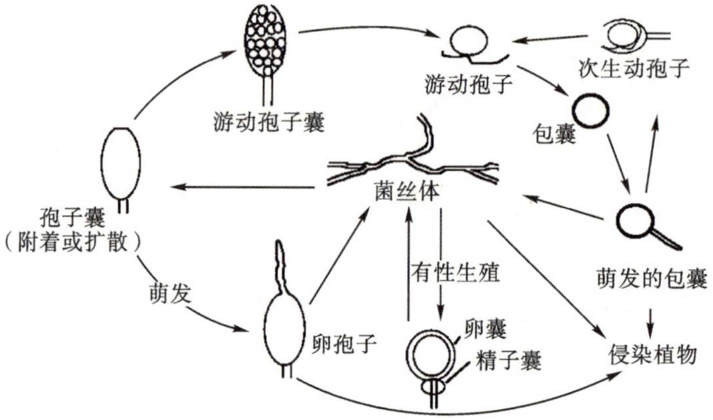

图 10.13　大豆疫霉的生活史[5]

10.11.3　大豆疫病症状

大豆疫霉在整个生育期都能侵染大豆而引起严重的病害。大豆疫霉菌侵染大豆之后，主要表现为根腐、茎腐、种子腐烂等症状。大豆疫霉可以在大豆种子还没有萌发之前进行侵染，使种子变褐腐烂；可以在种子萌发之后出苗之前进行侵染，危害大豆的下胚轴以及根部从而引起系统性的变褐腐烂；可以在出苗之后，侵染大豆的子叶、茎及根部，茎基部出现水渍状的病斑，而且病斑部位的颜色会越来越深，严重时整株猝倒死亡。通常在苗期的感病植株表现为幼苗生长差，叶片变黄干枯，茎部附近出现水浸状病斑，在严重的情况下会导致植物死亡。成株期植物感染后会导致叶片逐渐变黄并很快萎蔫；近地表茎部病斑褐色，并可向上扩展，茎的皮层和髓变成褐色；根系发育不良，严重时导致根部腐烂。在发病不严重的时候，病斑一般不会缠绕在茎的周围，植物可以继续生长。在发病的植株中，大豆的结荚数目会变少，空荚或是干瘪的豆荚也会明显增多，严重地影响了大豆的产量和质量。而被大豆疫霉严重侵染的植株则会整株萎蔫，病根变褐，容易倒伏，最后腐烂坏死（图 10.14）。

图 10.14　大豆疫霉的危害症状[6]

10.11.4 监测预报及控制技术

1. 植物检疫

大豆疫霉有大量生理小种，仅国外报道就有 39 个生理小种，且存在大量无法明确归类的中间过渡类型。因此，严格进行检疫是必要的防控手段，可避免新小种的进入，防止病害向非疫区扩张，保证不从病原区引种，是防治大豆疫霉最直接有效的措施。

2. 培育和利用抗性品种

大豆疫霉是土传性病害，培育和利用抗、耐性品种是防治大豆疫霉最经济有效的防治措施。抗大豆疫霉品种主要分为两类：一类是小种专化抗性，应用最广泛；另一类是小种非专化抗性，目前应用较少。目前，已经发现可能带有抗性基因的大豆品种有郑 120、邳县软条枝、徐豆 12、中黄 79 和邯豆 5 号等。发现和利用含有大豆疫霉抗性基因的品种，通过孟德尔遗传规律进行相互杂交筛选出具有能抵抗大豆疫霉的优秀大豆品种也是防治大豆疫病的有效方法之一。

3. 化学防治

大豆疫霉为典型的土传病害，可在大豆的整个生育期造成严重为害。目前，应用于防治大豆疫霉的高效、低毒的杀菌剂主要有甲霜灵和甲霜灵锰锌等。但是，甲霜灵对大豆疫霉的病原菌的作用位点单一，易使大豆疫霉产生抗性突变。另外，烯酰吗啉、烯酰吗啉 · 锰锌、氟吗啉、氟吗啉 · 锰锌等，在离体条件下对大豆疫霉具有很好的抑菌作用，其中以烯酰吗啉效果最好。在活体条件下，这些药剂均能较好地抑制大豆疫霉对感病大豆品种的侵入，而且持效期较长。

（刘芳华）

参考文献

[1] 刘海. 四川省凉山州紫茎泽兰的群落特征及其对土壤的适应性[D]. 重庆：西南大学，2020.

[2] XU H G, DING H, LI M Y, et al. The distribution and economic losses of alien species invasion in China [J]. Biol Invasions, 2006 (8): 1495 – 1500.

[3] 万方浩. 入侵生物学[M]. 北京：科学出版社，2015.

[4] ZHAO L, MOTA M, VIEIRA P, et al. Interspecific communication between pinewood nematode, its insect vector, and associated microbes[J]. Trends in parasitology, 2014, 30(6): 299 – 308.

[5] TYLER B M. Phytophthora sojae: root rot pathogen of soybean and model oomycete[J].

Mol Plant Pathol, 2007, 8(1): 1-8.
[6] 赵振宇. 大豆疫霉生防菌的分离鉴定及生防作用研究[D]. 合肥: 安徽农业大学, 2018.

索　引

R

S

T

W